线性代数

学习指导与习题精解

肖马成　孙　慧　郭强辉　主编

南開大學出版社

天　津

图书在版编目(CIP)数据

线性代数学习指导与习题精解 / 肖马成，孙慧，郭强辉主编. —天津 ：南开大学出版社，2018.9(2019.7重印)
ISBN 978-7-310-05660-6

Ⅰ.①线… Ⅱ.①肖… ②孙… ③郭… Ⅲ.①线性代数-高等学校-教学参考资料 Ⅳ.①O151.2

中国版本图书馆 CIP 数据核字(2018)第 195554 号

南开大学出版社出版发行
出版人:刘运峰
地址:天津市南开区卫津路 94 号　　邮政编码:300071
营销部电话:(022)23508339　23500755
营销部传真:(022)23508542　　邮购部电话:(022)23502200
*
天津午阳印刷股份有限公司印刷
全国各地新华书店经销
*
2018 年 9 月第 1 版　　2019 年 7 月第 2 次印刷
185×260 毫米　16 开本　12.25 印张　265 千字
定价:38.00 元

如遇图书印装质量问题,请与本社营销部联系调换,电话:(022)23507125

前　言

本书是为培养应用型人才的独立学院编写的辅助教材, 适用于理工类、经济类、管理类等各专业. 大学本科阶段各专业的基础数学一般包括微积分、线性代数、概率论与数理统计三部分内容。它们之间有许多共同之处, 但是又有各自的一些特点. 线性代数和微积分相比：线性代数所研究的量主要是有限的、离散的, 这就决定了所用的方法是归纳的方法；微积分所研究的量主要是无穷的、连续的, 所采用的方法是极限的方法. 线性代数和概率论与数理统计相比：线性代数所讨论的问题是确定型的，概率论与数理统计所讨论的问题是随机型的. 把握住这一点对学好线性代数是至关重要的.

线性代数的基本概念、性质、定理既多又抽象, 加之大量的数学符号、字母和"公式语言"的使用及运算, 往往使初学者困难重重, 总是不得要领. 为了帮助学生学好线性代数, 结合我们多年来在独立学院的教学经验, 将本书定位在使其成为学生学习线性代数的"导学", 以引导学生逐步深入学习. 为此, 本书每章结构都是"三段式"：基本知识点概要及学习要求与重点, 典型例题解析, 自测题. 即先对基本概念、性质、定理进行概括, 指出构成它们的要素、前提条件、特点以及容易出现的问题，指明学习该部分内容应达到的基本要求与需要重点掌握的内容；然后再通过典型例题的讲解, 使学生进一步加深对概念、性质、定理的理解, 同时领会解题的方法和技巧；最后, 在掌握基本方法和具备一定能力的基础上进一步通过演练一些题目, 发现问题, 检测自己掌握的程度, 以达到改进和提高的目的.

本书作者依照教学大纲及教学经验在展开上述内容的过程中, 特别指出了一些概念及方法之间的区别和联系, 以使学生能够真正理解这些概念、性质的本质, 掌握这些方法的关键所在. 书中引入了多种类型的例题, 以期开阔学生思路, 使学生学到分析问题和解决问题的方法. 有些题目是针对平时学习中常见的、多发的问题而设置的, 还有些题目难度较大, 需要有一定的解题技巧. 本书在每章末有一份自测题及答案, 全书的最后部分附有3份期末考试试题及参考答案. 书中, 有一部分题目选自历年的全国硕士研究生入学统一考试试题, 其难度系数基本保持在$0.4\sim0.8$之间, 既能让学生开阔视野, 扩展深入学习的空间, 也使本书能较好的适应多元化教学的要求.

本书可作为大学生学习线性代数课程的辅导书, 可作为学生课后同步练习和期末考试的复习用书, 可作为学生考研复习的学习资料, 也可作为教师授课用的参考书.

本书的出版得到了南开大学出版社的大力支持, 在此由衷感谢莫建来主任和李立夫编辑为本书的出版所做的大量工作.

由于作者水平有限, 书中难免会有疏漏与不妥之处, 望读者不吝指正.

编者

2017年7月

于南开大学

目　录

第一章　行列式

§1.1　知识点概要

1.1.1　二阶、三阶行列式

一、二阶行列式

称

$$\begin{vmatrix} a_1 & b_1 \\ a_2 & b_2 \end{vmatrix} = a_1b_2 - a_2b_1$$

为**二阶行列式**, 其中字母或数字a_1, a_2, b_1, b_2称为行列式的**元素**. 等式左端横者称为**行**, 竖者称为**列**.

二、三阶行列式

称

$$\begin{vmatrix} a_1 & b_1 & c_1 \\ a_2 & b_2 & c_2 \\ a_3 & b_3 & c_3 \end{vmatrix} = a_1b_2c_3 + a_3b_1c_2 + a_2b_3c_1 - a_1b_3c_2 - a_2b_1c_3 - a_3b_2c_1$$

为**三阶行列式**, 其中字母或数字$a_1, a_2, a_3, b_1, b_2, b_3, c_1, c_2, c_3$称为行列式的**元素**. 三阶行列式含有三行三列, 是六项的代数和: 每一项为分别属于不同行和列的三个元素的积, 其中三项前置正号, 另三项前置负号. 三阶行列式表示的代数和, 也可以用图1.1所示的图形来记忆, 其中由实线连接的每三个元素之积带正号, 由虚线连接的每三个元素之积带负号.

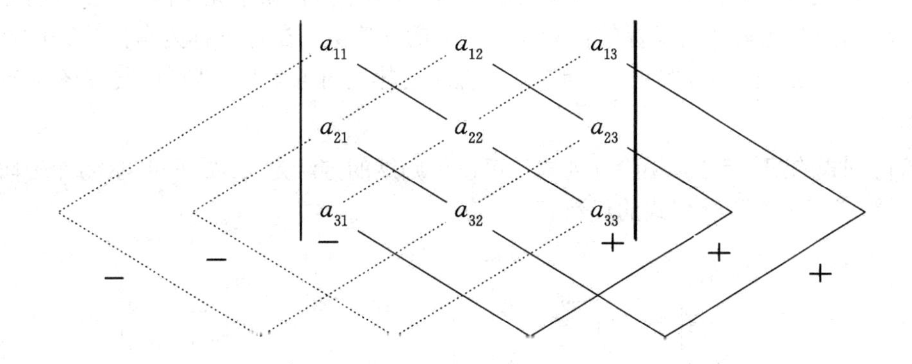

图 1.1

1.1.2　n阶行列式

一、n阶行列式概念

1. 排列和逆序

排列 由n个自然数$1, 2, \ldots, n$组成的每一个有序数组$i_1 i_2 \ldots i_n$, 称为一个n级排列. 各种不同n 级排列的总数为$n(n-1)\cdots 2\cdot 1 = n!$.

逆序和逆序数 在n级排列中, 较大的数如果排在较小的数前面, 那么它们构成一个**逆序**. 排列$i_1 i_2 \ldots i_n$的逆序总数称为**逆序数**, 记作$\tau(i_1 i_2 \ldots i_n)$.

奇排列和偶排列 如果排列$i_1 i_2 \ldots i_n$的逆序数$\tau(i_1 i_2 \ldots i_n)$为奇数, 则称排列$i_1 i_2 \ldots i_n$为**奇排列**. 如果排列$i_1 i_2 \ldots i_n$的逆序数$\tau(i_1 i_2 \ldots i_n)$为偶数, 则称排列$i_1 i_2 \ldots i_n$为**偶排列**.

称排列$12\ldots n$为**自然排列**, 并且把它也看作偶排列.

对换 考虑对给定排列$i_1 i_2 \ldots i_n$的变换, 如果它只交换该排列中某两个数的位置, 而其他数的位置不变, 则称之为**对换**. 以(i_1, i_2)表示交换i_1和i_2的位置的对换.

对于任意一个排列, 经过一次对换其奇偶性改变.

经过有限次对换, 任意一个n 级排列$i_1 i_2 \ldots i_n$均可变为自然排列$12\ldots n$, 而且所做对换的次数与排列$i_1 i_2 \ldots i_n$有相同的奇偶性.

2. n阶行列式定义

称

$$D = \begin{vmatrix} a_{11} & a_{12} & \cdots & a_{1n} \\ a_{21} & a_{22} & \cdots & a_{2n} \\ \vdots & \vdots & \ddots & \vdots \\ a_{n1} & a_{n2} & \cdots & a_{nn} \end{vmatrix} = \sum_{j_1 j_2 \cdots j_n} (-1)^{\tau(j_1 j_2 \cdots j_n)} a_{1j_1} a_{2j_2} \cdots a_{nj_n}$$

为**n阶行列式**, 其中$j_1 j_2 \ldots j_n$表示n级排列, $\sum\limits_{j_1 j_2 \cdots j_n}$是对全部$n$ 级排列求和. 这样, n阶行列式等于$n!$项的代数和, 其中每一项是取自不同行、不同列的n个元素的乘积, 其符号决定于组成它的n个元素之列下标的排列$j_1 j_2 \ldots j_n$的逆序数: 在行下标为自然排列的情况下, 当$j_1 j_2 \ldots j_n$是偶排列时取正号; 当$j_1 j_2 \ldots j_n$是奇排列时取负号. n阶行列式D有时亦记为$\det(a_{ij})$.

n阶行列式的归纳定义 n阶行列式也可以用归纳的方法定义. 如下可见, 每个三阶行列式可以写成三个二阶行列式的代数和

$$\begin{vmatrix} a_{11} & a_{12} & a_{13} \\ a_{21} & a_{22} & a_{23} \\ a_{31} & a_{32} & a_{33} \end{vmatrix} = a_{11} \begin{vmatrix} a_{22} & a_{23} \\ a_{32} & a_{33} \end{vmatrix} - a_{12} \begin{vmatrix} a_{21} & a_{23} \\ a_{31} & a_{33} \end{vmatrix} + a_{13} \begin{vmatrix} a_{21} & a_{22} \\ a_{31} & a_{32} \end{vmatrix}.$$

实际上它也可以作为三阶行列式的定义. 同样, 可以把四阶行列式定义为

$$\begin{vmatrix} a_{11} & a_{12} & a_{13} & a_{14} \\ a_{21} & a_{22} & a_{23} & a_{24} \\ a_{31} & a_{32} & a_{33} & a_{34} \\ a_{41} & a_{42} & a_{43} & a_{44} \end{vmatrix} = a_{11} \begin{vmatrix} a_{22} & a_{23} & a_{24} \\ a_{32} & a_{33} & a_{34} \\ a_{42} & a_{43} & a_{44} \end{vmatrix} - a_{12} \begin{vmatrix} a_{21} & a_{23} & a_{24} \\ a_{31} & a_{33} & a_{34} \\ a_{41} & a_{43} & a_{44} \end{vmatrix}$$

$$+a_{13}\begin{vmatrix} a_{21} & a_{22} & a_{24} \\ a_{31} & a_{32} & a_{34} \\ a_{41} & a_{42} & a_{44} \end{vmatrix} - a_{14}\begin{vmatrix} a_{21} & a_{22} & a_{23} \\ a_{31} & a_{32} & a_{33} \\ a_{41} & a_{42} & a_{43} \end{vmatrix}.$$

利用四阶行列式可以定义五阶行列式. 依此类推, 可以归纳定义任意阶行列式.

3. 余子式和代数余子式

余子式 去掉n阶行列式D中元素a_{ij}所在的第i行和第j列, 剩下的元素按照原来位置排列, 构成的$n-1$阶行列式, 称为元素a_{ij}的**余子式**, 记作M_{ij}, 即

$$M_{ij}=\begin{vmatrix} a_{11} & \cdots & a_{1,j-1} & a_{1,j+1} & \cdots & a_{1n} \\ \vdots & \ddots & \vdots & \vdots & \ddots & \vdots \\ a_{i-1,1} & \cdots & a_{i-1,j-1} & a_{i-1,j+1} & \cdots & a_{i-1,n} \\ a_{i+1,1} & \cdots & a_{i+1,j-1} & a_{i+1,j+1} & \cdots & a_{i+1,n} \\ \vdots & \ddots & \vdots & \vdots & \ddots & \vdots \\ a_{n1} & \cdots & a_{n,j-1} & a_{n,j+1} & \cdots & a_{nn} \end{vmatrix}.$$

代数余子式 称$(-1)^{i+j}M_{ij}$为元素a_{ij}的**代数余子式**, 记作A_{ij}, 即$A_{ij}=(-1)^{i+j}M_{ij}$.

4. r阶子式和余子式

r阶子式 任取n阶行列式中的r行r列（$1\leqslant r\leqslant n$）, 例如所取r行r列各为

$$1\leqslant i_1<i_2<\cdots<i_r\leqslant n,\quad 1\leqslant j_1<j_2<\cdots<j_r\leqslant n,$$

由这r行r列上的元素所构成的r阶行列式

$$\begin{vmatrix} a_{i_1j_1} & a_{i_1j_2} & \cdots & a_{i_1j_r} \\ a_{i_2j_1} & a_{i_2j_2} & \cdots & a_{i_2j_r} \\ \vdots & \vdots & \ddots & \vdots \\ a_{i_rj_1} & a_{i_rj_2} & \cdots & a_{i_rj_r} \end{vmatrix}$$

称为该n阶行列式的一个**r阶子式**.

r阶子式的余子式和代数余了式 划去n阶行列式的r阶子式M的元素所在的r行r列, 剩下的元素按原来位置组成$n-r$阶行列式A称作**r阶子式M的余子式**; 称

$$(-1)^{(i_1+i_2+\cdots+i_r)+(j_1+j_2+\cdots+j_r)}A$$

为**r阶子式M的代数余子式**.

二、n阶行列式的性质

1. 经转置（行与列互换）行列式的值不变, 即

$$\begin{vmatrix} a_{11} & a_{12} & \cdots & a_{1n} \\ a_{21} & a_{22} & \cdots & a_{2n} \\ \vdots & \vdots & \ddots & \vdots \\ a_{n1} & a_{n2} & \cdots & a_{nn} \end{vmatrix} = \begin{vmatrix} a_{11} & a_{21} & \cdots & a_{n1} \\ a_{12} & a_{22} & \cdots & a_{n2} \\ \vdots & \vdots & \ddots & \vdots \\ a_{1n} & a_{2n} & \cdots & a_{nn} \end{vmatrix}.$$

等式右边的行列式, 称为左边行列式D的**转置行列式**, 记作D^{T}. 这样, $D = D^{\mathrm{T}}$.

2. 行列式中某一行（或列）的各个元素之公因子, 可以提到行列式符号之外. 例如:

$$\begin{vmatrix} a_{11} & a_{21} & \cdots & a_{1n} \\ a_{21} & a_{22} & \cdots & a_{2n} \\ \vdots & \vdots & \ddots & \vdots \\ \lambda a_{i1} & \lambda a_{i2} & \cdots & \lambda a_{in} \\ \vdots & \vdots & \ddots & \vdots \\ a_{n1} & a_{n2} & \cdots & a_{nn} \end{vmatrix} = \lambda \begin{vmatrix} a_{11} & a_{21} & \cdots & a_{1n} \\ a_{21} & a_{22} & \cdots & a_{2n} \\ \vdots & \vdots & \ddots & \vdots \\ a_{i1} & a_{i2} & \cdots & a_{in} \\ \vdots & \vdots & \ddots & \vdots \\ a_{n1} & a_{n2} & \cdots & a_{nn} \end{vmatrix}.$$

3. 若行列式某一行（或列）的元素全为0, 则行列式等于0.

4. 如果行列式的某一行（或列）中各元素均为两项之和, 则行列式等于两个行列式之和. 例如:

$$\begin{vmatrix} a_{11} & \cdots & b_{1j}+c_{1j} & \cdots & a_{1n} \\ a_{21} & \cdots & b_{2j}+c_{2j} & \cdots & a_{2n} \\ \vdots & \ddots & \vdots & \ddots & \vdots \\ a_{n1} & \cdots & b_{nj}+c_{nj} & \cdots & a_{nn} \end{vmatrix} = \begin{vmatrix} a_{11} & \cdots & b_{1j} & \cdots & a_{1n} \\ a_{21} & \cdots & b_{2j} & \cdots & a_{2n} \\ \vdots & \ddots & \vdots & \ddots & \vdots \\ a_{n1} & \cdots & b_{nj} & \cdots & a_{nn} \end{vmatrix} + \begin{vmatrix} a_{11} & \cdots & c_{1j} & \cdots & a_{1n} \\ a_{21} & \cdots & c_{2j} & \cdots & a_{2n} \\ \vdots & \ddots & \vdots & \ddots & \vdots \\ a_{n1} & \cdots & c_{nj} & \cdots & a_{nn} \end{vmatrix}.$$

5. 如果将行列式的任意两行（或列）对调, 则行列式只改变符号, 但绝对值不变. 由此可见:

(1) 如果行列式中有两行（或列）对应元素相同, 则行列式为零;

(2) 如果行列式中有两行（或列）对应元素成比例, 则行列式为零.

6. 如果把行列式的某行（或列）中各元素同乘数k, 然后加到另一行（或列）的对应元素上去, 则行列式的值不变.

三、行列式展开定理

行列式按某行（或列）展开 n阶行列式等于它的任意一行（或列）的各元素与其代数余子式的乘积之和. 如按第i行展开, 其中$1 \leqslant i \leqslant n$, 则

$$D = \begin{vmatrix} a_{11} & \cdots & a_{1j} & \cdots & a_{1n} \\ \vdots & \ddots & \vdots & \ddots & \vdots \\ a_{i1} & \cdots & a_{ij} & \cdots & a_{in} \\ \vdots & \ddots & \vdots & \ddots & \vdots \\ a_{n1} & \cdots & a_{nj} & \cdots & a_{nn} \end{vmatrix} = a_{i1}A_{i1} + a_{i2}A_{i2} + \cdots + a_{in}A_{in} = \sum_{j=1}^{n} a_{ij}A_{ij}.$$

如按照第j $(1 \leqslant j \leqslant n)$ 列展开, 则

$$D = a_{1j}A_{1j} + a_{2j}A_{2j} + \cdots + a_{nj}A_{nj} = \sum_{i=1}^{n} a_{ij}A_{ij}.$$

此外, 行列式D中任意一行（或列）的元素与另一行（或列）的对应元素的代数余子式的乘积之和等于零, 如

$$a_{i1}A_{k1} + a_{i2}A_{k2} + \cdots + a_{in}A_{kn} = 0 \quad (i \neq k),$$
$$a_{1j}A_{1l} + a_{2j}A_{2l} + \cdots + a_{nj}A_{nl} = 0 \quad (j \neq l).$$

拉普拉斯展开定理 考虑n阶行列式

$$D = \begin{vmatrix} a_{11} & a_{12} & \cdots & a_{1n} \\ a_{21} & a_{22} & \cdots & a_{2n} \\ \vdots & \vdots & \ddots & \vdots \\ a_{n1} & a_{n2} & \cdots & a_{nn} \end{vmatrix},$$

在其中任意取定$r(1 \leqslant r \leqslant n-1)$个行, 然后在这$r$行中任选$r$列, 构成一个$r$阶子式. 这样的$r$阶子式共有$t = C_n^r = \dfrac{n!}{r!(n-r)!}$个, 记为$M_1, M_2, \ldots, M_t$, 而其代数余子式记为$A_1$, A_2, $\ldots$, A_t. 那么

$$D = M_1A_1 + M_2A_2 + \cdots + M_tA_t = \sum_{i=1}^{t} M_iA_i.$$

上述定理是行列式按一行（或列）元素展开定理的推广. 通常也把行列式按拉普拉斯定理展开, 说成是按r行（或r列）展开.

1.1.3 行列式计算

行列式的解题方法往往比较灵活, 形式多种多样, 技巧性较强. 特别是某些高阶行列式的计算, 有相当的难度. 因此, 要学好行列式, 除了掌握它的定义、性质等基本理论, 还必须熟练掌握行列式的解题思路和方法.

常用的行列式计算方法

1. 定义法 按照行列式的定义直接求解.

2. 化为三角形行列式法 应用行列式的某些性质, 将行列式化为上（或下）三角形行列式, 然后直接计算其值.

3. 降阶法 首先利用行列式性质降低行列式的阶数, 然后再计算行列式. 具体做法是, 首先应用行列式性质, 使行列式的某一行（列）仅有一个元素不为0, 而其余元素皆为0. 然后将行列式按行（列）展开, 或者对行列式直接应用拉普拉斯展开定理进行计算.

4. 归纳法 一般在证明一个n阶行列式等于某一结果时使用此方法, 而且往往是对阶数n应用数学归纳法. 所谓数学归纳法就是:

(1) 证明当$n=n_0$时结论成立（n_0由具体问题确定为1, 2或其他自然数）；

(2) 假设在$n\leqslant k$时结论成立, 并由此证明$n=k+1$时结论也成立. 于是, 结论对任何自然数成立.

5. 递推法 从原行列式D_n出发, 利用行列式的性质找出它和一个或几个同结构的较低阶的行列式$D_{n-1},D_{n-2},\ldots$ 之间的递推关系式, 然后由这个关系式逐步推出D_n与低阶行列式$D_1,D_2,\ldots$的关系. 行列式$D_1,D_2,\ldots$ 往往可以明显地求出, 故由此可以最终计算出D_n的值或表达式. 这种计算行列式的方法就是**递推法**.

6. 升阶法 为了计算某些行列式, 给原行列式再添上一行一列（称为**加边**）, 使其成为高一阶的行列式. 这种方法称为**升阶法**.

除了上述几种方法外, 还有许多计算行列式的方法, 例如拆项法、反证法等, 在此就不再一一介绍了. 另外, 在实际解题过程中, 往往不只是单独使用某一种或两种方法, 多数情况下是同时使用几种方法.

1.1.4 克莱姆法则

一、非齐次线性方程组

如果非齐次线性方程组

$$\begin{cases} a_{11}x_1+a_{12}x_2+\cdots+a_{1n}x_n=b_1, \\ a_{21}x_1+a_{22}x_2+\cdots+a_{2n}x_n=b_2, \\ \qquad\qquad\vdots \\ a_{n1}x_1+a_{n2}x_2+\cdots+a_{nn}x_n=b_n \end{cases}$$

的系数行列式

$$D=\begin{vmatrix} a_{11} & a_{12} & \cdots & a_{1n} \\ a_{21} & a_{22} & \cdots & a_{2n} \\ \vdots & \vdots & \ddots & \vdots \\ a_{n1} & a_{n2} & \cdots & a_{nn} \end{vmatrix}\neq 0,$$

则方程组有唯一解

$$x_1=\frac{D_1}{D},\ x_2=\frac{D_2}{D},\ \ldots,\ x_n=\frac{D_n}{D},$$

其中$D_j\ (j=1,2,\ldots,n)$ 是把系数行列式D中的第j列各元素, 相应的换成方程中的常数项$b_1,b_2,\ldots,b_n$ 后所构成的行列式.

二、齐次线性方程组

如果齐次线性方程组

$$\begin{cases} a_{11}x_1 + a_{12}x_2 + \cdots + a_{1n}x_n = 0, \\ a_{21}x_1 + a_{22}x_2 + \cdots + a_{2n}x_n = 0, \\ \qquad\qquad\vdots \\ a_{n1}x_1 + a_{n2}x_2 + \cdots + a_{nn}x_n = 0 \end{cases}$$

的系数行列式$D \neq 0$, 则方程组只有零解; 若系数行列式$D = 0$, 则方程组有非零解, 反过来也成立.

利用克莱姆法则求线性方程组的解, 关键是计算行列式, 然后容易写出方程组的解.

§1.2 基本要求与学习重点

一、基本要求

1. 理解二、三阶行列式定义, 熟练计算二、三阶行列式.

2. 了解n级排列、逆序及逆序数、奇排列与偶排列、对换; 理解n阶行列式定义, 会用行列式定义计算某些特殊的行列式, 如三角行列式.

3. 理解行列式的性质、行列式按行（列）展开定理、行列式的拉普拉斯展开定理.

4. 熟练运用行列式性质、展开定理计算行列式, 证明一些简单问题.

5. 了解克莱姆法则的条件、结论, 会用克莱姆法则解含n个未知量n个方程的线性方程组.

二、学习重点

本章学习重点是熟练掌握行列式的计算, 对于各种形式的行列式, 能够正确计算出它的值. 尽管行列式多种多样, 但总可以根据行列式的某些特点, 利用行列式的性质及行列式的展开定理将其化简计算. 为此要求学生不仅要深刻理解行列式性质, 还要熟记这些性质, 并在完成一定数量的行列式计算过程中, 逐步达到上述要求.

§1.3 典型例题解析

题型一　三阶行列式的计算

例1.1　求行列式

$$D = \begin{vmatrix} 1 & 2 & 3 \\ 2 & 3 & 1 \\ 3 & 1 & 2 \end{vmatrix}$$

1×3×2+2×1×3+3×2×1-3×3×3-2×2×2-1×1×1

=-18

的值.

解法1 用"划线"的方法(如图1.1).

$$D=\begin{vmatrix}1&2&3\\2&3&1\\3&1&2\end{vmatrix}=6+6+6-27-8-1=-18.$$

解法2 将第1行乘以-2和-3分别加到第2行和第3行, 最后将行列式按第1列展开, 得

$$D=\begin{vmatrix}1&2&3\\2&3&1\\3&1&2\end{vmatrix}\xlongequal[-2r_1+r_3]{-2r_1+r_2}\begin{vmatrix}1&2&3\\0&-1&-5\\0&-5&-7\end{vmatrix}=\begin{vmatrix}-1&-5\\-5&-7\end{vmatrix}=-18.$$

解法3 将第2, 3列加到第1列, 然后由第1列提出公因数6, 得

$$D=\begin{vmatrix}1&2&3\\2&3&1\\3&1&2\end{vmatrix}=\begin{vmatrix}6&2&3\\6&3&1\\6&1&2\end{vmatrix}=6\begin{vmatrix}1&2&3\\1&3&1\\1&1&2\end{vmatrix},$$

再将第1行的-1倍分别加到第2, 3行, 再将行列式按第1列展开, 得

$$D=6\begin{vmatrix}1&2&3\\0&1&-2\\0&-1&-1\end{vmatrix}=6\begin{vmatrix}1&-2\\-1&-1\end{vmatrix}=-18.$$

例1.2 求行列式

$$D=\begin{vmatrix}3&-2&5\\4&-1&-3\\-5&4&6\end{vmatrix}.$$

解法1 将第2行乘以-2和4分别加到第1行和第3行; 再将行列式按第2列展开, 有

$$D=\begin{vmatrix}3&-2&5\\4&-1&-3\\-5&4&6\end{vmatrix}=\begin{vmatrix}-5&0&11\\4&-1&-3\\11&0&-6\end{vmatrix}=(-1)\begin{vmatrix}-5&11\\11&-6\end{vmatrix}=91.$$

解法2 按第1行展开, 有

$$D=3\begin{vmatrix}-1&-3\\4&6\end{vmatrix}-(-2)\begin{vmatrix}4&-3\\-5&6\end{vmatrix}+5\begin{vmatrix}4&-1\\-5&4\end{vmatrix}=91.$$

例1.3 求行列式

$$D=\begin{vmatrix}1+a & 1 & 1\\ 1 & 1+a & 1\\ 1 & 1 & 1+a\end{vmatrix}.$$

解法1 将第2, 3列加到第1列, 然后由第1列提取公因子$(3+a)$, 有

$$D=\begin{vmatrix}1+a & 1 & 1\\ 1 & 1+a & 1\\ 1 & 1 & 1+a\end{vmatrix}=\begin{vmatrix}3+a & 1 & 1\\ 3+a & 1+a & 1\\ 3+a & 1 & 1+a\end{vmatrix}=(3+a)\begin{vmatrix}1 & 1 & 1\\ 1 & 1+a & 1\\ 1 & 1 & 1+a\end{vmatrix},$$

第1行乘以-1, 分别加到第2, 3行, 可得

$$D=(3+a)\begin{vmatrix}1 & 1 & 1\\ 0 & a & 0\\ 0 & 0 & a\end{vmatrix}=a^2(3+a).$$

解法2 先将行列式的每个元素都变成两项和:

$$D=\begin{vmatrix}1+a & 1+0 & 1+0\\ 1+0 & 1+a & 1+0\\ 1+0 & 1+0 & 1+a\end{vmatrix},$$

再利用性质5, 将D拆项写成八个行列式之和, 其中四个有两列相同, 故这些行列式等于零. 于是, 有

$$D=\begin{vmatrix}1 & 0 & 0\\ 1 & a & 0\\ 1 & 0 & a\end{vmatrix}+\begin{vmatrix}a & 1 & 0\\ 0 & 1 & 0\\ 0 & 1 & a\end{vmatrix}+\begin{vmatrix}a & 0 & 1\\ 0 & a & 1\\ 0 & 0 & 1\end{vmatrix}+\begin{vmatrix}a & 0 & 0\\ 0 & a & 0\\ 0 & 0 & a\end{vmatrix}=3a^2+a^3=a^2(3+a).$$

例1.4 已知行列式$D=\begin{vmatrix}a_1 & a_2 & a_3\\ 2b_1-a_1 & 2b_2-a_2 & 2b_3-a_3\\ c_1 & c_2 & c_3\end{vmatrix}=6$, 求行列式$\begin{vmatrix}a_1 & a_2 & a_3\\ b_1 & b_2 & b_3\\ c_1 & c_2 & c_3\end{vmatrix}$.

解法1 将行列式D按第2行展开成两个行列式, 有

$$D=\begin{vmatrix}a_1 & a_2 & a_3\\ 2b_1 & 2b_2 & 2b_3\\ c_1 & c_2 & c_3\end{vmatrix}+\begin{vmatrix}a_1 & a_2 & a_3\\ -a_1 & -a_2 & -a_3\\ c_1 & c_2 & c_3\end{vmatrix}=2\begin{vmatrix}a_1 & a_2 & a_3\\ b_1 & b_2 & b_3\\ c_1 & c_2 & c_3\end{vmatrix}=6,$$

所以, $\begin{vmatrix}a_1 & a_2 & a_3\\ b_1 & b_2 & b_3\\ c_1 & c_2 & c_3\end{vmatrix}=3.$

解法2 将行列式D的第1行加到第2行, 则有

$$D=\begin{vmatrix} a_1 & a_2 & a_3 \\ 2b_1 & 2b_2 & 2b_3 \\ c_1 & c_2 & c_3 \end{vmatrix}=2\begin{vmatrix} a_1 & a_2 & a_3 \\ b_1 & b_2 & b_3 \\ c_1 & c_2 & c_3 \end{vmatrix}=6,$$

所以, $\begin{vmatrix} a_1 & a_2 & a_3 \\ b_1 & b_2 & b_3 \\ c_1 & c_2 & c_3 \end{vmatrix}=3.$

例1.5 证明

$$\begin{vmatrix} b+c & c+a & a+b \\ b_1+c_1 & c_1+a_1 & a_1+b_1 \\ b_2+c_2 & c_2+a_2 & a_2+b_2 \end{vmatrix}=2\begin{vmatrix} a & b & c \\ a_1 & b_1 & c_1 \\ a_2 & b_2 & c_2 \end{vmatrix}.$$

解法1 将左边行列式的第二列和第三列加到第一列上, 然后提出第一列的公因数2, 再将第一列乘以-1分别加到第2列、第3列上, 得

$$2\begin{vmatrix} a+b+c & c+a & a+b \\ a_1+b_1+c_1 & c_1+a_1 & a_1+b_1 \\ a_2+b_2+c_2 & c_2+a_2 & a_2+b_2 \end{vmatrix}=2\begin{vmatrix} a+b+c & -b & -c \\ a_1+b_1+c_1 & -b_1 & -c_1 \\ a_2+b_2+c_2 & -b_2 & -c_2 \end{vmatrix},$$

然后将第2, 3列加到第1列, 得

$$\text{左边}=2\begin{vmatrix} a & -b & -c \\ a_1 & -b_1 & -c_1 \\ a_2 & -b_2 & -c_2 \end{vmatrix}=2\begin{vmatrix} a & b & c \\ a_1 & b_1 & c_1 \\ a_2 & b_2 & c_2 \end{vmatrix}.$$

解法2 将等式左边的行列式每列都看作两项的和, 由行列式性质5知其拆项可写成八个三阶行列式之和, 即

$$\begin{aligned}\text{左边}=&\begin{vmatrix} b & c & a \\ b_1 & c_1 & a_1 \\ b_2 & c_2 & a_2 \end{vmatrix}+\begin{vmatrix} b & c & b \\ b_1 & c_1 & b_1 \\ b_2 & c_2 & b_2 \end{vmatrix}+\begin{vmatrix} c & c & a \\ c_1 & c_1 & a_1 \\ c_2 & c_2 & a_2 \end{vmatrix}+\begin{vmatrix} c & c & b \\ c_1 & c_1 & b_1 \\ c_2 & c_2 & b_2 \end{vmatrix}\\ &+\begin{vmatrix} b & a & a \\ b_1 & a_1 & a_1 \\ b_2 & a_2 & a_2 \end{vmatrix}+\begin{vmatrix} b & a & b \\ b_1 & a_1 & b_1 \\ b_2 & a_2 & b_2 \end{vmatrix}+\begin{vmatrix} c & a & a \\ c_1 & a_1 & a_1 \\ c_2 & a_2 & a_2 \end{vmatrix}+\begin{vmatrix} c & a & b \\ c_1 & a_1 & b_1 \\ c_2 & a_2 & b_2 \end{vmatrix}\\ =&\begin{vmatrix} b & c & a \\ b_1 & c_1 & a_1 \\ b_2 & c_2 & a_2 \end{vmatrix}+\begin{vmatrix} c & a & b \\ c_1 & a_1 & b_1 \\ c_2 & a_2 & b_2 \end{vmatrix}=2\begin{vmatrix} a & b & c \\ a_1 & b_1 & c_1 \\ a_2 & b_2 & c_2 \end{vmatrix}.\end{aligned}$$

题型二　行列式定义和行列式展开定理

例1.6　求排列$n(n-1)\cdots 21$的逆序数, 并讨论它的奇偶性.

解　从左到右依次考察排列的每个数, 第一个数n的后面有$n-1$个比它小的, 故构成$n-1$个逆序; 第二个数$n-1$后面有$n-2$个比它小的, 故构成$n-2$个逆序; 依次下去则有一般数m, 其后面有$m-1$ 个比它小的, 故构成$m-1$个逆序. 所以, 该排列的逆序数为

$$\tau(n(n-1)\cdots 21)=(n-1)+(n-2)+\cdots+2+1=\frac{n(n-1)}{2}.$$

因此, 当$n=4k$或$4k+1$时, τ为偶数, 此时排列为偶排列; 当$n=4k+2$或$4k+3$时, τ为奇数, 此时排列为奇排列.

例1.7　问在五阶行列式中, 含乘积$a_{12}a_{24}a_{33}a_{45}a_{51}$的项的符号如何? 含乘积$a_{23}a_{42}a_{15}a_{31}a_{54}$的项符号如何?

解　乘积$a_{12}a_{24}a_{33}a_{45}a_{51}$的行下标已经按自然顺序12345排列, 而列下标的排列$j_1j_2j_3j_4j_5=24351$ 之逆序数为$\tau(24351)=5$. 由于$(-1)^{\tau}=(-1)^5=-1$, 故乘积项$a_{12}a_{24}a_{33}a_{45}a_{51}$应带负号.

再考查乘积$a_{23}a_{42}a_{15}a_{31}a_{54}$项, 为按定义确定其符号, 把该项中5个元素的位置重新排列, 使得它们的行下标排列为自然顺序, 即

$$a_{23}a_{42}a_{15}a_{31}a_{54}=a_{15}a_{23}a_{31}a_{42}a_{54},$$

此时列下标的排列$j_1j_2j_3j_4j_5=53124$的逆序数为$\tau(53124)=6$. 由于$(-1)^{\tau}=(-1)^6=1$. 故这一项前面应带正号.

例1.8　按定义计算五阶行列式

$$D=\begin{vmatrix} a_{11} & a_{12} & a_{13} & a_{14} & a_{15}\\ 0 & a_{22} & a_{23} & a_{24} & a_{25}\\ 0 & 0 & a_{33} & a_{34} & a_{35}\\ 0 & 0 & 0 & a_{44} & a_{45}\\ 0 & 0 & 0 & 0 & a_{55}\end{vmatrix}\qquad (a_{ii}\neq 0;\ i=1,2,\ldots,5).$$

解　按定义, 五阶行列式应该有$5!=120$项. 由于这个行列式中有许多元素是零, 故行列式必有许多项为零. 我们只要把这些不为零的项找出来, 然后求出它们的和, 就是行列式的值.

先考查一般项中的乘积$a_{1j_1}a_{2j_2}\cdots a_{5j_5}$, 其中$a_{5j_5}$是第5行中的元素, 由于第5行只有一个元素$a_{55}$可能不为零, 所以取$j_5=5$, 即$a_{5j_5}=a_{55}$; 再考虑第4行的元素$a_{4j_4}$, 第4行中只有两个元素$a_{44},a_{45}$不为零, 由于元素$a_{55}$取自第5列, 所以第4行中的元素不能取$a_{45}$, 只能取$a_{44}$, 即$a_{4j_4}=a_{44}$, 依次类推, 得$j_3=3,j_2=2,j_1=1$, 故行列式中, 只有含$a_{11}a_{22}a_{33}a_{44}a_{55}$的

项可能不为零. 由于它们的列下标是按自然顺序排列的, 所以这项应带正号. 于是

$$D=\begin{vmatrix} a_{11} & a_{12} & a_{13} & a_{14} & a_{15} \\ 0 & a_{22} & a_{23} & a_{24} & a_{25} \\ 0 & 0 & a_{33} & a_{34} & a_{35} \\ 0 & 0 & 0 & a_{44} & a_{45} \\ 0 & 0 & 0 & 0 & a_{55} \end{vmatrix} = a_{11}a_{22}a_{33}a_{44}a_{55}.$$

说明 称行列式

$$D=\begin{vmatrix} a_{11} & a_{12} & \cdots & a_{1n} \\ 0 & a_{22} & \cdots & a_{2n} \\ \vdots & \vdots & \ddots & \vdots \\ 0 & 0 & \cdots & a_{nn} \end{vmatrix}$$

为n阶**上三角形行列式(或上三角行列式)**. 用上例的方法, 可以算出它的值为主对角线的元素乘积, 即$D=a_{11}a_{22}\cdots a_{nn}$.

类似地, 称形如

$$\begin{vmatrix} a_{11} & 0 & \cdots & 0 \\ a_{21} & a_{22} & \cdots & 0 \\ \vdots & \vdots & \ddots & \vdots \\ a_{n1} & a_{n2} & \cdots & a_{nn} \end{vmatrix}$$

的行列式为**下三角形行列式(或下三角行列式)**, 而且其值也等于主对角线元素乘积. 而行列式

$$\begin{vmatrix} a_{11} & 0 & \cdots & 0 \\ 0 & a_{22} & \cdots & 0 \\ \vdots & \vdots & \ddots & \vdots \\ 0 & 0 & \cdots & a_{nn} \end{vmatrix}$$

称为**对角形行列式**, 其值等于$a_{11}a_{22}\cdots a_{nn}$.

例1.9 按定义计算n阶行列式

$$D_n=\begin{vmatrix} 1 & 0 & \cdots & 0 & 0 & 0 \\ 0 & 0 & \cdots & 0 & 0 & 2 \\ 0 & 0 & \cdots & 0 & 3 & 0 \\ \vdots & \vdots & \ddots & \vdots & \vdots & \vdots \\ 0 & n & \cdots & 0 & 0 & 0 \end{vmatrix}.$$

解 根据定义, 行列式D_n的非零项只有$12\cdots(n-1)n$. 若把该项中的n个元素按行下标自然顺序排列, 则列下标的排列为$1n(n-1)\cdots 32$, 而逆序数

$$\tau(1n(n-1)\cdots 32)=(n-2)+(n-3)+\cdots+2+1=\frac{(n-1)(n-2)}{2}.$$

所以行列式

$$D_n = (-1)^{\frac{(n-1)(n-2)}{2}} n!.$$

例1.10 (1) 设$D = \begin{vmatrix} -1 & -3 & 2 & -2 \\ -5 & 1 & 3 & -4 \\ 2 & 0 & 1 & -1 \\ 1 & -5 & 3 & -3 \end{vmatrix}$, A_{ij}为D的第i行第j列元素的代数余子式, 求$A_{31} + 3A_{32} - 2A_{33} + 2A_{34}$.

(2) 设行列式$D = \begin{vmatrix} 3 & 0 & 4 & 0 \\ 2 & 2 & 2 & 2 \\ 0 & -7 & 0 & 0 \\ 5 & 3 & -2 & 2 \end{vmatrix}$, 求第四行各元素余子式之和.

解析 利用行列式展开定理可得: 对n阶行列式$D_n = \det(a_{ij})$, 令A_{ij}为a_{ij}的代数余子式, 则有

$$c_1 A_{i1} + c_2 A_{i2} + \cdots + c_n A_{in} = \begin{vmatrix} a_{11} & a_{12} & \cdots & a_{1n} \\ \vdots & \vdots & \ddots & \vdots \\ c_1 & c_2 & \cdots & c_n \\ \vdots & \vdots & \ddots & \vdots \\ a_{n1} & a_{n2} & \cdots & a_{nn} \end{vmatrix} \ (i\ 行),$$

即第i行元素代数余子式的线性组合的值, 等于将D的第i行元素替换为这一组系数$c_1, c_2, \ldots, c_n$之后得到的行列式的值. 对于列元素的代数余子式也有类似的结论.

解 (1) 利用行列式展开定理有

$$A_{31} + 3A_{32} - 2A_{33} + 2A_{34} = \begin{vmatrix} -1 & -3 & 2 & -2 \\ -5 & 1 & 3 & -4 \\ 1 & 3 & -2 & 2 \\ 1 & -5 & 3 & -3 \end{vmatrix} = 0,$$

该行列式的值为零, 是因为第三行是第一行元素的-1倍.

(2) 因为第四行余子式之和满足$M_{41} + M_{42} + M_{43} + M_{44} = -A_{41} + A_{42} - A_{43} + A_{44}$, 所以由行列式展开定理可得

$$\begin{aligned} & M_{41} + M_{42} + M_{43} + M_{44} \\ = & \begin{vmatrix} 3 & 0 & 4 & 0 \\ 2 & 2 & 2 & 2 \\ 0 & -7 & 0 & 0 \\ -1 & 1 & -1 & 1 \end{vmatrix} = - \begin{vmatrix} -1 & 1 & -1 & 1 \\ 2 & 2 & 2 & 2 \\ 0 & -7 & 0 & 0 \\ 3 & 0 & 4 & 0 \end{vmatrix} = - \begin{vmatrix} -1 & 1 & -1 & 1 \\ 0 & 4 & 0 & 4 \\ 0 & -7 & 0 & 0 \\ 0 & 3 & 1 & 3 \end{vmatrix} \end{aligned}$$

$$=28\begin{vmatrix} -1 & 1 & -1 & 1 \\ 0 & 1 & 0 & 1 \\ 0 & 1 & 0 & 0 \\ 0 & 3 & 1 & 3 \end{vmatrix}=28\begin{vmatrix} -1 & 1 & -1 & 1 \\ 0 & 1 & 0 & 1 \\ 0 & 0 & 0 & -1 \\ 0 & 0 & 1 & 0 \end{vmatrix}=-28\begin{vmatrix} -1 & 1 & -1 & 1 \\ 0 & 1 & 0 & 1 \\ 0 & 0 & 1 & 0 \\ 0 & 0 & 0 & -1 \end{vmatrix}=-28.$$

题型三　利用行列式的性质计算行列式

例1.11　计算四阶行列式

$$D=\begin{vmatrix} 1 & 1 & 1 & 1 \\ 1 & 2 & 3 & 4 \\ 1 & 3 & 6 & 10 \\ 1 & 4 & 10 & 20 \end{vmatrix}.$$

解　行列式D的第一行乘以-1分别加到第2, 3, 4行, 得

$$D=\begin{vmatrix} 1 & 1 & 1 & 1 \\ 1 & 2 & 3 & 4 \\ 1 & 3 & 6 & 10 \\ 1 & 4 & 10 & 20 \end{vmatrix}\xlongequal[-r_1+r_4]{\substack{-r_1+r_2\\ -r_1+r_3}}\begin{vmatrix} 1 & 1 & 1 & 1 \\ 0 & 1 & 2 & 3 \\ 0 & 2 & 5 & 9 \\ 0 & 3 & 9 & 19 \end{vmatrix}\xlongequal[-3r_2+r_4]{-2r_2+r_3}\begin{vmatrix} 1 & 1 & 1 & 1 \\ 0 & 1 & 2 & 3 \\ 0 & 0 & 1 & 3 \\ 0 & 0 & 3 & 10 \end{vmatrix}$$

$$\xlongequal{-3r_3+r_4}\begin{vmatrix} 1 & 1 & 1 & 1 \\ 0 & 1 & 2 & 3 \\ 0 & 0 & 1 & 3 \\ 0 & 0 & 0 & 1 \end{vmatrix}=1.$$

例1.12　计算行列式

$$D=\begin{vmatrix} 2 & -5 & 1 & 2 \\ -3 & 7 & -1 & 4 \\ 5 & -9 & 2 & 7 \\ 4 & -6 & 1 & 2 \end{vmatrix}.$$

解　第1列与第3列对换, 然后将第1行乘以1, -2和-1分别加到第2行, 第3行和第4行, 得

$$D=\begin{vmatrix} 2 & -5 & 1 & 2 \\ -3 & 7 & -1 & 4 \\ 5 & -9 & 2 & 7 \\ 4 & -6 & 1 & 2 \end{vmatrix}\xlongequal{c_1\leftrightarrow c_3}-\begin{vmatrix} 1 & -5 & 2 & 2 \\ -1 & 7 & -3 & 4 \\ 2 & -9 & 5 & 7 \\ 1 & -6 & 4 & 2 \end{vmatrix}=-\begin{vmatrix} 1 & -5 & 2 & 2 \\ 0 & 2 & -1 & 6 \\ 0 & 1 & 1 & 3 \\ 0 & -1 & 2 & 0 \end{vmatrix}$$

$$\xlongequal{r_2\leftrightarrow r_3}\begin{vmatrix} 1 & -5 & 2 & 2 \\ 0 & 1 & 1 & 3 \\ 0 & 2 & -1 & 6 \\ 0 & -1 & 2 & 0 \end{vmatrix}\xlongequal[r_2+r_4]{-2r_2+r_3}\begin{vmatrix} 1 & -5 & 2 & 2 \\ 0 & 1 & 1 & 3 \\ 0 & 0 & -3 & 0 \\ 0 & 0 & 3 & 3 \end{vmatrix}\xlongequal{r_3+r_4}\begin{vmatrix} 1 & -5 & 2 & 2 \\ 0 & 1 & 1 & 3 \\ 0 & 0 & -3 & 0 \\ 0 & 0 & 0 & 3 \end{vmatrix}=-9.$$

说明 一般数字元素的行列式$D_n=(a_{ij})_{n\times n}$化为上（下）三角形行列式的方法归纳如下:

(1) 先看左上角的元素a_{11}是否为零. 如果$a_{11}\neq 0$, 把a_{11}变换为1, 也可把第一行（列）乘以$\frac{1}{a_{11}}$来实现; 如果$a_{11}=0$, 可通过两行（两列）对换, 使左上角的元素不为零, 并可使其变换为1.

(2) 把第一行分别乘以$-a_{21},-a_{31},\ldots,-a_{n1}$加到第$2,3,\ldots,n$行上去, 这样就把第一列$a_{11}$以下的元素全化为零.

(3) 用类似方法继续做下去, 把主对角线以下（或以上）的元素全化为零, 即把行列式化为上（或下）三角形行列式.

例题1.13 计算行列式

$$D=\begin{vmatrix}1&-1&2&-3&1\\-3&3&-7&9&-5\\2&0&4&-2&1\\3&-5&7&-14&6\\4&-4&10&-10&2\end{vmatrix}.$$

解 将行列式化为上三角形行列式, 有

$$D\xlongequal[\substack{-3r_1+r_4\\-4r_1+r_5}]{\substack{3r_1+r_2\\-2r_1+r_3}}\begin{vmatrix}1&-1&2&-3&1\\0&0&-1&0&-2\\0&2&0&4&-1\\0&-2&1&-5&3\\0&0&2&2&-2\end{vmatrix}\xlongequal[r_2\leftrightarrow r_3]{r_2\times(-1)}\begin{vmatrix}1&-1&2&-3&1\\0&2&0&4&-1\\0&0&1&0&2\\0&-2&1&-5&3\\0&0&2&2&-2\end{vmatrix}$$

$$\xlongequal{r_2+r_4}\begin{vmatrix}1&-1&2&-3&1\\0&2&0&4&-1\\0&0&1&0&2\\0&0&1&-1&2\\0&0&2&2&-2\end{vmatrix}\xlongequal[-2r_3+r_5]{-r_3+r_4}\begin{vmatrix}1&-1&2&-3&1\\0&2&0&4&-1\\0&0&1&0&2\\0&0&0&-1&0\\0&0&0&2&-6\end{vmatrix}$$

$$\xlongequal{2r_4+r_5}\begin{vmatrix}1&-1&2&-3&1\\0&2&0&4&-1\\0&0&1&0&2\\0&0&0&-1&0\\0&0&0&0&-6\end{vmatrix}=12.$$

例1.14 计算五阶行列式

$$D=\begin{vmatrix} 0 & a & b & c & d \\ -a & 0 & e & f & g \\ -b & -e & 0 & h & l \\ -c & -f & -h & 0 & k \\ -d & -g & -l & -k & 0 \end{vmatrix}.$$

解 由于D的元素之间有关系式$a_{ij}=-a_{ji}\ (i,j=1,2,\ldots,5)$, 将行列式$D$的每一行提出一个公因子$-1$, 得$-D^{\mathrm{T}}$, 即

$$D=(-1)^5\begin{vmatrix} 0 & -a & -b & -c & -d \\ a & 0 & -e & -f & -g \\ b & e & 0 & -h & -l \\ c & f & h & 0 & -k \\ d & g & l & k & 0 \end{vmatrix}=-\begin{vmatrix} 0 & -a & -b & -c & -d \\ a & 0 & -e & -f & -g \\ b & e & 0 & -h & -l \\ c & f & h & 0 & -k \\ d & g & l & k & 0 \end{vmatrix}=-D^{\mathrm{T}},$$

而$D^{\mathrm{T}}=D$, 于是$D=-D$, 所以$D=0$.

说明 元素满足关系$a_{ij}=-a_{ji}\ (i,j=1,2,\ldots,n)$的$n$阶行列式称作**$n$阶反对称行列式**. 显然, 反对称行列式主对角线上的元素$a_{ii}=0\ (i=1,2,\ldots,n)$. 利用本例的解法可以证明阶数$n$为奇数的反对称行列式等于零.

题型四 n阶行列式的计算

例1.15 计算n阶行列式

$$D=\begin{vmatrix} 0 & 1 & 1 & \cdots & 1 & 1 \\ 1 & 0 & 1 & \cdots & 1 & 1 \\ 1 & 1 & 0 & \cdots & 1 & 1 \\ \vdots & \vdots & \vdots & \ddots & \vdots & \vdots \\ 1 & 1 & 1 & \cdots & 0 & 1 \\ 1 & 1 & 1 & \cdots & 1 & 0 \end{vmatrix}.$$

解 由于D中除主对角线上元素为0外, 其余均为1, 若将各列加到第1列再将公因子$n-1$提出来, 则

$$D=(n-1)\begin{vmatrix} 1 & 1 & 1 & \cdots & 1 \\ 1 & 0 & 1 & \cdots & 1 \\ 1 & 1 & 0 & \cdots & 1 \\ \vdots & \vdots & \vdots & \ddots & \vdots \\ 1 & 1 & 1 & \cdots & 0 \end{vmatrix}\xlongequal{-r_1+r_i}(n-1)\begin{vmatrix} 1 & 1 & 1 & \cdots & 1 \\ 0 & -1 & 0 & \cdots & 0 \\ 0 & 0 & -1 & \cdots & 0 \\ \vdots & \vdots & \vdots & \ddots & \vdots \\ 0 & 0 & 0 & \cdots & -1 \end{vmatrix}$$

$$=(-1)^{n-1}(n-1).$$

例1.16 计算n阶行列式

$$D_n=\begin{vmatrix} a & b & \cdots & b \\ b & a & \cdots & b \\ \vdots & \vdots & \ddots & \vdots \\ b & b & \cdots & a \end{vmatrix}.$$

解 由于D_n各行（列）的元素之和均等于$a+(n-1)b$, 因而可把各列都加到第1列上, 然后由第1列提出公因子$a+(n-1)b$, 得

$$D_n=(a+(n-1)b)\begin{vmatrix} 1 & b & \cdots & b \\ 1 & a & \cdots & b \\ \vdots & \vdots & \ddots & \vdots \\ 1 & b & \cdots & a \end{vmatrix} \xlongequal{r_i-r_1}(a+(n-1)b)\begin{vmatrix} 1 & b & \cdots & b \\ 0 & a-b & \cdots & 0 \\ \vdots & \vdots & \ddots & \vdots \\ 0 & 0 & \cdots & a-b \end{vmatrix}$$

$$=(a+(n-1)b)(a-b)^{n-1}.$$

例1.17 计算n阶行列式

$$D_n=\begin{vmatrix} 1 & 2 & 3 & \cdots & n-1 & n \\ 1 & -1 & 0 & \cdots & 0 & 0 \\ 0 & 2 & -2 & \cdots & 0 & 0 \\ \vdots & \vdots & \vdots & \ddots & \vdots & \vdots \\ 0 & 0 & 0 & \cdots & 2-n & 0 \\ 0 & 0 & 0 & \cdots & n-1 & 1-n \end{vmatrix}.$$

解 注意到从第2行到最后一行, 每行都含有一对相反数, 将各列均加到第1列, 再按第1列展开, 可得

$$D_n=\begin{vmatrix} \frac{n(n+1)}{2} & 2 & 3 & \cdots & n-1 & n \\ 0 & -1 & 0 & \cdots & 0 & 0 \\ 0 & 2 & -2 & \cdots & 0 & 0 \\ \vdots & \vdots & \vdots & \ddots & \vdots & \vdots \\ 0 & 0 & 0 & \cdots & 2-n & 0 \\ 0 & 0 & 0 & \cdots & n-1 & 1-n \end{vmatrix}$$

$$=\frac{n(n+1)}{2}\begin{vmatrix} -1 & 0 & \cdots & 0 & 0 \\ 2 & -2 & \cdots & 0 & 0 \\ \vdots & \vdots & \ddots & \vdots & \vdots \\ 0 & 0 & \cdots & 2-n & 0 \\ 0 & 0 & \cdots & n-1 & 1-n \end{vmatrix}$$

$$= (-1)^{n-1}\frac{n(n+1)}{2}1\cdot 2\cdots(n-1) = (-1)^{n-1}\frac{(n+1)!}{2}.$$

例1.18 计算n阶行列式

$$D_n = \begin{vmatrix} a+x_1 & a & a & \cdots & a \\ a & a+x_2 & a & \cdots & a \\ a & a & a+x_3 & \cdots & a \\ \vdots & \vdots & \vdots & \ddots & \vdots \\ a & a & a & \cdots & a+x_n \end{vmatrix}.$$

解 将行列式D_n第n列的每个元素均看成两项和. 由行列式的性质知, D_n可以写成两个行列式之和, 即

$$D_n = \begin{vmatrix} a+x_1 & a & a & \cdots & a \\ a & a+x_2 & a & \cdots & a \\ a & a & a+x_3 & \cdots & a \\ \vdots & \vdots & \vdots & \ddots & \vdots \\ a & a & a & \cdots & a \end{vmatrix} + \begin{vmatrix} a+x_1 & a & a & \cdots & 0 \\ a & a+x_2 & a & \cdots & 0 \\ a & a & a+x_3 & \cdots & 0 \\ \vdots & \vdots & \vdots & \ddots & \vdots \\ a & a & a & \cdots & x_n \end{vmatrix}$$

将等式右边第1个行列式第n列乘-1, 并分别加到各列上, 而第2个行列式按第n列展开, 得

$$D_n = \begin{vmatrix} x_1 & 0 & 0 & \cdots & a \\ 0 & x_2 & 0 & \cdots & a \\ 0 & 0 & x_3 & \cdots & a \\ \vdots & \vdots & \vdots & \ddots & \vdots \\ 0 & 0 & 0 & \cdots & a \end{vmatrix} + x_n \begin{vmatrix} a+x_1 & a & a & \cdots & a \\ a & a+x_2 & a & \cdots & a \\ a & a & a+x_3 & \cdots & a \\ \vdots & \vdots & \vdots & \ddots & \vdots \\ a & a & a & \cdots & a+x_{n-1} \end{vmatrix},$$

上式右边第1个行列式是上三角形行列式, 而第2个是与D_n有相同形式（结构）的$n-1$阶行列式, 记为D_{n-1}. 由此可见

$$D_n = ax_1x_2\cdots x_{n-1} + x_nD_{n-1},$$

用同样的方法可得

$$D_{n-1} = ax_1x_2\cdots x_{n-2} + x_{n-1}D_{n-2},$$

$$D_{n-2} = ax_1x_2\cdots x_{n-3} + x_{n-2}D_{n-3},$$

$$\vdots$$

$$D_3 = ax_1x_2 + x_3D_2,$$

$$D_2 = \begin{vmatrix} a+x_1 & a \\ a & a+x_2 \end{vmatrix} = ax_1 + ax_2 + x_1x_2,$$

于是

$$D_n = ax_1x_2\cdots x_{n-1} + ax_1x_2\cdots x_{n-2}x_n + ax_1x_2\cdots x_{n-3}x_{n-1}x_n$$

$$
\begin{aligned}
&+\cdots+ax_1x_3\cdots x_n+ax_2x_3\cdots x_n+x_1x_2\cdots x_n\\
&=ax_1x_2\cdots x_n\left(\frac{1}{x_n}+\frac{1}{x_{n-1}}+\cdots+\frac{1}{x_1}+\frac{1}{a}\right)\\
&=a\prod_{i=1}^{n}x_i\left(\sum_{i=1}^{n}\frac{1}{x_i}+\frac{1}{a}\right).
\end{aligned}
$$

例1.19 计算n阶行列式

$$
D_n=\begin{vmatrix}
1 & 2 & 3 & \cdots & n-1 & n\\
2 & 3 & 4 & \cdots & n & 1\\
3 & 4 & 5 & \cdots & 1 & 2\\
\vdots & \vdots & \vdots & \ddots & \vdots & \vdots\\
n-1 & n & 1 & \cdots & n-3 & n-2\\
n & 1 & 2 & \cdots & n-2 & n-1
\end{vmatrix}.
$$

解 从最后一行开始, 将第n行减第$n-1$行, 然后第$n-1$行减去第$n-2$行, 依次类推直到第2行减第1行, 可得

$$
D_n=\begin{vmatrix}
1 & 2 & 3 & \cdots & n-1 & n\\
1 & 1 & 1 & \cdots & 1 & 1-n\\
1 & 1 & 1 & \cdots & 1-n & 1\\
\vdots & \vdots & \vdots & \ddots & \vdots & \vdots\\
1 & 1 & 1-n & \cdots & 1 & 1\\
1 & 1-n & 1 & \cdots & 1 & 1
\end{vmatrix},
$$

然后将各列都加到第一列上, 再将行列式按第1列展开, 有

$$
\begin{aligned}
D_n&=\begin{vmatrix}
\frac{n(n+1)}{2} & 2 & 3 & \cdots & n-1 & n\\
0 & 1 & 1 & \cdots & 1 & 1-n\\
0 & 1 & 1 & \cdots & 1-n & 1\\
\vdots & \vdots & \vdots & \ddots & \vdots & \vdots\\
0 & 1 & 1\ n & \cdots & 1 & 1\\
0 & 1-n & 1 & \cdots & 1 & 1
\end{vmatrix}\\
&=\frac{n(n+1)}{2}\begin{vmatrix}
1 & 1 & \cdots & 1 & 1-n\\
1 & 1 & \cdots & 1-n & 1\\
\vdots & \vdots & \ddots & \vdots & \vdots\\
1 & 1-n & \cdots & 1 & 1\\
1-n & 1 & \cdots & 1 & 1
\end{vmatrix}.
\end{aligned}
$$

得到的$n-1$阶行列式, 行和列和均为-1, 将各列都加到第一列, 然后提出公因子-1,可得

$$D_n = -\frac{n(n+1)}{2}\begin{vmatrix} 1 & 1 & \cdots & 1 & 1-n \\ 1 & 1 & \cdots & 1-n & 1 \\ \vdots & \vdots & \ddots & \vdots & \vdots \\ 1 & 1-n & \cdots & 1 & 1 \\ 1 & 1 & \cdots & 1 & 1 \end{vmatrix}$$

$$\xlongequal{-c_1+c_i} -\frac{n(n+1)}{2}\begin{vmatrix} 1 & 0 & \cdots & 0 & -n \\ 1 & 0 & \cdots & -n & 0 \\ \vdots & \vdots & \ddots & \vdots & \vdots \\ 1 & -n & \cdots & 0 & 0 \\ 1 & 0 & \cdots & 0 & 0 \end{vmatrix}$$

$$\xlongequal{-r_n+r_i} -\frac{n(n+1)}{2}\begin{vmatrix} 0 & 0 & \cdots & 0 & -n \\ 0 & 0 & \cdots & -n & 0 \\ \vdots & \vdots & \ddots & \vdots & \vdots \\ 0 & -n & \cdots & 0 & 0 \\ 1 & 0 & \cdots & 0 & 0 \end{vmatrix}$$

$$= -\frac{n(n+1)}{2}(-1)^{\tau(n(n-1)(n-2)\cdots 1)}(-n)^{n-2}$$

$$= (-1)^{\frac{n(n-1)}{2}}\frac{n^n + n^{n-1}}{2}.$$

例1.20 计算n阶行列式

$$C_n = \begin{vmatrix} 2 & 1 & 0 & \cdots & 0 & 0 \\ 1 & 2 & 1 & \cdots & 0 & 0 \\ 0 & 1 & 2 & \cdots & 0 & 0 \\ \vdots & \vdots & \vdots & \ddots & \vdots & \vdots \\ 0 & 0 & 0 & \cdots & 2 & 1 \\ 0 & 0 & 0 & \cdots & 1 & 2 \end{vmatrix}.$$

解 将行列式C_n按第1行展开, 得

$$C_n = 2C_{n-1} - C_{n-2}.$$

这是C_n的一个递推公式. 易见$C_1 = 2, C_2 = 3$, 将其代入上式得$C_3 = 4$; 然后由C_2, C_3可算出C_4; 由C_3, C_4 可算出C_5, ...; 一直可算出任一个C_n.

我们也可以由C_n的递推公式, 导出直接计算C_n的公式. 将上面递推公式的两端各减去C_{n-1}, 得到另一个递推公式

$$C_n - C_{n-1} = C_{n-1} - C_{n-2},$$

继续使用此递推公式, 得到

$$C_n - C_{n-1} = C_2 - C_1 = 3 - 2 = 1.$$

移项后, 得

$$C_n = C_{n-1} + 1,$$

再继续使用此递推公式, 可得到

$$C_n = C_{n-1} + 1 = C_{n-2} + 2 = \cdots = C_1 + n - 1 = 2 + n - 1 = n + 1.$$

因此, 得到

$$C_n = n + 1.$$

例1.21 计算n阶行列式

$$D_n = \begin{vmatrix} x & -1 & 0 & \cdots & 0 & 0 & 0 \\ 0 & x & -1 & \cdots & 0 & 0 & 0 \\ 0 & 0 & x & \cdots & 0 & 0 & 0 \\ \vdots & \vdots & \vdots & \ddots & \vdots & \vdots & \vdots \\ 0 & 0 & 0 & \cdots & x & -1 & 0 \\ 0 & 0 & 0 & \cdots & 0 & x & -1 \\ a_n & a_{n-1} & a_{n-2} & \cdots & a_3 & a_2 & a_1 \end{vmatrix}.$$

解法1 直接按第1列展开, 可得递推公式

$$D_n = xD_{n-1} + (-1)^{n+1}a_n \begin{vmatrix} -1 & 0 & \cdots & 0 & 0 \\ x & -1 & \cdots & 0 & 0 \\ 0 & x & \cdots & 0 & 0 \\ \vdots & \vdots & \ddots & \vdots & \vdots \\ 0 & 0 & \cdots & -1 & 0 \\ 0 & 0 & \cdots & x & -1 \end{vmatrix}$$

$$\begin{aligned} &= xD_{n-1} + a_n = x(xD_{n-2} + a_{n-1}) + a_n \\ &= x^2(xD_{n-3} + a_{n-2}) + xa_{n-1} + a_n \\ &= \cdots \\ &= a_1x^{n-1} + a_2x^{n-2} + \cdots + a_{n-1}x + a_n. \end{aligned}$$

解法2 行列式按最后一行展开为

$$D_n=(-1)^{n+1}a_n\begin{vmatrix}-1&0&\cdots&0&0\\x&-1&\cdots&0&0\\0&x&\cdots&0&0\\\vdots&\vdots&\ddots&\vdots&\vdots\\0&0&\cdots&-1&0\\0&0&\cdots&x&-1\end{vmatrix}+(-1)^{n+2}a_{n-1}\begin{vmatrix}x&0&\cdots&0&0\\0&-1&\cdots&0&0\\0&x&\cdots&0&0\\\vdots&\vdots&\ddots&\vdots&\vdots\\0&0&\cdots&-1&0\\0&0&\cdots&x&-1\end{vmatrix}$$

$$+(-1)^{n+3}a_{n-2}\begin{vmatrix}x&-1&\cdots&0&0\\0&x&\cdots&0&0\\\vdots&\vdots&\ddots&\vdots&\vdots\\0&0&\cdots&-1&0\\0&0&\cdots&x&-1\end{vmatrix}+\cdots+(-1)^{n+n-2}a_3\begin{vmatrix}x&-1&\cdots&0&0\\0&x&\cdots&0&0\\\vdots&\vdots&\ddots&\vdots&\vdots\\0&0&\cdots&-1&0\\0&0&\cdots&x&-1\end{vmatrix}$$

$$+(-1)^{n+n-1}a_2\begin{vmatrix}x&-1&\cdots&0&0\\0&x&\cdots&0&0\\\vdots&\vdots&\ddots&\vdots&\vdots\\0&0&\cdots&x&0\\0&0&\cdots&0&-1\end{vmatrix}+(-1)^{n+n}a_1\begin{vmatrix}x&-1&\cdots&0&0\\0&x&\cdots&0&0\\\vdots&\vdots&\ddots&\vdots&\vdots\\0&0&\cdots&x&-1\\0&0&\cdots&0&x\end{vmatrix}$$

$$=a_n+a_{n-1}x+a_{n-2}x^2+\cdots+a_3x^{n-3}+a_2x^{n-2}+a_1x^{n-1}.$$

例1.22 证明

$$D_n=\begin{vmatrix}2\cos\theta&1&0&\cdots&0&0\\1&2\cos\theta&1&\cdots&0&0\\0&1&2\cos\theta&\cdots&0&0\\\vdots&\vdots&\vdots&\ddots&\vdots&\vdots\\0&0&0&\cdots&2\cos\theta&1\\0&0&0&\cdots&1&2\cos\theta\end{vmatrix}=\frac{\sin(n+1)\theta}{\sin\theta}.$$

证明 用数学归纳法, 首先验证$k=1$时等式成立. 事实上有

$$D_1=2\cos\theta=\frac{2\cos\theta\sin\theta}{\sin\theta}=\frac{\sin 2\theta}{\sin\theta}.$$

假设$k \leqslant n-1$时等式成立, 当$k=n$时, 将D_n按第1行展开:

$$D_n = 2\cos\theta D_{n-1} - \begin{vmatrix} 1 & 1 & 0 & \cdots & 0 & 0 \\ 0 & 2\cos\theta & 1 & \cdots & 0 & 0 \\ 0 & 1 & 2\cos\theta & \cdots & 0 & 0 \\ \vdots & \vdots & \vdots & \ddots & \vdots & \vdots \\ 0 & 0 & 0 & \cdots & 2\cos\theta & 1 \\ 0 & 0 & 0 & \cdots & 1 & 2\cos\theta \end{vmatrix}$$

$$= 2\cos\theta D_{n-1} - \begin{vmatrix} 2\cos\theta & 1 & \cdots & 0 & 0 \\ 1 & 2\cos\theta & \cdots & 0 & 0 \\ \vdots & \vdots & \ddots & \vdots & \vdots \\ 0 & 0 & \cdots & 2\cos\theta & 1 \\ 0 & 0 & \cdots & 1 & 2\cos\theta \end{vmatrix}_{(n-2)}$$

$$= 2\cos\theta D_{n-1} - D_{n-2}.$$

由归纳假设, 得

$$\begin{aligned} D_n &= 2\cos\theta \cdot \frac{\sin n\theta}{\sin\theta} - \frac{\sin(n-1)\theta}{\sin\theta} \\ &= \frac{2\cos\theta\sin n\theta - \sin(n\theta-\theta)}{\sin\theta} \\ &= \frac{2\cos\theta\sin n\theta - \sin n\theta\cos\theta + \cos n\theta\sin\theta}{\sin\theta} \\ &= \frac{\cos\theta\sin n\theta + \sin\theta\cos n\theta}{\sin\theta} = \frac{\sin(n+1)\theta}{\sin\theta}. \end{aligned}$$

由归纳法, 知等式对任何n成立.

说明 利用数学归纳法读者不难证明范德蒙（Vandermonde）行列式

$$V_n(x_1, x_2, \ldots, x_n) = \begin{vmatrix} 1 & 1 & 1 & \cdots & 1 \\ x_1 & x_2 & x_3 & \cdots & x_n \\ x_1^2 & x_2^2 & x_3^2 & \cdots & x_n^2 \\ \vdots & \vdots & \vdots & \ddots & \vdots \\ x_1^{n-1} & x_2^{n-1} & x_3^{n-1} & \cdots & x_n^{n-1} \end{vmatrix} = \prod_{1\leqslant j\leqslant i\leqslant n} (x_i - x_j),$$

可作为公式使用.

例1.23 计算五阶行列式

$$D=\begin{vmatrix} x_1 & a_2 & a_3 & a_4 & a_5 \\ a_1 & x_2 & a_3 & a_4 & a_5 \\ a_1 & a_2 & x_3 & a_4 & a_5 \\ a_1 & a_2 & a_3 & x_4 & a_5 \\ a_1 & a_2 & a_3 & a_4 & x_5 \end{vmatrix} \quad (x_i \neq a_i, i=1,2,3,4,5).$$

解法1 将第1行乘以−1分别加到其他各行, 再提出各列的公因式, 得

$$D=\begin{vmatrix} x_1 & a_2 & a_3 & a_4 & a_5 \\ a_1 & x_2 & a_3 & a_4 & a_5 \\ a_1 & a_2 & x_3 & a_4 & a_5 \\ a_1 & a_2 & a_3 & x_4 & a_5 \\ a_1 & a_2 & a_3 & a_4 & x_5 \end{vmatrix} = \begin{vmatrix} x_1 & a_2 & a_3 & a_4 & a_5 \\ a_1-x_1 & x_2-a_2 & 0 & 0 & 0 \\ a_1-x_1 & 0 & x_3-a_3 & 0 & 0 \\ a_1-x_1 & 0 & 0 & x_4-a_4 & 0 \\ a_1-x_1 & 0 & 0 & 0 & x_5-a_5 \end{vmatrix}$$

$$=\prod_{i=1}^{5}(x_i-a_i)\begin{vmatrix} \dfrac{x_1}{x_1-a_1} & \dfrac{a_2}{x_2-a_2} & \dfrac{a_3}{x_3-a_3} & \dfrac{a_4}{x_4-a_4} & \dfrac{a_5}{x_5-a_5} \\ -1 & 1 & 0 & 0 & 0 \\ -1 & 0 & 1 & 0 & 0 \\ -1 & 0 & 0 & 1 & 0 \\ -1 & 0 & 0 & 0 & 1 \end{vmatrix}$$

将各列加到第1列, 得到上三角形行列式:

$$D=\prod_{i=1}^{5}(x_i-a_i)\begin{vmatrix} 1+\sum\limits_{i=1}^{5}\dfrac{a_i}{x_i-a_i} & \dfrac{a_2}{x_2-a_2} & \dfrac{a_3}{x_3-a_3} & \dfrac{a_4}{x_4-a_4} & \dfrac{a_5}{x_5-a_5} \\ 0 & 1 & 0 & 0 & 0 \\ 0 & 0 & 1 & 0 & 0 \\ 0 & 0 & 0 & 1 & 0 \\ 0 & 0 & 0 & 0 & 1 \end{vmatrix}$$

$$=\prod_{i=1}^{5}(x_i-a_i)\left(1+\sum_{i=1}^{5}\frac{a_i}{x_i-a_i}\right).$$

解法2 用升阶法. 把五阶行列式D如下添加一行和一列, 得到一个六阶行列式:

$$D=\begin{vmatrix} 1 & -a_1 & -a_2 & -a_3 & -a_4 & -a_5 \\ 0 & x_1 & a_2 & a_3 & a_4 & a_5 \\ 0 & a_1 & x_2 & a_3 & a_4 & a_5 \\ 0 & a_1 & a_2 & x_3 & a_4 & a_5 \\ 0 & a_1 & a_2 & a_3 & x_4 & a_5 \\ 0 & a_1 & a_2 & a_3 & a_4 & x_5 \end{vmatrix},$$

把第1行分别加到其他各行, 然后再提出各列的公因式, 有

$$D=\begin{vmatrix}1&-a_1&-a_2&-a_3&-a_4&-a_5\\1&x_1-a_1&0&0&0&0\\1&0&x_2-a_2&0&0&0\\1&0&0&x_3-a_3&0&0\\1&0&0&0&x_4-a_4&0\\1&0&0&0&0&x_5-a_5\end{vmatrix}$$

$$=\prod_{i=1}^{5}(a_i-x_i)\begin{vmatrix}1&\frac{a_1}{x_1-a_1}&\frac{a_2}{x_2-a_2}&\frac{a_3}{x_3-a_3}&\frac{a_4}{x_4-a_4}&\frac{a_5}{x_5-a_5}\\1&-1&0&0&0&0\\1&0&-1&0&0&0\\1&0&0&-1&0&0\\1&0&0&0&-1&0\\1&0&0&0&0&-1\end{vmatrix}$$

$$=\prod_{i=1}^{5}(a_i-x_i)\begin{vmatrix}1+\sum_{i=1}^{5}\frac{a_i}{x_i-a_i}&\frac{-a_1}{x_1-a_1}&\frac{-a_2}{x_2-a_2}&\frac{-a_3}{x_3-a_3}&\frac{-a_4}{x_4-a_4}&\frac{-a_5}{x_5-a_5}\\0&-1&0&0&0&0\\0&0&-1&0&0&0\\0&0&0&-1&0&0\\0&0&0&0&-1&0\\0&0&0&0&0&-1\end{vmatrix}$$

$$=\prod_{i=1}^{5}(x_i-a_i)\cdot\left(1+\sum_{i=1}^{5}\frac{a_i}{x_i-a_i}\right).$$

将上述解法1或解法2用于n阶行列式, 可以得到

$$D_n=\begin{vmatrix}x_1&a_2&a_3&\cdots&a_n\\a_1&x_2&a_3&\cdots&a_n\\a_1&a_2&x_3&\cdots&a_n\\\vdots&\vdots&\vdots&\ddots&\vdots\\a_1&a_2&a_3&\cdots&x_n\end{vmatrix}=\left(1+\sum_{i=1}^{n}\frac{a_i}{x-a_i}\right)\prod_{i=1}^{n}(x_i-a_i).$$

例1.24 证明

$$D_n=\begin{vmatrix}1+a_1&1&1&\cdots&1\\1&1+a_2&1&\cdots&1\\1&1&1+a_3&\cdots&1\\\vdots&\vdots&\vdots&\ddots&\vdots\\1&1&1&\cdots&1+a_n\end{vmatrix}=a_1a_2\cdots a_n\left(1+\sum_{i=1}^{n}\frac{1}{a_i}\right),$$

其中$a_i \neq 0\ (i=1,2,\ldots,n)$.

证法1 用升阶法. 令行列式D_n如下增加一行一列, 然后将第一行乘以-1分别加到其他各行, 得

$$D_n = \begin{vmatrix} 1 & 1 & 1 & \cdots & 1 \\ 0 & 1+a_1 & 1 & \cdots & 1 \\ 0 & 1 & 1+a_2 & \cdots & 1 \\ \vdots & \vdots & \vdots & \ddots & \vdots \\ 0 & 1 & 1 & \cdots & 1+a_n \end{vmatrix} \xlongequal{-r_1+r_i} \begin{vmatrix} 1 & 1 & 1 & \cdots & 1 \\ -1 & a_1 & 0 & \cdots & 0 \\ -1 & 0 & a_2 & \cdots & 0 \\ \vdots & \vdots & \vdots & \ddots & \vdots \\ -1 & 0 & 0 & \cdots & a_n \end{vmatrix}.$$

将第2列的公因子a_1, 第3列的公因子$a_2,\ldots$, 第$n+1$列的公因子a_n提出来, 得到

$$D_n = a_1a_2\cdots a_n \begin{vmatrix} 1 & \frac{1}{a_1} & \frac{1}{a_2} & \cdots & \frac{1}{a_n} \\ -1 & 1 & 0 & \cdots & 0 \\ -1 & 0 & 1 & \cdots & 0 \\ \vdots & \vdots & \vdots & \ddots & \vdots \\ -1 & 0 & 0 & \cdots & 1 \end{vmatrix},$$

将第2列, 第3列, $\ldots$, 第$n+1$列分别加到第1列, 得到上三角形列式, 故有

$$D_n = a_1a_2\cdots a_n \begin{vmatrix} 1+\sum\limits_{i=1}^{n}\frac{1}{a_i} & \frac{1}{a_1} & \frac{1}{a_2} & \cdots & \frac{1}{a_n} \\ 0 & 1 & 0 & \cdots & 0 \\ 0 & 0 & 1 & \cdots & 0 \\ \vdots & \vdots & \vdots & \ddots & \vdots \\ 0 & 0 & 0 & \cdots & 1 \end{vmatrix}$$

$$= a_1a_2\cdots a_n\left(1+\sum_{i=1}^{n}\frac{1}{a_i}\right).$$

证法2 用拆项法. 注意到行列式主对角线上元素都是两项之和$1+a_i$, 其余元素可以看作$1+0$. 这样行列式的每列都可以看作由两个子列所组成, 第1子列元素均为1, 第2子列元素为a_i或零, 即

$$D_n = \begin{vmatrix} 1+a_1 & 1 & 1 & \cdots & 1 \\ 1 & 1+a_2 & 1 & \cdots & 1 \\ 1 & 1 & 1+a_3 & \cdots & 1 \\ \vdots & \vdots & \vdots & \ddots & \vdots \\ 1 & 1 & 1 & \cdots & 1+a_n \end{vmatrix} = \begin{vmatrix} 1+a_1 & 1+0 & 1+0 & \cdots & 1+0 \\ 1+0 & 1+a_2 & 1+0 & \cdots & 1+0 \\ 1+0 & 1+0 & 1+a_3 & \cdots & 1+0 \\ \vdots & \vdots & \vdots & \ddots & \vdots \\ 1+0 & 1+0 & 1+0 & \cdots & 1+a_n \end{vmatrix}$$

利用行列式性质3, 行列式D_n 可以拆成2^n 个行列式之和, 其中包含着两个或两个以上全1列的行列式都等于零, 只剩下不含全1列或只含一个全1列的$n+1$个行列式不为零. 于

是

$$D_n = \begin{vmatrix} a_1 & 0 & 0 & \cdots & 0 \\ 0 & a_2 & 0 & \cdots & 0 \\ 0 & 0 & a_3 & \cdots & 0 \\ \vdots & \vdots & \vdots & \ddots & \vdots \\ 0 & 0 & 0 & \cdots & a_n \end{vmatrix} + \begin{vmatrix} 1 & 0 & 0 & \cdots & 0 \\ 1 & a_2 & 0 & \cdots & 0 \\ 1 & 0 & a_3 & \cdots & 0 \\ \vdots & \vdots & \vdots & \ddots & \vdots \\ 1 & 0 & 0 & \cdots & a_n \end{vmatrix} + \begin{vmatrix} a_1 & 1 & 0 & \cdots & 0 \\ 0 & 1 & 0 & \cdots & 0 \\ 0 & 1 & a_3 & \cdots & 0 \\ \vdots & \vdots & \vdots & \ddots & \vdots \\ 0 & 1 & 0 & \cdots & a_n \end{vmatrix}$$

$$+ \begin{vmatrix} a_1 & 0 & 1 & \cdots & 0 \\ 0 & a_2 & 1 & \cdots & 0 \\ 0 & 0 & 1 & \cdots & 0 \\ \vdots & \vdots & \vdots & \ddots & \vdots \\ 0 & 0 & 1 & \cdots & a_n \end{vmatrix} + \cdots + \begin{vmatrix} a_1 & 0 & 0 & \cdots & 1 \\ 0 & a_2 & 0 & \cdots & 1 \\ 0 & 0 & a_3 & \cdots & 1 \\ \vdots & \vdots & \vdots & \ddots & \vdots \\ 0 & 0 & 0 & \cdots & 1 \end{vmatrix}$$

$$= a_1a_2\cdots a_n + a_2a_3\cdots a_n + a_1a_3\cdots a_n + a_1a_2\cdots a_{n-1}$$

$$= a_1a_2\cdots a_n\left(1+\sum_{i=1}^{n}\frac{1}{a_i}\right).$$

说明 通过对上面这些例题的分析和计算, 我们已经看到一个行列式的计算往往存在多种不同的方法. 为了找到比较合适的方法以便计算出结果, 首先要认真仔细地考察行列式构造上的特点, 然后根据这些特点, 利用行列式相应的性质, 对行列式进行比较明显的变换, 再进一步考察所选方法是否适合. 比较复杂的高阶行列式, 一般都要经过几次“分析”、“试算”才能确定采用哪种方法相对比较简单. 如果形式不典型, 一般首先应把它变换为一行（列）中含有较多的零元素, 用降阶法来求解.

自测题1

1. 填空题

(1) 二阶行列式 $\begin{vmatrix} a^2 & ab \\ b & b \end{vmatrix} =$ ________

(2) 二阶行列式 $\begin{vmatrix} \cos\alpha & -\sin\alpha \\ \sin\alpha & \cos\alpha \end{vmatrix} =$ ________

(3) 三阶行列式 $\begin{vmatrix} 1 & 2 & -4 \\ -2 & 2 & 1 \\ -3 & 4 & 2 \end{vmatrix} =$ ________

(4) 三阶行列式 $\begin{vmatrix} x & y & z \\ z & x & y \\ y & z & x \end{vmatrix} =$ ________

(5) 三阶行列式 $\begin{vmatrix} a+b & c & c \\ a & b+c & a \\ b & b & c+a \end{vmatrix} =$ ________

2. 选择题

(1) 若行列式 $\begin{vmatrix} 1 & 2 & 5 \\ 1 & 3 & -2 \\ 2 & 5 & x \end{vmatrix} = 0$, 则 $x =$ (　　)

(A) -3　　(B) -2　　(C) 2　　(D) 3

(2) 若行列式 $\begin{vmatrix} x & 1 & 1 \\ 1 & x & 1 \\ 1 & 1 & x \end{vmatrix} = 0$, 则 $x =$ (　　)

(A) $-1, \pm\sqrt{2}$　　(B) $0, \pm\sqrt{2}$　　(C) $-2, 1$　　(D) $2, \pm\sqrt{2}$

(3) 三阶行列式 $\begin{vmatrix} -2 & 3 & 1 \\ 503 & 201 & 298 \\ 5 & 2 & 3 \end{vmatrix} =$ (　　)

(A) -70　　(B) -63　　(C) 70　　(D) 82

(4) 行列式 $\begin{vmatrix} a & 0 & 0 & b \\ 0 & a & b & 0 \\ 0 & b & a & 0 \\ b & 0 & 0 & a \end{vmatrix} =$ (　　)

(A) $a^4 - b^4$　　(B) $(a^2 - b^2)^2$　　(C) $b^4 - a^4$　　(D) a^4b^4

(5) n阶行列式 $\begin{vmatrix} 0 & 1 & 0 & \cdots & 0 \\ 0 & 0 & 2 & \cdots & 0 \\ \vdots & \vdots & \vdots & \ddots & \vdots \\ 0 & 0 & 0 & \cdots & \vdots \\ n & 0 & 0 & \cdots & 0 \end{vmatrix} = (\quad)$

(A) 0 (B) $n!$ (C) $(-1)n!$ (D) $(-1)^{n+1}n!$

3. 计算3阶行列式 $\begin{vmatrix} 246 & 427 & 327 \\ 1014 & 543 & 443 \\ -342 & 721 & 621 \end{vmatrix}$.

4. 证明

$$\frac{\mathrm{d}}{\mathrm{d}t}\begin{vmatrix} a_{11}(t) & a_{12}(t) & a_{13}(t) \\ a_{21}(t) & a_{22}(t) & a_{23}(t) \\ a_{31}(t) & a_{32}(t) & a_{33}(t) \end{vmatrix} = \begin{vmatrix} a'_{11}(t) & a'_{12}(t) & a'_{13}(t) \\ a_{21}(t) & a_{22}(t) & a_{23}(t) \\ a_{31}(t) & a_{32}(t) & a_{33}(t) \end{vmatrix} + \begin{vmatrix} a_{11}(t) & a_{12}(t) & a_{13}(t) \\ a'_{21}(t) & a'_{22}(t) & a'_{23}(t) \\ a_{31}(t) & a_{32}(t) & a_{33}(t) \end{vmatrix}$$
$$+ \begin{vmatrix} a_{11}(t) & a_{12}(t) & a_{13}(t) \\ a_{21}(t) & a_{22}(t) & a_{23}(t) \\ a'_{31}(t) & a'_{32}(t) & a'_{33}(t) \end{vmatrix}.$$

5. 证明

$$\begin{vmatrix} by+az & bz+ax & bx+ay \\ bx+ay & by+az & bz+ax \\ bz+ax & bx+ay & by+az \end{vmatrix} = (a^3+b^3)\begin{vmatrix} x & y & z \\ z & x & y \\ y & z & x \end{vmatrix}.$$

6. 计算下列9级排列的逆序数, 从而确定它们的奇偶性:

(1) 134782695; (2) 217986354; (3) 987654321.

7. 选择i与j, 使$1274i56j9$为偶排列, 而$1i25j4897$为奇排列.

8. 计算下列排列的逆序数:

(1) $135\cdots(2n-1)246\cdots(2n)$; (2) $246\cdots(2n)135\cdots(2n-1)$.

9. 假设n级排列$i_1i_2\ldots i_n$的逆序数为$\tau(i_1i_2\ldots i_n)=k$, 求排列$i_ni_{n-1}\ldots i_2i_1$ 的逆序数$\tau(i_ni_{n-1}\ldots i_2i_1)$.

10. 确定6阶行列式中, 下列各项的符号:

(1) $a_{15}a_{23}a_{32}a_{44}a_{51}a_{66}$; (2) $a_{21}a_{53}a_{16}a_{42}a_{65}a_{34}$; (3) $a_{61}a_{52}a_{43}a_{34}a_{25}a_{16}$.

11. 找出四阶行列式中, 含因子a_{11}和a_{23}的所有带负号的项.

12. 在一个n阶行列式中, 等于零的元素如果多于n^2-n, 那么此行列式等于零. 为什么?

13. 根据定义计算下列各行列式:

(1) $\begin{vmatrix} 0 & 0 & 0 & 0 & 1 \\ 0 & 0 & 0 & 2 & 0 \\ 0 & 0 & 3 & 0 & 0 \\ 0 & 4 & 0 & 0 & 0 \\ 5 & 0 & 0 & 0 & 0 \end{vmatrix}$; (2) $\begin{vmatrix} a_{11} & 0 & 0 & a_{14} \\ 0 & a_{22} & a_{23} & 0 \\ 0 & a_{32} & a_{33} & 0 \\ a_{41} & 0 & 0 & a_{44} \end{vmatrix}$;

(3) $\begin{vmatrix} 0 & 0 & \cdots & 0 & 1 \\ 0 & 0 & \cdots & 2 & 0 \\ \vdots & \vdots & \ddots & \vdots & \vdots \\ 0 & n-1 & \cdots & 0 & 0 \\ n & 0 & \cdots & 0 & 0 \end{vmatrix}$; (4) $\begin{vmatrix} 0 & 0 & \cdots & 0 & 1 & 0 \\ 0 & 0 & \cdots & 2 & 0 & 0 \\ \vdots & \vdots & \ddots & \vdots & \vdots & \vdots \\ n-1 & 0 & \cdots & 0 & 0 & 0 \\ 0 & 0 & \cdots & 0 & 0 & n \end{vmatrix}$.

14. 证明

$$\begin{vmatrix} a_1 & a_2 & a_3 & a_4 & a_5 \\ b_1 & b_2 & b_3 & b_4 & b_5 \\ c_1 & c_2 & 0 & 0 & 0 \\ d_1 & d_2 & 0 & 0 & 0 \\ e_1 & e_2 & 0 & 0 & 0 \end{vmatrix} = 0.$$

15. 计算下列行列式:

(1) $\begin{vmatrix} 1 & 3 & 1 & 2 \\ 1 & 5 & 3 & -4 \\ 0 & 4 & 1 & -1 \\ -5 & 1 & 3 & -6 \end{vmatrix}$; (2) $\begin{vmatrix} 2 & -5 & 1 & 2 \\ -3 & 7 & -1 & 4 \\ 5 & -9 & 2 & 7 \\ 4 & -6 & 1 & 2 \end{vmatrix}$; (3) $\begin{vmatrix} 3 & 1 & 1 & 1 \\ 1 & 3 & 1 & 1 \\ 1 & 1 & 3 & 1 \\ 1 & 1 & 1 & 3 \end{vmatrix}$;

(4) $\begin{vmatrix} 1 & 2 & 3 & 4 & 5 \\ 2 & 3 & 7 & 10 & 13 \\ 3 & 5 & 11 & 16 & 21 \\ 2 & -7 & 7 & 7 & 2 \\ 1 & 4 & 5 & 3 & 10 \end{vmatrix}$; (5) $\begin{vmatrix} 1 & 1 & 1 & 1 \\ 1 & 2 & 3 & 4 \\ 1 & 4 & 9 & 16 \\ 1 & 8 & 27 & 64 \end{vmatrix}$; (6) $\begin{vmatrix} 1 & 1 & 1 & 1 \\ a & b & c & d \\ a^2 & b^2 & c^2 & d^2 \\ a^3 & b^3 & c^3 & d^3 \end{vmatrix}$.

16. 已知204, 527, 255这三个数都是17的倍数, 用行列式的性质, 证明三阶行列式$\begin{vmatrix} 2 & 0 & 4 \\ 5 & 2 & 7 \\ 2 & 5 & 5 \end{vmatrix}$的值是17的倍数.

17. 计算下列n阶行列式:

(1) $\begin{vmatrix} 1 & 0 & 0 & \cdots & 0 & 1 \\ 1 & 1 & 0 & \cdots & 0 & 0 \\ 0 & 1 & 1 & \cdots & 0 & 0 \\ \vdots & \vdots & \vdots & \ddots & \vdots & \vdots \\ 0 & 0 & 0 & \cdots & 1 & 1 \end{vmatrix}$; (2) $\begin{vmatrix} 1 & 1 & 1 & \cdots & 1 \\ 1 & 2 & 2 & \cdots & 2 \\ 1 & 2 & 3 & \cdots & 3 \\ \vdots & \vdots & \vdots & \ddots & \vdots \\ 1 & 2 & 3 & \cdots & n \end{vmatrix}$;

(3) $\begin{vmatrix} 1 & 2 & 2 & \cdots & 2 \\ 2 & 2 & 2 & \cdots & 2 \\ 2 & 2 & 3 & \cdots & 2 \\ \vdots & \vdots & \vdots & \ddots & \vdots \\ 2 & 2 & 2 & \cdots & n \end{vmatrix}$; (4) $\begin{vmatrix} 1 & 2 & 3 & \cdots & n \\ -1 & 0 & 3 & \cdots & n \\ -1 & -2 & 0 & \cdots & n \\ \vdots & \vdots & \vdots & \ddots & \vdots \\ -1 & -2 & -3 & \cdots & 0 \end{vmatrix}$;

(5) $\begin{vmatrix} 3 & 2 & 2 & \cdots & 2 \\ 2 & 3 & 2 & \cdots & 2 \\ 2 & 2 & 3 & \cdots & 2 \\ \vdots & \vdots & \vdots & \ddots & \vdots \\ 2 & 2 & 2 & \cdots & 3 \end{vmatrix}$; (6) $\begin{vmatrix} a_1 & -a_1 & 0 & \cdots & 0 & 0 \\ 0 & a_2 & -a_2 & \cdots & 0 & 0 \\ 0 & 0 & 0 & \cdots & 0 & 0 \\ \vdots & \vdots & \vdots & \ddots & \vdots & \vdots \\ 0 & 0 & 0 & \cdots & a_{n-1} & -a_{n-1} \\ 1 & 1 & 1 & \cdots & 1 & 1 \end{vmatrix}$.

18. 计算下列行列式:

(1) $\begin{vmatrix} a_1-b_1 & a_1-b_2 & \cdots & a_1-b_n \\ a_2-b_1 & a_2-b_2 & \cdots & a_2-b_n \\ a_3-b_1 & a_3-b_2 & \cdots & a_3-b_n \\ \vdots & \vdots & \ddots & \vdots \\ a_n-b_1 & a_n-b_2 & \cdots & a_n-b_n \end{vmatrix}$; (2) $\begin{vmatrix} a & b & 0 & \cdots & 0 & 0 \\ 0 & a & b & \cdots & 0 & 0 \\ 0 & 0 & a & \cdots & 0 & 0 \\ \vdots & \vdots & \vdots & \ddots & \vdots & \vdots \\ 0 & 0 & 0 & \cdots & a & b \\ b & 0 & 0 & \cdots & 0 & a \end{vmatrix}_n$;

(3) $\begin{vmatrix} a & a+h & a+2h & \cdots & a+(n-1)h & a+nh \\ -a & a & 0 & \cdots & 0 & 0 \\ 0 & -a & a & \cdots & 0 & 0 \\ \vdots & \vdots & \vdots & \ddots & \vdots & \vdots \\ 0 & 0 & 0 & \cdots & a & 0 \\ 0 & 0 & 0 & \cdots & -a & a \end{vmatrix}$.

19. 计算$n+1$阶行列式

$$\begin{vmatrix} 0 & 1 & 1 & \cdots & 1 & 1 \\ 1 & a_1 & 0 & \cdots & 0 & 0 \\ 1 & 0 & a_2 & \cdots & 0 & 0 \\ \vdots & \vdots & \vdots & \ddots & \vdots & \vdots \\ 1 & 0 & 0 & \cdots & 0 & a_n \end{vmatrix}, \qquad (a_i \neq 0, 1 \leqslant i \leqslant n).$$

20. 计算n阶行列式:

(1) $\begin{vmatrix} 1 & \sin\phi_1 & \sin^2\phi_1 & \cdots & \sin^{n-1}\phi_1 \\ 1 & \sin\phi_2 & \sin^2\phi_2 & \cdots & \sin^{n-1}\phi_2 \\ 1 & \sin\phi_3 & \sin^2\phi_3 & \cdots & \sin^{n-1}\phi_3 \\ \vdots & \vdots & \vdots & \ddots & \vdots \\ 1 & \sin\phi_n & \sin^2\phi_n & \cdots & \sin^{n-1}\phi_n \end{vmatrix}$;

(2) $\begin{vmatrix} \cos^{n-1}\phi_1 & \cos^{n-2}\phi_1 & \cdots & \cos\phi_1 & 1 \\ \cos^{n-1}\phi_2 & \cos^{n-2}\phi_2 & \cdots & \cos\phi_2 & 1 \\ \cos^{n-1}\phi_3 & \cos^{n-2}\phi_3 & \cdots & \cos\phi_3 & 1 \\ \vdots & \vdots & \ddots & \vdots & \vdots \\ \cos^{n-1}\phi_n & \cos^{n-2}\phi_n & \cdots & \cos\phi_n & 1 \end{vmatrix}$.

21. 利用拉普拉斯定理计算下列行列式:

(1) $\begin{vmatrix} 1 & 1 & 1 & 0 & 0 & 0 \\ 2 & 3 & 4 & 0 & 0 & 0 \\ 3 & 6 & 10 & 0 & 0 & 0 \\ 4 & 9 & 14 & 1 & 1 & 1 \\ 5 & 15 & 21 & 1 & 5 & 9 \\ 9 & 21 & 24 & 1 & 25 & 81 \end{vmatrix}$; (2) $\begin{vmatrix} 1 & 1 & 0 & 0 & 0 & 1 \\ x_1 & x_2 & 0 & 0 & 0 & x_3 \\ a_1 & b_1 & 1 & 1 & 1 & c_1 \\ a_2 & b_2 & x_1 & x_2 & x_3 & c_2 \\ a_3 & b_3 & x_1^2 & x_2^2 & x_3^2 & c_3 \\ x_1^2 & x_2^2 & 0 & 0 & 0 & x_3^2 \end{vmatrix}$;

(3) $\begin{vmatrix} a_1^n & a_1^{n-1}b_1 & \cdots & a_1b_1^{n-1} & b_1^n \\ a_2^n & a_2^{n-1}b_2 & \cdots & a_2b_2^{n-1} & b_2^n \\ \vdots & \vdots & \ddots & \vdots & \vdots \\ a_{n+1}^n & a_{n+1}^{n-1}b_{n+1} & \cdots & a_{n+1}b_{n+1}^{n-1} & b_{n+1}^n \end{vmatrix}$, $(a_i \neq 0, 1 \leqslant i \leqslant n+1)$;

(4) $\begin{vmatrix} a & & & & & & & b \\ & a & & & & & b & \\ & & \ddots & & & \iddots & & \\ & & & a & b & & & \\ & & & b & a & & & \\ & & \iddots & & & \ddots & & \\ & b & & & & & a & \\ b & & & & & & & a \end{vmatrix}_{2n}$.

22. 证明下列等式:

(1) $\begin{vmatrix} \alpha+\beta & \alpha\beta & 0 & \cdots & 0 & 0 \\ 1 & \alpha+\beta & \alpha\beta & \cdots & 0 & 0 \\ 0 & 1 & \alpha+\beta & \cdots & 0 & 0 \\ \vdots & \vdots & \vdots & \ddots & \vdots & \vdots \\ 0 & 0 & 0 & \cdots & 1 & \alpha+\beta \end{vmatrix} = \dfrac{\alpha^{n+1}-\beta^{n+1}}{\alpha-\beta}$;

(2) $$\begin{vmatrix} \cos\alpha & 1 & 0 & \cdots & 0 & 0 \\ 0 & 2\cos\alpha & 1 & \cdots & 0 & 0 \\ 0 & 1 & 2\cos\alpha & \cdots & 0 & 0 \\ \vdots & \vdots & \vdots & \ddots & \vdots & \vdots \\ 0 & 0 & 0 & \cdots & 1 & 2\cos\alpha \end{vmatrix} = \cos n\alpha.$$

23. 解下列线性方程组:

(1) $$\begin{cases} x_1 + x_2 + x_3 + x_4 = 5 \\ x_1 + 2x_2 - x_3 + 4x_4 = -2 \\ 2x_1 - 3x_2 - x_3 - 5x_4 = -2 \\ 3x_1 + x_2 + 2x_3 + 11x_4 = 0 \end{cases}$$

(2) $$\begin{cases} x_1 + 4x_2 + 6x_3 + 4x_4 + x_5 = 0 \\ x_1 + x_2 + 4x_3 + 6x_4 + 4x_5 = 0 \\ 4x_1 + x_2 + x_3 + 4x_4 + 6x_5 = 0 \\ 6x_1 + 4x_2 + x_3 + x_4 + 4x_5 = 0 \\ 4x_1 + 6x_2 + 4x_3 + x_4 + x_5 = 0 \end{cases}$$

24. 解线性方程组:

$$\begin{cases} x_1 + x_2 + \cdots + x_{n-1} + x_n = 2 \\ x_1 + x_2 + \cdots + 2x_{n-1} + x_n = 2 \\ \qquad\qquad \vdots \\ x_1 + (n-1)x_2 + \cdots + x_{n-1} + x_n = 2 \\ nx_1 + x_2 + \cdots + x_{n-1} + x_n = 2 \end{cases}$$

第二章 矩阵

§2.1 知识点概要

2.1.1 矩阵概念及其运算

一、矩阵

矩阵概念 由 $m \times n$ 个元素 a_{ij} $(i=1,2,\ldots,m;\ j=1,2,\ldots,n)$ 排列成的矩形表

$$\begin{bmatrix} a_{11} & a_{12} & \cdots & a_{1n} \\ a_{21} & a_{22} & \cdots & a_{2n} \\ \vdots & \vdots & \ddots & \vdots \\ a_{m1} & a_{m2} & \cdots & a_{mn} \end{bmatrix}$$

称为 m 行 n 列 **矩阵**, 简称 $m \times n$ 矩阵, 记作 $\boldsymbol{A}_{m\times n}$ 或 $\boldsymbol{A}=(a_{ij})_{m\times n}$. 一般用大写英文字母$\boldsymbol{A},\boldsymbol{B},\boldsymbol{C}$等表示矩阵. 如果矩阵的行数与列数相等（即 $m=n$），则称为 n **阶方阵**. 方阵 $\boldsymbol{A}$ 的主对角线元素之和 $\sum\limits_{i=1}^{n} a_{ii}$ 称为它的迹, 记作 $\mathrm{tr}\boldsymbol{A}$. 每个 n 阶方阵

$$\boldsymbol{A}=\begin{bmatrix} a_{11} & a_{12} & \cdots & a_{1n} \\ a_{21} & a_{22} & \cdots & a_{2n} \\ \vdots & \vdots & \ddots & \vdots \\ a_{n1} & a_{n2} & \cdots & a_{nn} \end{bmatrix}$$

对应着一个行列式

$$|\boldsymbol{A}|=\begin{vmatrix} a_{11} & a_{12} & \cdots & a_{1n} \\ a_{21} & a_{22} & \cdots & a_{2n} \\ \vdots & \vdots & \ddots & \vdots \\ a_{n1} & a_{n2} & \cdots & a_{nn} \end{vmatrix}$$

称为 **方阵 $\boldsymbol{A}$ 的行列式**. 若$|\boldsymbol{A}|\neq 0$, 则称 $\boldsymbol{A}$ **为非退化矩阵**, 否则称为退化矩阵.

注意, 不要混淆矩阵和行列式这两个不同的概念: 行列式表示的是一个数量, 而矩阵仅表示由数字或字母排列成的一个表; 行列式要求行数与列数必须相等, 而矩阵则没有这个限制. 只有方阵才能有对应的行列式.

二、几种特殊矩阵

零矩阵 如果矩阵 $\boldsymbol{A}=(a_{ij})_{m\times n}$的各个元素都等于零, 即 $a_{ij}=0\,(i=1,2,\ldots,m;j=1,2,\ldots,n)$, 则称之为**零矩阵**, 记为 $\mathbf{0}_{m\times n}$, 简记作 $\mathbf{0}$.

对角矩阵 称形如

$$
\boldsymbol{A}=\begin{bmatrix} a_{11} & 0 & \cdots & 0 \\ 0 & a_{22} & \cdots & 0 \\ \vdots & \vdots & \ddots & \vdots \\ 0 & 0 & \cdots & a_{nn} \end{bmatrix}=\begin{bmatrix} a_{11} & & & \\ & a_{22} & & \\ & & \ddots & \\ & & & a_{nn} \end{bmatrix}
$$

的 n 阶方阵为 n 阶**对角矩阵**. 换句话说, 对角矩阵就是主对角线元素之外的一切元素都为 0 的矩阵. 注意, 对角矩阵的主对角线元素 $a_{11}, a_{22}, \ldots, a_{nn}$, 有的也可能等于零.

称主对角线元素相同的对角矩阵为**数量矩阵**.

单位矩阵 如果 n 阶对角矩阵中, 主对角线上的元素全为 1, 则称之为**单位矩阵**, 一般记为$\boldsymbol{E}$, 即

$$
\boldsymbol{E}=\begin{bmatrix} 1 & & & \\ & 1 & & \\ & & \ddots & \\ & & & 1 \end{bmatrix}.
$$

三角矩阵 如果 n 阶方阵$\boldsymbol{A}=(a_{ij})$主对角线下方的元素全为零, 则称 $\boldsymbol{A}$ 为上三角矩阵; 如果 n 阶方阵$\boldsymbol{B}=(b_{ij})$主对角线上方的元素全为零, 则称 $\boldsymbol{B}$ 为下三角矩阵:

$$
\boldsymbol{A}=\begin{bmatrix} a_{11} & a_{12} & \cdots & a_{1n} \\ 0 & a_{22} & \cdots & a_{2n} \\ \vdots & \vdots & \ddots & \vdots \\ 0 & 0 & \cdots & a_{nn} \end{bmatrix}, \quad \boldsymbol{B}=\begin{bmatrix} b_{11} & 0 & \cdots & 0 \\ b_{21} & b_{22} & \cdots & 0 \\ \vdots & \vdots & \ddots & \vdots \\ b_{n1} & b_{n2} & \cdots & b_{nn} \end{bmatrix}.
$$

上三角矩阵和下三角矩阵, 统称为三角矩阵.

对称矩阵和反对称矩阵 如果 $a_{ij}=a_{ji}\ (i,j=1,2,\ldots,n)$, 称 n 阶方阵$\boldsymbol{A}=(a_{ij})$为**对称矩阵**. 如果 $b_{ij}=-b_{ji},(i,j=1,2,\ldots,n)$, 称 n 阶方阵$\boldsymbol{B}=(b_{ij})$为**反对称矩阵**. 显然, 反对称矩阵主对角线上的元素都等于零.

三、矩阵的运算及性质

1. 矩阵相等

如果矩阵 $\boldsymbol{A}$, $\boldsymbol{D}$ 的行数相同, 列数也相同, 并且各元素对应相等, 则称矩阵 $\boldsymbol{A}$, $\boldsymbol{B}$ 相等, 记作 $\boldsymbol{A}=\boldsymbol{B}$, 即矩阵 $\boldsymbol{A}=(a_{ij})_{m\times n}$, $\boldsymbol{B}=(b_{ij})_{m\times n}$, 且 $a_{ij}=b_{ij}\ (i=1,2,\ldots,m;j=1,2,\ldots,n)$.

2. 矩阵的线性运算

(1) **矩阵加减** 假设 $\boldsymbol{A}=(a_{ij})_{m\times n}$, $\boldsymbol{B}=(b_{ij})_{m\times n}$ 都是 $m\times n$ 矩阵. 如果 $c_{ij}=a_{ij}+b_{ij}\ (i=1,2,\ldots m;j=1,2,\ldots,n)$, 那么称 $m\times n$ 矩阵 $\boldsymbol{C}=(c_{ij})_{m\times n}$ 为 $\boldsymbol{A}$ 与 $\boldsymbol{B}$ 之和. 记作 $\boldsymbol{C}=\boldsymbol{A}+\boldsymbol{B}$; 如果 $d_{ij}=a_{ij}-b_{ij}\ (i=1,2,\ldots m;j=1,2,\ldots,n)$, 称 $m\times n$ 矩阵 $\boldsymbol{D}=(d_{ij})_{m\times n}$ 为 $\boldsymbol{A}$ 与 $\boldsymbol{B}$ 之差, 记作 $\boldsymbol{D}=\boldsymbol{A}-\boldsymbol{B}$.

(2) **矩阵数乘** 数 k 与矩阵 $\boldsymbol{A}=(a_{ij})_{m\times n}$ 相乘（简称**数乘**）, 记作 $k\boldsymbol{A}$, 就是将 $\boldsymbol{A}$ 的每一个元素都乘以数 k, 即

$$k\boldsymbol{A}=k\begin{bmatrix}a_{11} & a_{12} & \cdots & a_{1n}\\ a_{21} & a_{22} & \cdots & a_{2n}\\ \vdots & \vdots & \ddots & \vdots\\ a_{n1} & a_{n2} & \cdots & a_{nn}\end{bmatrix}=\begin{bmatrix}ka_{11} & ka_{12} & \cdots & ka_{1n}\\ ka_{21} & ka_{22} & \cdots & ka_{2n}\\ \vdots & \vdots & \ddots & \vdots\\ ka_{n1} & ka_{n2} & \cdots & ka_{nn}\end{bmatrix}.$$

矩阵的加减法与数乘称为矩阵的**线性运算**.

矩阵线性运算的性质 假设 $\boldsymbol{A}, \boldsymbol{B}, \boldsymbol{C}$ 是 $m\times n$ 矩阵, k 和 l 是实数. 那么, 有

① **交换律** $\boldsymbol{A}+\boldsymbol{B}=\boldsymbol{B}+\boldsymbol{A}, k\boldsymbol{A}=\boldsymbol{A}k$;

② **结合律** $(\boldsymbol{A}+\boldsymbol{B})+\boldsymbol{C}=\boldsymbol{A}+(\boldsymbol{B}+\boldsymbol{C}), k(l\boldsymbol{A})=(kl)\boldsymbol{A}$;

③ **分配律** $k(\boldsymbol{A}+\boldsymbol{B})=k\boldsymbol{A}+k\boldsymbol{B}, (k+l)\boldsymbol{A}=k\boldsymbol{A}+l\boldsymbol{A}$.

对于任意实数 k 和 n 阶方阵 $\boldsymbol{A}$, 有 $|k\boldsymbol{A}|=k^n|\boldsymbol{A}|$, 即数与方阵 $\boldsymbol{A}$ 乘积的行列式等于 $\boldsymbol{A}$ 的行列式乘以 k^n.

3. 矩阵的乘法运算

(1) **矩阵乘法** 矩阵 $\boldsymbol{A}=(a_{ik})_{m\times s}$ 与 $\boldsymbol{B}=(b_{kj})_{s\times n}$ 的**乘积**是一个 $m\times n$ 矩阵, 记作 $\boldsymbol{C}=\boldsymbol{AB}$, 其第 i 行, 第 j 列元素为

$$c_{ij}=a_{i1}b_{1j}+a_{i2}b_{2j}+\cdots+a_{is}b_{sj}=\sum_{k=1}^{s}a_{ik}b_{kj}\quad(i=1,2,\ldots,m; j=1,2,\ldots,n).$$

这样, 乘积 $\boldsymbol{C}=\boldsymbol{AB}$ 的第 i 行, 第 j 列元素, 就是矩阵 $\boldsymbol{A}$ 的第 i 行元素与矩阵 $\boldsymbol{B}$ 的第 j 列元素两两乘积之和, 即

$$\begin{bmatrix}c_{11} & c_{12} & \cdots & c_{1n}\\ c_{21} & c_{22} & \cdots & c_{2n}\\ \vdots & \vdots & c_{ij} & \vdots\\ c_{m1} & c_{m2} & \cdots & c_{mn}\end{bmatrix}=\begin{bmatrix}a_{11} & a_{12} & \cdots & a_{1s}\\ a_{21} & a_{22} & \cdots & a_{2s}\\ \vdots & \vdots & \ddots & \vdots\\ a_{i1} & a_{i2} & \cdots & a_{is}\\ \vdots & \vdots & \ddots & \vdots\\ a_{m1} & a_{m2} & \cdots & a_{ms}\end{bmatrix}\begin{bmatrix}b_{11} & b_{12} & \cdots b_{1j} & \cdots & b_{1n}\\ b_{21} & b_{22} & \cdots b_{2j} & \cdots & b_{2n}\\ \vdots & \vdots & \vdots & \ddots & \vdots\\ b_{s1} & b_{s2} & \cdots b_{sj} & \cdots & b_{sn}\end{bmatrix},$$

其中 $c_{ij}=\sum\limits_{k=1}^{s}a_{ik}b_{kj},\quad(i=1,2,\ldots,m;\ j=1,2,\ldots,n)$.

由矩阵乘法的定义知, 只有 $\boldsymbol{A}$ 的列数与 $\boldsymbol{B}$ 的行数相等时, 其乘积 $\boldsymbol{AB}$ 才有意义.

矩阵乘法的性质 矩阵的乘法运算满足结合律和分配律: 对于矩阵 $\boldsymbol{A}, \boldsymbol{B}, \boldsymbol{C}$(只要相应的运算有意义)和任意实数 k, l, 可进行下列运算:

① **结合律** $(\boldsymbol{AB})\boldsymbol{C}=\boldsymbol{A}(\boldsymbol{BC})$; $k(\boldsymbol{AB})=(k\boldsymbol{A})\boldsymbol{B}=\boldsymbol{A}(k\boldsymbol{B})$.

② **分配律** $\boldsymbol{A}(\boldsymbol{B}+\boldsymbol{C})=\boldsymbol{AB}+\boldsymbol{AC}$; $(\boldsymbol{A}+\boldsymbol{B})\boldsymbol{C}=\boldsymbol{AC}+\boldsymbol{BC}$.

注意, 矩阵的乘法一般不满足交换律, 即 $\boldsymbol{AB}$ 有意义, $\boldsymbol{BA}$ 未必有意义; 即使 $\boldsymbol{AB}$ 和 $\boldsymbol{BA}$ 都有意义, 二者也未必相等.

(2) **方阵的幂** 称 $\boldsymbol{A}^m=\overbrace{\boldsymbol{AA}\cdots\boldsymbol{A}}^{m个}$ 为方阵 $\boldsymbol{A}$ 的 m **次幂**. 对于任意自然数 k,l 和方阵 $\boldsymbol{A}$, 有

$$\boldsymbol{A}^k\boldsymbol{A}^l=\boldsymbol{A}^{k+l},\quad (\boldsymbol{A}^k)^l=\boldsymbol{A}^{kl}$$

注意, 由于矩阵乘法不满足交换律, 一般$(\boldsymbol{AB})^k$ 未必等于 $\boldsymbol{A}^k\boldsymbol{B}^k$.

若 $\boldsymbol{A}^2=\boldsymbol{A}$, 称方阵 $\boldsymbol{A}$ 为**幂等矩阵**.

(3) **矩阵乘积的行列式** 假设 $\boldsymbol{A}$ 和 $\boldsymbol{B}$ 是同阶方阵, 那么其乘积的行列式等于它们行列式的乘积:

$$|\boldsymbol{AB}|=|\boldsymbol{A}|\cdot|\boldsymbol{B}|.$$

4. 矩阵的转置 把 $m\times n$ 矩阵 $\boldsymbol{A}$ 相应的行与列互换, 所得 $n\times m$ 矩阵, 称为 $\boldsymbol{A}$ 的**转置矩阵**, 记作 $\boldsymbol{A}^{\mathrm{T}}$(或 $\boldsymbol{A}'$). 即, 如果

$$\boldsymbol{A}=\begin{bmatrix} a_{11} & a_{12} & \cdots & a_{1n}\\ a_{21} & a_{22} & \cdots & a_{2n}\\ \vdots & \vdots & \ddots & \vdots\\ a_{m1} & a_{m2} & \cdots & a_{mn}\end{bmatrix}$$

则

$$\boldsymbol{A}^{\mathrm{T}}=\begin{bmatrix} a_{11} & a_{21} & \cdots & a_{m1}\\ a_{12} & a_{22} & \cdots & a_{m2}\\ \vdots & \vdots & \ddots & \vdots\\ a_{1n} & a_{2n} & \cdots & a_{mn}\end{bmatrix}.$$

转置矩阵的性质

$$(\boldsymbol{A}^{\mathrm{T}})^{\mathrm{T}}=\boldsymbol{A},\qquad (\boldsymbol{A}+\boldsymbol{B})^{\mathrm{T}}=\boldsymbol{A}^{\mathrm{T}}+\boldsymbol{B}^{\mathrm{T}},$$

$$(k\boldsymbol{A})^{\mathrm{T}}-k\boldsymbol{A}^{\mathrm{T}},\qquad (\boldsymbol{AB})^{\mathrm{T}}=\boldsymbol{B}^{\mathrm{T}}\boldsymbol{A}^{\mathrm{T}}.$$

由转置矩阵的定义知, 一个矩阵一般未必等于它的转置矩阵. 但是, 如果 $\boldsymbol{A}$ 是对称矩阵, 则 $\boldsymbol{A}^{\mathrm{T}}=\boldsymbol{A}$. 反过来也成立. 此外, 如果 $\boldsymbol{A}^{\mathrm{T}}=-\boldsymbol{A}$, 称方阵 $\boldsymbol{A}$ 为反对称矩阵.

2.1.2 矩阵的初等变换及逆矩阵

一、矩阵的初等变换

矩阵的初等变换指:

1. 两行(或两列)对调;
2. 用一个非零的数乘矩阵某一行(或列);
3. 用一个数乘矩阵的某一行(或列)并加到另一行(或列)上去.

二、逆矩阵

假设 $\boldsymbol{A}$ 是 n 阶方阵, $\boldsymbol{E}$ 是单位矩阵. 那么, 如果存在 n 阶方阵 $\boldsymbol{B}$, 使得

$$\boldsymbol{AB} = \boldsymbol{BA} = \boldsymbol{E},$$

则称矩阵 $\boldsymbol{A}$ **可逆**, 称 $\boldsymbol{B}$ 为 $\boldsymbol{A}$ 的**逆矩阵**, 记作 $\boldsymbol{A}^{-1}$ (即 $\boldsymbol{B} = \boldsymbol{A}^{-1}$).

（一）逆矩阵的性质

1. 若矩阵可逆, 则其逆矩阵必唯一.
2. 矩阵 $\boldsymbol{A}$ 可逆的充要条件是$|\boldsymbol{A}| \neq 0$.
3. 若 $\boldsymbol{AB} = \boldsymbol{E}$ (或 $\boldsymbol{BA} = \boldsymbol{E}$), 则 $\boldsymbol{A}$ 可逆, 且$\boldsymbol{A}^{-1} = \boldsymbol{B}$.
4. 可逆矩阵 $\boldsymbol{A}$ 的逆矩阵 $\boldsymbol{A}^{-1}$也可逆, 并且其逆矩阵等于 $\boldsymbol{A}$, 即 $(\boldsymbol{A}^{-1})^{-1} = \boldsymbol{A}$.
5. 若 $\boldsymbol{A}, \boldsymbol{B}$ 是同阶可逆矩阵, 则 $\boldsymbol{AB}$ 也可逆, 且 $(\boldsymbol{AB})^{-1} = \boldsymbol{B}^{-1}\boldsymbol{A}^{-1}$.
6. 若矩阵 $\boldsymbol{A}$ 可逆, 而 k 是一个非零常数, 则 $k\boldsymbol{A}$ 也可逆, 且 $(k\boldsymbol{A})^{-1} = k^{-1}\boldsymbol{A}^{-1}$.
7. 可逆矩阵 $\boldsymbol{A}$ 的转置 $\boldsymbol{A}^{\mathrm{T}}$ 也可逆, 且 $(\boldsymbol{A}^{\mathrm{T}})^{-1} = (\boldsymbol{A}^{-1})^{\mathrm{T}}$.
8. 若矩阵 $\boldsymbol{A}$ 可逆, 则 $|\boldsymbol{A}^{-1}| = |\boldsymbol{A}|^{-1}$.

（二）逆矩阵的求法

1. **公式法** 可逆矩阵

$$\boldsymbol{A} = \begin{bmatrix} a_{11} & a_{12} & \cdots & a_{1n} \\ a_{21} & a_{22} & \cdots & a_{2n} \\ \vdots & \vdots & \ddots & \vdots \\ a_{n1} & a_{n2} & \cdots & a_{nn} \end{bmatrix}$$

的逆矩阵为

$$\boldsymbol{A}^{-1} = \frac{1}{|\boldsymbol{A}|}\boldsymbol{A}^* = \frac{1}{|\boldsymbol{A}|}\begin{bmatrix} A_{11} & A_{21} & \cdots & A_{n1} \\ A_{12} & A_{22} & \cdots & A_{n2} \\ \vdots & \vdots & \ddots & \vdots \\ A_{1n} & A_{2n} & \cdots & A_{nn} \end{bmatrix}.$$

而 A_{ij} $(i, j = 1, 2, \ldots, n)$是行列式 $|\boldsymbol{A}|$ 中元素 a_{ij} 的代数余子式. $\boldsymbol{A}^*$ 称做 $\boldsymbol{A}$ 的**伴随矩阵**.

注意, 矩阵 $\boldsymbol{A}^*$ 中第 i 行、第 j 列的元素, 是行列式 $|\boldsymbol{A}|$ 中 a_{ji} 的代数余子式 $\boldsymbol{A}_{ji}$ $(i, j = 1, 2, \ldots, n)$.

2. **初等变换法** 假设 $\boldsymbol{A}$ 可逆, 考虑 $n \times 2n$ 矩阵

$$(\boldsymbol{A} \mid \boldsymbol{E}) = \begin{bmatrix} a_{11} & a_{12} & \cdots & a_{1n} & 1 & 0 & \cdots & 0 \\ a_{21} & a_{22} & \cdots & a_{2n} & 0 & 1 & \cdots & 0 \\ \vdots & \vdots & \ddots & \vdots & \vdots & \vdots & \ddots & \vdots \\ a_{n1} & a_{n2} & \cdots & a_{nn} & 0 & 0 & \cdots & 1 \end{bmatrix}$$

为求 $\boldsymbol{A}^{-1}$, 对$(\boldsymbol{A} \mid \boldsymbol{E})$作一系列(有限次)初等行变换（注意, 只允许作初等行变换）, 使矩阵$(\boldsymbol{A} \mid \boldsymbol{E})$中的$\boldsymbol{A}$ 化为单位矩阵. 这时, $\boldsymbol{E}$ 就化为 $\boldsymbol{A}^{-1}$, 即

$$(\boldsymbol{A} \mid \boldsymbol{E}) \overbrace{\longrightarrow \cdots\cdots \longrightarrow}^{\text{有限次初等行变换}} (\boldsymbol{E} \mid \boldsymbol{A}^{-1})$$

于是就得到了 $\boldsymbol{A}$ 的逆矩阵 $\boldsymbol{A}^{-1}$.

说明 比较上述求逆矩阵的两种方法. 用公式 $\boldsymbol{A}^{-1} = \dfrac{1}{|\boldsymbol{A}|}\boldsymbol{A}^*$ 求逆矩阵, 一般计算量比较大. 如果 $\boldsymbol{A}$ 是n阶方阵, 需要计算n 阶行列式 $|\boldsymbol{A}|$, 以及n^2 个$n-1$ 阶行列式. 当n 较大时, 计算量是很大的. 因此公式法多用于特殊的矩阵或阶数较低的矩阵求逆. 利用初等变换求逆矩阵, 方法比较简便, 应用比较广, 读者应熟练掌握.

三、正交矩阵

如果实数域 R 上的方阵 $\boldsymbol{A}$ 满足 $\boldsymbol{A}\boldsymbol{A}^{\mathrm{T}} = \boldsymbol{E}$, 则称 $\boldsymbol{A}$ 为正交矩阵.

正交矩阵有下列性质:

1. 实数域 R 上的方阵 $\boldsymbol{A}$ 是正交矩阵的充分必要条件是 $\boldsymbol{A}^{\mathrm{T}} = \boldsymbol{A}^{-1}$.
2. 若 $\boldsymbol{A}$ 是正交矩阵, 则 $\boldsymbol{A}$ 的行列式是 $|\boldsymbol{A}| = \pm 1$.
3. 若 $\boldsymbol{A}$ 是正交矩阵, 则 $\boldsymbol{A}^{\mathrm{T}}$和 $\boldsymbol{A}^{-1}$ 也是正交矩阵.
4. 若 $\boldsymbol{A}$、$\boldsymbol{B}$ 是同阶正交矩阵, 则 $\boldsymbol{AB}$ 也是正交矩阵.
5. 若 $\boldsymbol{A} = (a_{ij})_{n\times n}$是正交矩阵, 则

$$\sum_{j=1}^{n} a_{ij}a_{kj} = \begin{cases} 1, & i = k, \\ 0, & i \neq k, \end{cases} \qquad (i, k = 1, 2, \ldots, n),$$

$$\sum_{i=1}^{n} a_{ij}a_{il} = \begin{cases} 1, & j = l, \\ 0, & j \neq l, \end{cases} \qquad (j, l = 1, 2, \ldots, n).$$

这表明: 正交矩阵的每一行(或列)的 n 个数平方和等于 1; 不同的行(或列)的 n 个对应数的乘积之和等于 0.

四、初等矩阵

由单位矩阵 $\boldsymbol{E}$, 经过一次初等变换得到的矩阵, 称为**初等矩阵**. 初等矩阵有下列三种:

1. 对 $\boldsymbol{E}$ 施行第一种初等变换得到的初等矩阵

$$
\boldsymbol{E}(i \leftrightarrow j) = \begin{bmatrix}
1 & & & \vdots & & & & \vdots & & & \\
& \ddots & & \vdots & & & & \vdots & & & \\
& & 1 & \vdots & & & & \vdots & & & \\
\cdots & \cdots & \cdots & 0 & \cdots & \cdots & \cdots & 1 & \cdots & \cdots & \cdots \\
& & & \vdots & 1 & & & \vdots & & & \\
& & & \vdots & & \ddots & & \vdots & & & \\
& & & \vdots & & & 1 & \vdots & & & \\
\cdots & \cdots & \cdots & 1 & \cdots & \cdots & \cdots & 0 & \cdots & \cdots & \cdots \\
& & & \vdots & & & & \vdots & 1 & & \\
& & & \vdots & & & & \vdots & & \ddots & \\
& & & \vdots & & & & \vdots & & & 1
\end{bmatrix}
\begin{array}{l} \\ \\ \\ (i\text{ 行}) \\ \\ \\ \\ (j\text{ 行}) \\ \\ \\ \\ \end{array}
$$

$(i$ 列$)$　　$(j$ 列$)$

2. 对 $\boldsymbol{E}$ 施行第二种初等变换得到的初等矩阵

$$
\boldsymbol{E}(ki) = \begin{bmatrix}
1 & & & \vdots & & & \\
& \ddots & & \vdots & & & \\
& & 1 & \vdots & & & \\
\cdots & \cdots & \cdots & k & \cdots & \cdots & \cdots \\
& & & \vdots & 1 & & \\
& & & \vdots & & \ddots & \\
& & & \vdots & & & 1
\end{bmatrix}
\begin{array}{l} \\ \\ \\ (i\text{ 行}) \\ \\ \\ \\ \end{array}
$$

$(i$ 列$)$

3. 对 $\boldsymbol{E}$ 施行第三种初等(行)变换得到的初等矩阵

$$
\boldsymbol{E}(ki+j) = \begin{bmatrix}
1 & & \vdots & & \vdots & & \\
& \ddots & \vdots & & \vdots & & \\
\cdots & \cdots & 1 & \cdots & \cdots & \cdots & \cdots \\
& & \vdots & \ddots & \vdots & & \\
\cdots & \cdots & k & \cdots & 1 & \cdots & \cdots \\
& & \vdots & & \vdots & \ddots & \\
& & \vdots & & \vdots & & 1
\end{bmatrix}
\begin{array}{l} \\ \\ (i\text{ 行}) \\ \\ (j\text{ 行}) \\ \\ \\ \end{array}
$$

$(i$ 列$)$　$(j$ 列$)$

初等矩阵的性质

1. 初等矩阵的转置仍是初等矩阵.

2. 初等矩阵都可逆, 而且其逆矩阵仍是同一种初等矩阵.

3. n 阶方阵 $\boldsymbol{A}$ 可逆的充分必要条件是, $\boldsymbol{A}$ 可以表示为有限个初等矩阵的乘积.

4. 对矩阵 $\boldsymbol{A}$ 施行某种初等行(列)变换得到的矩阵, 等于用同种初等矩阵左(右)乘 $\boldsymbol{A}$.

2.1.3 矩阵的秩

一、矩阵的子式

矩阵

$$\boldsymbol{A}=\begin{bmatrix} a_{11} & a_{12} & \cdots & a_{1n} \\ a_{21} & a_{22} & \cdots & a_{2n} \\ \vdots & \vdots & \ddots & \vdots \\ a_{m1} & a_{m2} & \cdots & a_{mn} \end{bmatrix}$$

中, 任意 k 行和 k 列交点上的 k^2 个元素所组成的 k 阶矩阵的行列式, 称为矩阵 $\boldsymbol{A}$ 的 k 阶**子式**.

由矩阵子式的定义知, $1\leqslant k\leqslant \min\{m,n\}$, 其中$\min\{m,n\}$ 表示 m,n 中较小的一个.

二、矩阵的秩

如果在 $\boldsymbol{A}$ 中存在一个不为 0 的 r 阶子式, 而所有 $r+1$ 阶子式(如果存在的话)全为零, 称数 r 为矩阵 $\boldsymbol{A}=(a_{ij})_{m\times n}$**的秩**. 以 $r(\boldsymbol{A})=r$ 表示 $\boldsymbol{A}$ 的秩为 r. 定义零矩阵的秩为零.

由矩阵秩的定义知, 对于任意 $m\times n$ 矩阵 $\boldsymbol{A}$, 有 $0\leqslant r(\boldsymbol{A})\leqslant \min(m,n)$. 特别地, 如果 $r(\boldsymbol{A})=m$ (或n), 则称$\boldsymbol{A}$为**行（或列）满秩矩阵**. 若$\boldsymbol{A}$为n阶方阵，且$r(\boldsymbol{A})=n$, 则称$\boldsymbol{A}$为**满秩矩阵**. 否则称 $\boldsymbol{A}$ 为**降秩矩阵**.

方阵的秩 如果 $\boldsymbol{A}$ 是 n 阶方阵, 则下列条件等价: (1) $\boldsymbol{A}$**满秩**; (2) $r(\boldsymbol{A})=n$; (3) $|\boldsymbol{A}|\neq 0$; (4) $\boldsymbol{A}$ 可逆.

阶梯形矩阵的秩 称形如

$$\begin{bmatrix} c_{11} & c_{12} & \cdots & c_{1r} & c_{1,r+1} & \cdots & c_{1n} \\ 0 & c_{22} & \cdots & c_{2r} & c_{2,r+1} & \cdots & c_{2n} \\ \vdots & \vdots & \ddots & \vdots & \vdots & \ddots & \vdots \\ 0 & 0 & \cdots & c_{rr} & c_{r,r+1} & \cdots & c_{rn} \\ 0 & 0 & \cdots & 0 & 0 & \cdots & 0 \\ \vdots & \vdots & \ddots & \vdots & \vdots & \ddots & \vdots \\ 0 & 0 & \cdots & 0 & 0 & \cdots & 0 \end{bmatrix}$$

的矩阵为**阶梯形矩阵**, 如果 $c_{ii} \neq 0\ (i=1,2,\ldots,r;\ r \geqslant 1)$, 其前 r 行称为非零行. 显然, 阶梯形矩阵的秩等于非零行的个数 r.

标准形矩阵的秩 称形如

$$\begin{bmatrix} 1 & 0 & \cdots & 0 & \cdots & 0 \\ 0 & 1 & \cdots & 0 & \cdots & 0 \\ \vdots & \vdots & \ddots & \vdots & \ddots & \vdots \\ 0 & 0 & \cdots & 1 & \cdots & 0 \\ 0 & 0 & \cdots & 0 & \cdots & 0 \\ \vdots & \vdots & \ddots & \vdots & \ddots & \vdots \\ 0 & 0 & \cdots & 0 & \cdots & 0 \end{bmatrix}$$

的矩阵为**标准形矩阵** (这里指关于初等变换的标准形矩阵). 标准形矩阵的秩等于它所含 1 的个数.

三、关于秩的几个重要定理

1. 如果矩阵 $\boldsymbol{A}$ 有一个非零 r 阶子式, 而包含该子式的每一个 $r+1$ 阶子式全为零, 则矩阵 $\boldsymbol{A}$ 的秩为 r.

2. 初等变换不改变矩阵的秩.

3. 任一矩阵 $\boldsymbol{A}$, 经过有限次初等变换, 都可以化为阶梯形矩阵.

4. 任一矩阵 $\boldsymbol{A}$, 经过有限次初等变换, 都可以化为标准形矩阵.

四、矩阵秩的求法

方法1 按定义计算矩阵的秩. 对给定的矩阵

$$\boldsymbol{A} = \begin{bmatrix} a_{11} & a_{12} & \cdots & a_{1n} \\ a_{21} & a_{22} & \cdots & a_{2n} \\ \vdots & \vdots & \ddots & \vdots \\ a_{m1} & a_{m2} & \cdots & a_{mn} \end{bmatrix}$$

如果能找到 $\boldsymbol{A}$ 的一个不为零的 r 阶子式, 而经验证 $\boldsymbol{A}$ 的所有 $r+1$ 阶子式全为零, 那么 $\boldsymbol{A}$ 的秩等于 r. 此方法计算量很大.

方法2 按上述秩的重要定理 1, 如果能找到 $\boldsymbol{A}$ 的一个不为零的 r 阶子式, 而经验证包含该 r 阶子式的所有 $r+1$ 阶子式全为零, 那么 $\boldsymbol{A}$ 的秩等于 r. 显然, 方法 2 比方法 1 的计算量小, 因此常常采用方法 2.

方法3 用化阶梯形方法计算矩阵的秩. 对给定的矩阵 $\boldsymbol{A}$, 首先用初等变换将 $\boldsymbol{A}$ 化为阶梯形矩阵; 然后数一数阶梯形矩阵非零行的个数, 这个数就是矩阵 $\boldsymbol{A}$ 的秩.

方法4 用化标准形方法计算矩阵的秩. 对给定的矩阵 $\boldsymbol{A}$, 首先用初等变换将 $\boldsymbol{A}$ 化为标准形矩阵; 然后数一数标准形矩阵所含 1 的个数, 这个数就是矩阵 $\boldsymbol{A}$ 的秩. 显然, 将 $\boldsymbol{A}$ 化为标准形与化为阶梯形相比, 一般总是要经过较多次的初等变换.

上述求矩阵秩的四种方法, 最常使用的是化阶梯形矩阵的方法, 有时也用到方法2, 其他两种则较少使用.

五、矩阵秩的性质

1. 设$\boldsymbol{A}$ 为n阶方阵, 则有$r(\boldsymbol{A}^{\mathrm{T}})=r(\boldsymbol{A})$.

2. 设$\boldsymbol{A}$为$m\times n$矩阵, 则有$0\leqslant r(\boldsymbol{A})\leqslant\min\{m,n\}$.

3. 设$\boldsymbol{A}$为$m\times n$矩阵, $\boldsymbol{P}$为m阶可逆矩阵, $\boldsymbol{Q}$为n阶可逆矩阵, 则有$r(\boldsymbol{PAQ})=r(\boldsymbol{A})$; 特别地, $r(\boldsymbol{PA})=r(\boldsymbol{AQ})=r(\boldsymbol{A})$.

4. 设$\boldsymbol{A}$, $\boldsymbol{B}$均为$m\times n$矩阵, 则有$r(\boldsymbol{A}+\boldsymbol{B})\leqslant r(\boldsymbol{A})+r(\boldsymbol{B})$.

5. 设$\boldsymbol{A}$为$m\times n$矩阵, $\boldsymbol{B}$为$n\times s$矩阵, 则有$r(\boldsymbol{AB})\leqslant\min\{r(\boldsymbol{A}),r(\boldsymbol{B})\}$.

6. 设$\boldsymbol{A}$为$m\times n$矩阵, $\boldsymbol{B}$为$n\times s$矩阵, 且$\boldsymbol{AB}=\boldsymbol{O}$, 则有$r(\boldsymbol{A})+r(\boldsymbol{B})\leqslant n$.

关于矩阵的秩, 在第三章还要继续讨论.

2.1.4 分块矩阵

一、分块矩阵

考虑由若干条水平线和铅直线将 $m\times n$ 矩阵 $\boldsymbol{A}$ 分隔成若干小块的矩阵

$$\boldsymbol{A}=\begin{bmatrix}\boldsymbol{A}_{11} & \boldsymbol{A}_{12} & \cdots & \boldsymbol{A}_{1t}\\ \boldsymbol{A}_{21} & \boldsymbol{A}_{22} & \cdots & \boldsymbol{A}_{2t}\\ \vdots & \vdots & \ddots & \vdots\\ \boldsymbol{A}_{s1} & \boldsymbol{A}_{s2} & \cdots & \boldsymbol{A}_{st}\end{bmatrix}\begin{matrix}(m_1\text{行})\\ (m_2\text{行})\\ \\ (m_s\text{行})\end{matrix}$$
$$\quad(n_1\text{列})\ (n_2\text{列})\ \cdots\ (n_t\text{列})$$

其中 $m_1+m_2+\cdots+m_s=m,n_1+n_2+\cdots+n_t=n$. $\boldsymbol{A}_{ij}$ 是 $\boldsymbol{A}$ 的元素组成的 $m_i\times n_j$ 矩阵. 这样的矩阵称做**分块矩阵**, 而 $\boldsymbol{A}_{ij}$ $(i=1,2,\ldots,s;j=1,2,\ldots,t)$ 称做 $\boldsymbol{A}$ 的**子块**.

一个矩阵, 可以根据需要采用不同的分法, 从而可以得到不同的分块矩阵.

二、分块矩阵的运算

对于阶数比较高的矩阵的运算, 可以先将矩阵分块, 以得到分块矩阵, 并且在运算中把每个子块看做一个“元素”, 这样可以使矩阵的运算大为简化.

加法 假设 $\boldsymbol{A}=(a_{ij})_{m\times n}$, $\boldsymbol{B}=(b_{ij})_{m\times n}$, 用同样的方法将 $\boldsymbol{A},\boldsymbol{B}$ 分块: $\boldsymbol{A}=(\boldsymbol{A}_{ij})_{s\times t}$, $\boldsymbol{B}=(\boldsymbol{B}_{ij})_{s\times t}$, 其中子块 $\boldsymbol{A}_{ij}$, $\boldsymbol{B}_{ij}$ 都是 $m_i\times n_j$ 矩阵. 那么

$$\boldsymbol{A}+\boldsymbol{B}=(\boldsymbol{A}_{ij}+\boldsymbol{B}_{ij})_{s\times t}$$

数乘 假设 $\boldsymbol{A}=(a_{ij})_{m\times n}$, 其分块矩阵为 $\boldsymbol{A}=(\boldsymbol{A}_{ij})_{s\times t}$. 那么

$$k\boldsymbol{A}=(k\boldsymbol{A}_{ij})_{s\times t}$$

这样, 用数 k 乘 $\boldsymbol{A}$ 等于乘$\boldsymbol{A}$的各个子块.

乘法 假设 $\boldsymbol{A}=(a_{ik})_{m\times n}$, $\boldsymbol{B}=(b_{kj})_{n\times t}$, $\boldsymbol{A}$ 与 $\boldsymbol{B}$ 的分块矩阵分别为 $\boldsymbol{A}=(\boldsymbol{A}_{\alpha\beta})_{t\times l}$, $\boldsymbol{B}=(\boldsymbol{B}_{\beta\delta})_{l\times r}$, 其中子块 $\boldsymbol{A}_{\alpha\beta}$ 是 $m_\alpha\times n_\beta$ 矩阵, $\boldsymbol{B}_{\beta\delta}$是 $n_\beta\times s_\delta$ 矩阵. 那么乘积

$$\boldsymbol{AB}=\boldsymbol{C}=(\boldsymbol{C}_{\alpha\delta})_{t\times r},$$

其中

$$\boldsymbol{C}_{\alpha\delta}=\boldsymbol{A}_{\alpha1}\boldsymbol{B}_{1\delta}+\boldsymbol{A}_{\alpha2}\boldsymbol{B}_{2\delta}+\cdots+\boldsymbol{A}_{\alpha l}\boldsymbol{B}_{l\delta}=\sum_{p=1}^{l}\boldsymbol{A}_{\alpha p}\boldsymbol{B}_{p\delta}$$

$$(\alpha=1,2,\ldots,t;\ \ \delta=1,2,\ldots,r)$$

应该注意, 作分块矩阵乘法时, 矩阵 $\boldsymbol{A}$ 的列的分法必须与矩阵 $\boldsymbol{B}$ 的行的分法一致, 否则 $\boldsymbol{AB}$ 无意义.

求逆 仅限于介绍形如

$$\boldsymbol{A}=\begin{bmatrix}\boldsymbol{A}_1 & & & \\ & \boldsymbol{A}_2 & & \\ & & \ddots & \\ & & & \boldsymbol{A}_l\end{bmatrix}$$

的**准对角阵**(或**分块对角阵**)的求逆公式. 如果这样的矩阵 $\boldsymbol{A}$, 其中每个 $\boldsymbol{A}_i$ $(i=1,2,\ldots,l)$都是可逆方阵, 则 $\boldsymbol{A}$ 可逆, 而且

$$\boldsymbol{A}^{-1}=\begin{bmatrix}\boldsymbol{A}_1^{-1} & & & \\ & \boldsymbol{A}_2^{-1} & & \\ & & \ddots & \\ & & & \boldsymbol{A}_l^{-1}\end{bmatrix}.$$

§2.2 基本要求与学习重点

一、基本要求

1. 理解矩阵的定义, 注意矩阵与行列式的区别.

2. 理解矩阵下列运算的定义、性质, 熟练掌握这些运算:

矩阵加法; 数与矩阵的乘积(数乘); 矩阵的乘积; 矩阵的转置; 逆矩阵; 矩阵的初等变换.

3. 理解下列特殊矩阵的定义、性质, 熟练掌握它们的运算规律:

单位矩阵; 数量矩阵; 对角矩阵; 三角形矩阵; 对称矩阵; 反对称矩阵; 正交矩阵; 初等矩阵; 分块对角矩阵.

4. 理解矩阵秩的定义和性质, 会求矩阵的秩.

二、学习重点

矩阵这部分教学目的其核心是矩阵的运算, 特别是:

1. 矩阵的乘积 首先, 要理解矩阵乘积的定义, 要掌握矩阵乘法不满足交换律和消去律这一特点. 此外, 还要熟练掌握矩阵乘法的性质及乘积运算本身. 能否熟练准确地进行乘积运算是能否掌握线性代数有关内容的关键, 所以必须围绕这部分内容选做一定数量的习题, 才能掌握它.

2. 逆矩阵 首先要理解可逆矩阵及其逆矩阵的概念; 掌握矩阵可逆的充分必要条件: 方阵 $\boldsymbol{A}$ 可逆$\Leftrightarrow |\boldsymbol{A}| \neq 0$, 以及公式 $\boldsymbol{A}\boldsymbol{A}^* = |\boldsymbol{A}|\boldsymbol{E}$; 计算可逆矩阵 $\boldsymbol{A}$ 的逆矩阵 $\boldsymbol{A}^{-1}$ 的两种方法:

公式法 $\boldsymbol{A}^{-1}=\dfrac{1}{|\boldsymbol{A}|}\boldsymbol{A}^*$;

初等变换法 $(\boldsymbol{A} \mid \boldsymbol{E}) \overbrace{\longrightarrow \cdots\cdots \longrightarrow}^{\text{有限次初等行变换}} (\boldsymbol{E} \mid \boldsymbol{A}^{-1})$.

3. 特殊矩阵 理解特殊矩阵的定义, 掌握特殊矩阵本身的一些性质, 即它与一般矩阵的区别, 会利用它们的这些特性, 解决有关的问题.

§2.3 典型例题解析

题型一 矩阵的运算

例2.1 假设

$$\boldsymbol{A}=\begin{bmatrix}1&0&1\\1&1&1\\2&-1&0\end{bmatrix},\qquad \boldsymbol{B}=\begin{bmatrix}1&2&0\\0&1&2\\0&0&1\end{bmatrix},$$

求(1) $\boldsymbol{AB}-\boldsymbol{BA}$; (2) $\boldsymbol{B}^{\mathrm{T}}\boldsymbol{A}^{\mathrm{T}}$; (3) $2|\boldsymbol{B}|$, $|2\boldsymbol{B}|$.

解 (1)

$$\boldsymbol{AB}=\begin{bmatrix}1&0&1\\1&1&1\\2&-1&0\end{bmatrix}\begin{bmatrix}1&2&0\\0&1&2\\0&0&1\end{bmatrix}=\begin{bmatrix}1&2&1\\1&3&3\\2&3&-2\end{bmatrix},$$

$$\boldsymbol{BA}=\begin{bmatrix}1&2&0\\0&1&2\\0&0&1\end{bmatrix}\begin{bmatrix}1&0&1\\1&1&1\\2&-1&0\end{bmatrix}=\begin{bmatrix}3&2&3\\5&-1&1\\2&-1&0\end{bmatrix},$$

$$\boldsymbol{AB}-\boldsymbol{BA}=\begin{bmatrix}1&2&1\\1&3&3\\2&3&-2\end{bmatrix}-\begin{bmatrix}3&2&3\\5&-1&1\\2&-1&0\end{bmatrix}=\begin{bmatrix}-2&0&-2\\-4&4&2\\0&4&-2\end{bmatrix}.$$

(2)

$$\boldsymbol{B}^{\mathrm{T}}=\begin{bmatrix}1&0&0\\2&1&0\\0&2&1\end{bmatrix},\qquad \boldsymbol{A}^{\mathrm{T}}=\begin{bmatrix}1&1&2\\0&1&-1\\1&1&0\end{bmatrix},$$

$$\boldsymbol{B}^{\mathrm{T}}\boldsymbol{A}^{\mathrm{T}}=\begin{bmatrix}1&0&0\\2&1&0\\0&2&1\end{bmatrix}\begin{bmatrix}1&1&2\\0&1&-1\\1&1&0\end{bmatrix}=\begin{bmatrix}1&1&2\\2&3&3\\1&3&-2\end{bmatrix}.$$

本小题也可利用性质 $\boldsymbol{B}^{\mathrm{T}}\boldsymbol{A}^{\mathrm{T}}=(\boldsymbol{AB})^{\mathrm{T}}$ 计算.

(3)

$$2\,|\boldsymbol{B}|=2\begin{vmatrix}1&2&0\\0&1&2\\0&0&1\end{vmatrix}=2\times1=2,\qquad |2\boldsymbol{B}|=\begin{vmatrix}2&4&0\\0&2&4\\0&0&2\end{vmatrix}=8.$$

亦可利用性质 $|2\boldsymbol{B}|=2^3\,|\boldsymbol{B}|$ 求 $|2\boldsymbol{B}|$.

例2.2 计算$\begin{bmatrix}\lambda&1&0\\0&\lambda&1\\0&0&\lambda\end{bmatrix}^3$.

解法1 直接计算

$$\begin{bmatrix}\lambda&1&0\\0&\lambda&1\\0&0&\lambda\end{bmatrix}^2=\begin{bmatrix}\lambda&1&0\\0&\lambda&1\\0&0&\lambda\end{bmatrix}\begin{bmatrix}\lambda&1&0\\0&\lambda&1\\0&0&\lambda\end{bmatrix}=\begin{bmatrix}\lambda^2&2\lambda&1\\0&\lambda^2&2\lambda\\0&0&\lambda^2\end{bmatrix},$$

$$\begin{bmatrix}\lambda&1&0\\0&\lambda&1\\0&0&\lambda\end{bmatrix}^3=\begin{bmatrix}\lambda&1&0\\0&\lambda&1\\0&0&\lambda\end{bmatrix}^2\begin{bmatrix}\lambda&1&0\\0&\lambda&1\\0&0&\lambda\end{bmatrix}=\begin{bmatrix}\lambda^2&2\lambda&1\\0&\lambda^2&2\lambda\\0&0&\lambda^2\end{bmatrix}\begin{bmatrix}\lambda&1&0\\0&\lambda&1\\0&0&\lambda\end{bmatrix}=\begin{bmatrix}\lambda^3&3\lambda^2&3\lambda\\0&\lambda^3&3\lambda^2\\0&0&\lambda^3\end{bmatrix}.$$

解法2 记$\boldsymbol{A}=\begin{bmatrix}\lambda&1&0\\0&\lambda&1\\0&0&\lambda\end{bmatrix}$, 有

$$\boldsymbol{A}=\begin{bmatrix}\lambda&1&0\\0&\lambda&1\\0&0&\lambda\end{bmatrix}=\begin{bmatrix}\lambda&0&0\\0&\lambda&0\\0&0&\lambda\end{bmatrix}+\begin{bmatrix}0&1&0\\0&0&1\\0&0&0\end{bmatrix}=\lambda\boldsymbol{E}+\boldsymbol{B},$$

其中 $\boldsymbol{B}=\begin{bmatrix}0&1&0\\0&0&1\\0&0&0\end{bmatrix}$. 于是

$$A^3=(\lambda E+B)^3=(\lambda E)^3+3(\lambda E)^2B+3(\lambda E)B^2+B^3,$$

其中 $(\lambda E)^3=\lambda^3E \quad (\lambda E)^2=\lambda^2E,$

$$B^2=\begin{bmatrix}0&1&0\\0&0&1\\0&0&0\end{bmatrix}\begin{bmatrix}0&1&0\\0&0&1\\0&0&0\end{bmatrix}=\begin{bmatrix}0&0&1\\0&0&0\\0&0&0\end{bmatrix},$$

$$B^3=B^2B=\begin{bmatrix}0&0&1\\0&0&0\\0&0&0\end{bmatrix}\begin{bmatrix}0&1&0\\0&0&1\\0&0&0\end{bmatrix}=\begin{bmatrix}0&0&0\\0&0&0\\0&0&0\end{bmatrix}.$$

所以 $A^3=\lambda^3E+3\lambda^2EB+3\lambda EB^2=\lambda^3E+3\lambda^2B+3\lambda B^2=$

$$\begin{bmatrix}\lambda^3&0&0\\0&\lambda^3&0\\0&0&\lambda^3\end{bmatrix}+\begin{bmatrix}0&3\lambda^2&0\\0&0&3\lambda^2\\0&0&0\end{bmatrix}+\begin{bmatrix}0&0&3\lambda\\0&0&0\\0&0&0\end{bmatrix}=\begin{bmatrix}\lambda^3&3\lambda^2&3\lambda\\0&\lambda^3&3\lambda^2\\0&0&\lambda^3\end{bmatrix}.$$

例2.3 求

$$A^n=\begin{bmatrix}\lambda&1&0\\0&\lambda&1\\0&0&\lambda\end{bmatrix}^n.$$

解 将例 2.2 的解法 2 加以推广, 有

$$A^n=(\lambda E+B)^n=(\lambda E)^n+C_n^1(\lambda E)^{n-1}B+C_n^2(\lambda E)^{n-2}B^2+\cdots+B^n,$$

其中

$$B=\begin{bmatrix}0&1&0\\0&0&1\\0&0&0\end{bmatrix},\ B^2=\begin{bmatrix}0&0&1\\0&0&0\\0&0&0\end{bmatrix},B^3=0,\ B^4=0,\ \ldots,B^n=0.$$

所以

$$A^n=\lambda^nE+n\lambda^{n-1}EB+\frac{n(n-1)}{2!}\lambda^{n-2}EB^2$$

$$=\begin{bmatrix}\lambda^n&0&0\\0&\lambda^n&0\\0&0&\lambda^n\end{bmatrix}+\begin{bmatrix}0&n\lambda^{n-1}&0\\0&0&n\lambda^{n-1}\\0&0&0\end{bmatrix}+\begin{bmatrix}0&0&\frac{n(n-1)}{2}\lambda^{n-2}\\0&0&0\\0&0&0\end{bmatrix}$$

$$=\begin{bmatrix}\lambda^n&n\lambda^{n-1}&\frac{n(n-1)}{2}\lambda^{n-2}\\0&\lambda^n&n\lambda^{n-1}\\0&0&\lambda^n\end{bmatrix}.$$

例2.4 已知三阶方阵 $\boldsymbol{A}=(a_{ij})$ 与任意三阶方阵 $\boldsymbol{B}$ 之积可交换: $\boldsymbol{AB}=\boldsymbol{BA}$, 证明矩阵 $\boldsymbol{A}$ 是数量矩阵.

解 取 $\boldsymbol{B}=\begin{bmatrix}0&1&0\\0&0&0\\0&0&0\end{bmatrix}$, 由 $\boldsymbol{AB}=\boldsymbol{BA}$, 可见

$$\boldsymbol{AB}=\begin{bmatrix}a_{11}&a_{12}&a_{13}\\a_{21}&a_{22}&a_{23}\\a_{31}&a_{32}&a_{33}\end{bmatrix}\begin{bmatrix}0&1&0\\0&0&0\\0&0&0\end{bmatrix},\quad \boldsymbol{BA}=\begin{bmatrix}0&1&0\\0&0&0\\0&0&0\end{bmatrix}\begin{bmatrix}a_{11}&a_{12}&a_{13}\\a_{21}&a_{22}&a_{23}\\a_{31}&a_{32}&a_{33}\end{bmatrix},$$

因此
$$\begin{bmatrix}0&a_{11}&0\\0&a_{21}&0\\0&a_{31}&0\end{bmatrix}=\begin{bmatrix}a_{21}&a_{22}&a_{23}\\0&0&0\\0&0&0\end{bmatrix}.$$

故 $a_{21}=0, a_{23}=0, a_{31}=0, a_{11}=a_{22}$.

取 $\boldsymbol{B}=\begin{bmatrix}0&0&0\\1&0&0\\0&0&0\end{bmatrix}$, 由

$$\begin{bmatrix}a_{11}&a_{12}&a_{13}\\a_{21}&a_{22}&a_{23}\\a_{31}&a_{32}&a_{33}\end{bmatrix}\begin{bmatrix}0&0&0\\1&0&0\\0&0&0\end{bmatrix}=\begin{bmatrix}0&0&0\\1&0&0\\0&0&0\end{bmatrix}\begin{bmatrix}a_{11}&a_{12}&a_{13}\\a_{21}&a_{22}&a_{23}\\a_{31}&a_{32}&a_{33}\end{bmatrix},$$

得 $a_{12}=0, a_{13}=0, a_{32}=0$.

取 $\boldsymbol{B}=\begin{bmatrix}0&0&1\\0&0&0\\0&0&0\end{bmatrix}$, 由 $\boldsymbol{AB}=\boldsymbol{BA}$, 可得 $a_{11}=a_{33}$, 因此 $a_{11}=a_{22}=a_{33}$. 这样, $a_{ij}=0\ (i\neq j)$, 而 $a_{11}=a_{22}=a_{33}$, 即 $\boldsymbol{A}$ 是数量矩阵.

例2.5 试证两个 n 阶上(下)三角矩阵的乘积仍是上(下)三角矩阵.

证明 假设 $\boldsymbol{A}, \boldsymbol{B}$ 都是 n 阶上三角矩阵. 令

$$\boldsymbol{A}=\begin{bmatrix}a_{11}&a_{12}&\cdots&a_{1n}\\0&a_{22}&\cdots&a_{2n}\\\vdots&\vdots&\ddots&\vdots\\0&0&\cdots&a_{nn}\end{bmatrix},\quad \boldsymbol{B}=\begin{bmatrix}b_{11}&b_{12}&\cdots&b_{1n}\\0&b_{22}&\cdots&b_{2n}\\\vdots&\vdots&\ddots&\vdots\\0&0&\cdots&b_{nn}\end{bmatrix},$$

$$\boldsymbol{C}=\boldsymbol{AB}=\begin{bmatrix}c_{11}&c_{12}&\cdots&c_{1n}\\c_{21}&c_{22}&\cdots&c_{2n}\\\vdots&\vdots&\ddots&\vdots\\c_{n1}&c_{n2}&\cdots&c_{nn}\end{bmatrix}.$$

由矩阵乘法知

$$c_{ij}=a_{i1}b_{1j}+a_{i2}b_{2j}+\cdots+a_{in}b_{nj}=\sum_{k=1}^{n}a_{ik}b_{kj},\qquad (i,j=1,2,\ldots,n).$$

由假设, 当 $i>j$ 时, $a_{ij}=b_{ij}=0$, 故 c_{ij} 中各项都含因子0, 所以 $c_{ij}=0\ (i>j)$, 于是矩阵 $\boldsymbol{C}$ 为上三角矩阵.

同样方法可证明 $\boldsymbol{A}$, $\boldsymbol{B}$ 都是下三角矩阵的情形.

例2.6 试证: 对任何矩阵 $\boldsymbol{A}_{m\times n}$, $\boldsymbol{B}_{n\times m}$ 均有 $\mathrm{tr}(\boldsymbol{AB})=\mathrm{tr}(\boldsymbol{BA})$ (tr 是方阵主对角线上元素之和, 称为矩阵的迹或追迹).

证明 设 $\boldsymbol{A}=(a_{ik})_{m\times n}$, $\boldsymbol{B}=(b_{kj})_{n\times m}$, 而 $\boldsymbol{AB}=\boldsymbol{C}=(c_{ij})$, $\boldsymbol{BA}=\boldsymbol{D}=(d_{ij})$, 则

$$c_{ij}=\sum_{k=1}^{n}a_{ik}b_{kj},\qquad d_{ij}=\sum_{k=1}^{m}b_{ik}a_{kj}.$$

因此, $\mathrm{tr}(\boldsymbol{AB})=\sum\limits_{i=1}^{m}c_{ii}=\sum\limits_{i=1}^{m}\sum\limits_{k=1}^{n}a_{ik}b_{ki}=\sum\limits_{k=1}^{n}\sum\limits_{i=1}^{m}b_{ki}a_{ik}=\sum\limits_{k=1}^{n}d_{kk}=\mathrm{tr}(\boldsymbol{BA})$.

例2.7 如果 $\boldsymbol{A}$ 是反对称矩阵, $\boldsymbol{B}$ 是对称矩阵, 试证明, $\boldsymbol{AB}$ 是反对称矩阵的充分必要条件是 $\boldsymbol{A}$ 与 $\boldsymbol{B}$ 相乘可交换.

证明 由条件知 $\boldsymbol{A}^{\mathrm{T}}=-\boldsymbol{A}$, $\boldsymbol{B}^{\mathrm{T}}=\boldsymbol{B}$. 先证必要性. 已知$(\boldsymbol{AB})^{\mathrm{T}}=-(\boldsymbol{AB})$, 要证 $\boldsymbol{AB}=-\boldsymbol{BA}$. 事实上, 有

$$\boldsymbol{AB}=-(\boldsymbol{AB})^{\mathrm{T}}=-(\boldsymbol{B}^{\mathrm{T}}\boldsymbol{A}^{\mathrm{T}})=-[\boldsymbol{B}(-\boldsymbol{A})]=\boldsymbol{BA}.$$

再证充分性. 已知 $\boldsymbol{AB}=\boldsymbol{BA}$, 要证 $(\boldsymbol{AB})^{\mathrm{T}}=-(\boldsymbol{AB})$. 事实上, 有

$$(\boldsymbol{AB})^{\mathrm{T}}=(\boldsymbol{BA})^{\mathrm{T}}=\boldsymbol{A}^{\mathrm{T}}\boldsymbol{B}^{\mathrm{T}}=-\boldsymbol{AB}.$$

例2.8 适合条件 $\boldsymbol{A}^2=\boldsymbol{A}$ 的矩阵叫做**幂等矩阵**. 试给出两个幂等矩阵之和仍为幂等矩阵的充分必要条件.

解 设 $\boldsymbol{A}^2=\boldsymbol{A}$, $\boldsymbol{B}^2=\boldsymbol{B}$. 有

$$(\boldsymbol{A}+\boldsymbol{B})^2=\boldsymbol{A}^2+\boldsymbol{AB}+\boldsymbol{BA}+\boldsymbol{B}^2=\boldsymbol{A}+\boldsymbol{B}+\boldsymbol{AB}+\boldsymbol{BA}.$$

由此可见, $(\boldsymbol{A}+\boldsymbol{B})^2=\boldsymbol{A}+\boldsymbol{B}$ 的充分必要条件是 $\boldsymbol{AB}+\boldsymbol{BA}=0$.

题型二 逆矩阵

例2.9 判断矩阵

$$\boldsymbol{A}=\begin{bmatrix}1&2&3\\2&2&1\\3&4&3\end{bmatrix}$$

是否可逆? 如果可逆, 则求其逆矩阵.

解 为判断矩阵 $\boldsymbol{A}$ 是否可逆, 计算其行列式

$$|\boldsymbol{A}|=\begin{vmatrix}1&2&3\\2&2&1\\3&4&3\end{vmatrix}=2\neq 0.$$

于是, 矩阵 $\boldsymbol{A}$ 可逆. 现在求 $\boldsymbol{A}$ 的逆矩阵 $\boldsymbol{A}^{-1}$.

解法1 应用公式 $\boldsymbol{A}^{-1}=\dfrac{1}{|\boldsymbol{A}|}\boldsymbol{A}^*$, 其中 $\boldsymbol{A}^*$ 是 $\boldsymbol{A}$ 的伴随矩阵. 有

$$A_{11}=\begin{vmatrix}2&1\\4&3\end{vmatrix}=2,\qquad A_{12}=-\begin{vmatrix}2&1\\3&3\end{vmatrix}=-3,\qquad A_{13}=\begin{vmatrix}2&2\\3&4\end{vmatrix}=2,$$

$$A_{21}=-\begin{vmatrix}2&3\\4&3\end{vmatrix}=6,\qquad A_{22}=\begin{vmatrix}1&3\\3&3\end{vmatrix}=-6,\qquad A_{23}=-\begin{vmatrix}1&2\\3&4\end{vmatrix}=2,$$

$$A_{31}=\begin{vmatrix}2&3\\2&1\end{vmatrix}=-4,\qquad A_{32}=-\begin{vmatrix}1&3\\2&1\end{vmatrix}=5,\qquad A_{33}=\begin{vmatrix}1&2\\2&2\end{vmatrix}=-2.$$

所以

$$\boldsymbol{A}^*=\begin{bmatrix}A_{11}&A_{21}&A_{31}\\A_{12}&A_{22}&A_{32}\\A_{13}&A_{23}&A_{33}\end{bmatrix}=\begin{bmatrix}2&6&-4\\-3&-6&5\\2&2&-2\end{bmatrix},$$

$$\boldsymbol{A}^{-1}=\frac{1}{|\boldsymbol{A}|}\boldsymbol{A}^*=\frac{1}{2}\begin{bmatrix}2&6&-4\\-3&-6&5\\2&2&-2\end{bmatrix}=\begin{bmatrix}1&3&-2\\-\frac{3}{2}&-3&\frac{5}{2}\\1&1&-1\end{bmatrix}.$$

解法2 应用初等变换方法求 $\boldsymbol{A}^{-1}$:

$$(\boldsymbol{A}\mid\boldsymbol{E})=\begin{bmatrix}1&2&3&1&0&0\\2&2&1&0&1&0\\3&4&3&0&0&1\end{bmatrix}\to\begin{bmatrix}1&2&3&1&0&0\\0&-2&-5&-2&1&0\\0&-2&-6&-3&0&1\end{bmatrix}$$

$$\to\begin{bmatrix}1&0&-2&-1&1&0\\0&-2&-5&-2&1&0\\0&0&-1&-1&-1&1\end{bmatrix}\to\begin{bmatrix}1&0&0&1&3&-2\\0&-2&-5&-2&1&0\\0&0&-1&-1&-1&1\end{bmatrix}$$

$$\to\begin{bmatrix}1&0&0&1&3&-2\\0&-2&0&3&6&-5\\0&0&-1&-1&-1&1\end{bmatrix}\to\begin{bmatrix}1&0&0&1&3&-2\\0&1&0&-\frac{3}{2}&-3&\frac{5}{2}\\0&0&1&1&1&-1\end{bmatrix},$$

所以, $A^{-1}=\begin{bmatrix}1 & 3 & -2\\ -\frac{3}{2} & -3 & \frac{5}{2}\\ 1 & 1 & -1\end{bmatrix}$.

例2.10 假设矩阵 X 满足方程

$$\begin{bmatrix}1 & 1 & -1\\ 0 & 2 & 2\\ 1 & -1 & 0\end{bmatrix}X=\begin{bmatrix}1 & -1 & 1\\ 1 & 1 & 0\\ 2 & 1 & 1\end{bmatrix}$$

求 X.

解 方程两侧同时左乘矩阵 $\begin{bmatrix}1 & 1 & -1\\ 0 & 2 & 2\\ 1 & -1 & 0\end{bmatrix}^{-1}$ 得

$$X=\begin{bmatrix}1 & 1 & -1\\ 0 & 2 & 2\\ 1 & -1 & 0\end{bmatrix}^{-1}\begin{bmatrix}1 & -1 & 1\\ 1 & 1 & 0\\ 2 & 1 & 1\end{bmatrix}=\begin{bmatrix}\frac{1}{3} & \frac{1}{6} & \frac{2}{3}\\ \frac{1}{3} & \frac{1}{6} & -\frac{1}{3}\\ -\frac{1}{3} & \frac{1}{3} & \frac{1}{3}\end{bmatrix}\begin{bmatrix}1 & -1 & 1\\ 1 & 1 & 0\\ 2 & 1 & 1\end{bmatrix}=\begin{bmatrix}\frac{11}{6} & \frac{1}{2} & 1\\ -\frac{1}{6} & -\frac{1}{2} & 0\\ \frac{2}{3} & 1 & 0\end{bmatrix}.$$

例2.11 假设矩阵 A, B 满足方程 $A^2+AB+B^2=0$, 而且 B 可逆, 试证 A 和 $A+B$ 都可逆.

证明 由方程 $A^2+AB+B^2=0$, 得$A^2+AB=-B^2$, 即 $A(A+B)=-B^2$. 可见,

$$|A|\,|A+B|=|A(A+B)|=|-B^2|=|-B|\,|B|\neq 0$$

于是, $|A|\neq 0$, $|A+B|\neq 0$, 从而 A 和 $A+B$ 都可逆.

例2.12 假设方阵 A 满足条件 $A^k=0$, 其中 k 是正整数, 证明

$$(E-A)^{-1}=E+A+A^2+\cdots+A^{k-1}.$$

证明

$$\begin{aligned}&(E+A+A^2+\cdots+A^{k-1})(E-A)\\ &\quad=E+A+A^2+\cdots+A^{k-1}-A-A^2-\cdots-A^{k-1}-A^k=E-A^k,\end{aligned}$$

由于 $A^k=0$, 故上式等于 E, 交换位置相乘, 仍等于 E. 结论得证.

例2.13 假设矩阵 A 和 B 满足如下关系式 $AB=A+2B$, 其中 $A=\begin{bmatrix}4 & 2 & 3\\ 1 & 1 & 0\\ -1 & 2 & 3\end{bmatrix}$, 求矩阵 B.

解 由等式 $AB=A+2B$, 得 $(A-2E)B=A$, 其中 E 是单位矩阵, 矩阵

$$\boldsymbol{A}-2\boldsymbol{E}=\begin{bmatrix}2&2&3\\1&-1&0\\-1&2&1\end{bmatrix}, \text{而 } |\boldsymbol{A}-2\boldsymbol{E}|=\begin{vmatrix}2&2&3\\1&-1&0\\-1&2&1\end{vmatrix}=-1\neq 0,$$

所以 $\boldsymbol{A}-2\boldsymbol{E}$ 可逆, 对等式 $(\boldsymbol{A}-2\boldsymbol{E})\boldsymbol{B}=\boldsymbol{A}$ 两边同时左乘 $(\boldsymbol{A}-2\boldsymbol{E})^{-1}$, 得

$$\boldsymbol{B}=(\boldsymbol{A}-2\boldsymbol{E})^{-1}\boldsymbol{A},$$

再求出

$$(\boldsymbol{A}-2\boldsymbol{E})^{-1}=\begin{bmatrix}1&-4&-3\\1&-5&-3\\-1&6&4\end{bmatrix},$$

于是

$$\boldsymbol{B}=(\boldsymbol{A}-2\boldsymbol{E})^{-1}\boldsymbol{A}=\begin{bmatrix}1&-4&-3\\1&-5&-3\\-1&6&4\end{bmatrix}\begin{bmatrix}4&2&3\\1&1&0\\-1&2&3\end{bmatrix}=\begin{bmatrix}3&-8&-6\\2&-9&-6\\-2&12&9\end{bmatrix}.$$

例2.14 假设矩阵 $\boldsymbol{AP}=\boldsymbol{PB}$, 其中$\boldsymbol{B}=\begin{bmatrix}1&0&0\\0&0&0\\0&0&-1\end{bmatrix}$, $\boldsymbol{P}=\begin{bmatrix}1&0&0\\2&-1&0\\2&1&1\end{bmatrix}$, 求$\boldsymbol{A}$ 及$\boldsymbol{A}^5$.

解 因为 $|\boldsymbol{P}|=\begin{vmatrix}1&0&0\\2&-1&0\\2&1&1\end{vmatrix}=-1\neq 0$, 所以 $\boldsymbol{P}$ 可逆, 再由 $\boldsymbol{AP}=\boldsymbol{PB}$, 得 $\boldsymbol{A}=\boldsymbol{PBP}^{-1}$, 另外求出 $\boldsymbol{P}^{-1}=\begin{bmatrix}1&0&0\\2&-1&0\\-4&1&1\end{bmatrix}$, 所以

$$\boldsymbol{A}=\boldsymbol{PBP}^{-1}=\begin{bmatrix}1&0&0\\2&-1&0\\2&1&1\end{bmatrix}\begin{bmatrix}1&0&0\\0&0&0\\0&0&-1\end{bmatrix}\begin{bmatrix}1&0&0\\2&-1&0\\-4&1&1\end{bmatrix}$$

$$=\begin{bmatrix}1&0&0\\2&0&0\\2&0&-1\end{bmatrix}\begin{bmatrix}1&0&0\\2&-1&0\\-4&1&1\end{bmatrix}=\begin{bmatrix}1&0&0\\2&0&0\\6&-1&-1\end{bmatrix}.$$

而

$$\boldsymbol{A}^5=(\boldsymbol{PBP}^{-1})(\boldsymbol{PBP}^{-1})(\boldsymbol{PBP}^{-1})(\boldsymbol{PBP}^{-1})(\boldsymbol{PBP}^{-1})$$

$$= PB^5P^{-1} = P\begin{bmatrix}1&0&0\\0&0&0\\0&0&-1\end{bmatrix}^5 P^{-1} = P\begin{bmatrix}1^5&0&0\\0&0&0\\0&0&(-1)^5\end{bmatrix}P^{-1}$$

$$= PBP^{-1} = A.$$

例2.15 设 n 阶矩阵 A 和 B 满足等式 $A+B=AB$,

(1) 证明: $A-E$ 为可逆矩阵, 其中 E 为 n 阶单位矩阵;

(2) 已知 $B=\begin{bmatrix}1&-3&0\\2&1&0\\0&0&2\end{bmatrix}$, 求矩阵 A.

(1) **证明** 由等式 $A+B=AB$, 得 $AB-A-B+E=E$, 即$(A-E)(B-E)=E$. 于是, $|A-E|\cdot|B-E|=1$, $|A-E|\neq 0$, 所以 $A-E$ 为可逆矩阵.

(2) **解** 由(1) 知 $B-E$ 亦可逆, 且 $A-E=E(B-E)^{-1}$, 所以 $A=E+(B-E)^{-1}$, 再求出$B-E$及其逆矩阵:

$$B-E=\begin{bmatrix}0&-3&0\\2&0&0\\0&0&1\end{bmatrix},\qquad (B-E)^{-1}=\begin{bmatrix}0&\frac{1}{2}&0\\-\frac{1}{3}&0&0\\0&0&1\end{bmatrix}.$$

代入$A=E+(B-E)^{-1}$, 得

$$A=E+(B-E)^{-1}=\begin{bmatrix}1&\frac{1}{2}&0\\-\frac{1}{3}&1&0\\0&0&2\end{bmatrix}.$$

例2.16 已知矩阵 $A=\begin{bmatrix}1&1&-1\\0&1&1\\0&0&-1\end{bmatrix}$, 且 $A^2-AB=E$, 其中 E 是三阶单位矩阵, 求矩阵 B.

解 由于$|A|\neq 0$, 所以 A 可逆, 再由矩阵方程 $A^2-AB=E$ 得 $B=A-A^{-1}$, 因此, 只需求出 A^{-1} 即可得到 B.

由 $A^2-AB=E$, 得 $A(A-B)=E$, 且$|A|=-1\neq 0$, 故 $A-B=A^{-1}$, 即 $B=A-A^{-1}$.

用初等变换的方法可求出

$$A^{-1}=\begin{bmatrix}1&-1&-2\\0&1&1\\0&0&-1\end{bmatrix},$$

从而

$$\boldsymbol{B}=\begin{bmatrix}1&1&-1\\0&1&1\\0&0&-1\end{bmatrix}-\begin{bmatrix}1&-1&-2\\0&1&1\\0&0&-1\end{bmatrix}=\begin{bmatrix}0&2&1\\0&0&0\\0&0&0\end{bmatrix}.$$

例2.17 设$(2\boldsymbol{E}-\boldsymbol{C}^{-1}\boldsymbol{B})\boldsymbol{A}^{\mathrm{T}}=\boldsymbol{C}^{-1}$, 其中 $\boldsymbol{E}$ 是 4 阶单位矩阵, $\boldsymbol{A}^{\mathrm{T}}$ 是 4 阶矩阵 $\boldsymbol{A}$ 的转置矩阵,

$$\boldsymbol{B}=\begin{bmatrix}1&2&-3&-2\\0&1&2&-3\\0&0&1&2\\0&0&0&1\end{bmatrix},\quad \boldsymbol{C}=\begin{bmatrix}1&2&0&1\\0&1&2&0\\0&0&1&2\\0&0&0&1\end{bmatrix},$$

求矩阵 $\boldsymbol{A}$.

解 因为$(2\boldsymbol{E}-\boldsymbol{C}^{-1}\boldsymbol{B})\boldsymbol{A}^{\mathrm{T}}=\boldsymbol{C}^{-1}$, 等式两端同时左乘 $\boldsymbol{C}$, 得

$$\boldsymbol{C}(2\boldsymbol{E}-\boldsymbol{C}^{-1}\boldsymbol{B})\boldsymbol{A}^{\mathrm{T}}=\boldsymbol{E},$$

即

$$(2\boldsymbol{C}-\boldsymbol{B})\boldsymbol{A}^{\mathrm{T}}=\boldsymbol{E},$$

而

$$2\boldsymbol{C}-\boldsymbol{B}=\begin{bmatrix}1&2&3&4\\0&1&2&3\\0&0&1&2\\0&0&0&1\end{bmatrix},\qquad |2\boldsymbol{C}-\boldsymbol{B}|=1\neq 0.$$

故 $2\boldsymbol{C}-\boldsymbol{B}$ 可逆, 再由可逆矩阵的逆矩阵转置等于其转置的逆矩阵, 于是

$$\boldsymbol{A}=[(2\boldsymbol{C}-\boldsymbol{B})^{-1}]^{\mathrm{T}}=[(2\boldsymbol{C}-\boldsymbol{B})^{\mathrm{T}}]^{-1}=\begin{bmatrix}1&0&0&0\\2&1&0&0\\3&2&1&0\\4&3&2&1\end{bmatrix}^{-1}=\begin{bmatrix}1&0&0&0\\-2&1&0&0\\1&-2&1&0\\0&1&-2&1\end{bmatrix}.$$

例2.18 设矩阵$\boldsymbol{A}=\begin{bmatrix}a&1&0\\1&a&-1\\0&1&a\end{bmatrix}$, 且$\boldsymbol{A}^3=\boldsymbol{0}$.

(1) 求a的值;

(2) 若矩阵$\boldsymbol{X}$满足$\boldsymbol{X}-\boldsymbol{X}\boldsymbol{A}^2-\boldsymbol{A}\boldsymbol{X}+\boldsymbol{A}\boldsymbol{X}\boldsymbol{A}^2=\boldsymbol{E}$, 其中$\boldsymbol{E}$为3阶单位矩阵, 求$\boldsymbol{X}$.

解 (1) 因为$\boldsymbol{A}^3=\boldsymbol{0}$, 所以$|\boldsymbol{A}|=\begin{vmatrix}a&1&0\\1&a&-1\\0&1&a\end{vmatrix}=a^3=0$, 得$a=0$.

(2) 对矩阵方程变形可得

$$\boldsymbol{X}-\boldsymbol{A}\boldsymbol{X}-\boldsymbol{X}\boldsymbol{A}^2+\boldsymbol{A}\boldsymbol{X}\boldsymbol{A}^2=\boldsymbol{E},$$

$$\Rightarrow (\boldsymbol{E}-\boldsymbol{A})\boldsymbol{X}-(\boldsymbol{E}-\boldsymbol{A})\boldsymbol{X}\boldsymbol{A}^2=\boldsymbol{E},$$
$$\Rightarrow (\boldsymbol{E}-\boldsymbol{A})(\boldsymbol{X}-\boldsymbol{X}\boldsymbol{A}^2)=\boldsymbol{E},$$
$$\Rightarrow (\boldsymbol{E}-\boldsymbol{A})\boldsymbol{X}(\boldsymbol{E}-\boldsymbol{A}^2)=\boldsymbol{E}.$$

由于

$$\boldsymbol{E}-\boldsymbol{A}=\begin{bmatrix}1&-1&0\\-1&1&1\\0&-1&1\end{bmatrix},\quad \boldsymbol{E}-\boldsymbol{A}^2=\begin{bmatrix}0&0&1\\0&1&0\\-1&0&2\end{bmatrix},$$

且

$$(\boldsymbol{E}-\boldsymbol{A})^{-1}=\begin{bmatrix}2&1&-1\\1&1&-1\\1&1&0\end{bmatrix},\quad (\boldsymbol{E}-\boldsymbol{A}^2)^{-1}=\begin{bmatrix}2&0&-1\\0&1&0\\1&0&0\end{bmatrix},$$

所以 $\boldsymbol{X}=(\boldsymbol{E}-\boldsymbol{A})^{-1}(\boldsymbol{E}-\boldsymbol{A}^2)^{-1}=\begin{bmatrix}3&1&-2\\1&1&-1\\2&1&-1\end{bmatrix}$.

例2.19 设 $\boldsymbol{A}$ 是 n 阶可逆矩阵, 将 $\boldsymbol{A}$ 的第 i 行和第 j 行对换后得到的矩阵记为 $\boldsymbol{B}$.

(1) 证明 $\boldsymbol{B}$ 可逆; (2) 求 $\boldsymbol{A}\boldsymbol{B}^{-1}$.

(1) **证明** 将行列式$|\boldsymbol{A}|$ 的第 i 行和第 j 行对换后即得行列式$|\boldsymbol{B}|$, 由行列式的性质知$|\boldsymbol{B}|=-|\boldsymbol{A}|$. 而$|\boldsymbol{A}|\neq 0$, 所以$|\boldsymbol{B}|\neq 0$, 故$\boldsymbol{B}$可逆.

(2) **解**

$$\boldsymbol{A}\boldsymbol{B}^{-1}=\boldsymbol{A}(\boldsymbol{E}_{ij}\boldsymbol{A})^{-1}=\boldsymbol{A}\boldsymbol{A}^{-1}\boldsymbol{E}_{ij}^{-1}=\boldsymbol{E}_{ij}^{-1}=\boldsymbol{E}_{ij}.$$

例2.20 (填空题) 设$\boldsymbol{A}=\begin{bmatrix}1&0&1\\0&2&0\\1&0&1\end{bmatrix}$, 而$n\geqslant 2$为正整数, 则 $\boldsymbol{A}^n-2\boldsymbol{A}^{n-1}=$__________.

解析 计算矩阵 $\boldsymbol{A}$ 的高次幂阵问题, 通常要找出规律, 从而化简运算. 本题中

$$\boldsymbol{A}^2=\begin{bmatrix}1&0&1\\0&2&0\\1&0&1\end{bmatrix}^2=\begin{bmatrix}1&0&1\\0&2&0\\1&0&1\end{bmatrix}\begin{bmatrix}1&0&1\\0&2&0\\1&0&1\end{bmatrix}=\begin{bmatrix}2&0&2\\0&4&0\\2&0&2\end{bmatrix}=2\boldsymbol{A},$$

而$\boldsymbol{A}^n-2\boldsymbol{A}^{n-1}=\boldsymbol{A}^{n-2}(\boldsymbol{A}^2-2\boldsymbol{A})=\boldsymbol{0}$.

所以, 应填 $\boldsymbol{0}$, 注意, 此处 $\boldsymbol{0}$ 表示 3 阶零矩阵.

例2.21 (填空题) 设 $\boldsymbol{A}$ 是三阶方阵, $\boldsymbol{A}^*$ 是 $\boldsymbol{A}$ 的伴随矩阵, $\boldsymbol{A}$ 的行列式 $|\boldsymbol{A}|=\frac{1}{2}$, 则行列式$|(3\boldsymbol{A})^{-1}-2\boldsymbol{A}^*|=$__________.

解析 因为 $(3\boldsymbol{A})^{-1}=\dfrac{1}{3}\boldsymbol{A}^{-1}$, 由 $\boldsymbol{A}^{-1}=\dfrac{1}{|\boldsymbol{A}|}\boldsymbol{A}^*$ 得 $\boldsymbol{A}^*=|\boldsymbol{A}|\boldsymbol{A}^{-1}=\frac{1}{2}\boldsymbol{A}^{-1}$, 所以

$$\begin{aligned}|(3\boldsymbol{A})^{-1}-2\boldsymbol{A}^*|&=\left|\frac{1}{3}\boldsymbol{A}^{-1}-\boldsymbol{A}^{-1}\right|=\left|-\frac{2}{3}\boldsymbol{A}^{-1}\right|\\&=\left(-\frac{2}{3}\right)^3|\boldsymbol{A}^{-1}|=-\frac{8}{27}\times|\boldsymbol{A}|^{-1}\\&=-\frac{8}{27}\times 2=-\frac{16}{27}.\end{aligned}$$

例2.22 (填空题) 设$\boldsymbol{A}=(a_{ij})$是三阶非零矩阵, $|\boldsymbol{A}|$为$\boldsymbol{A}$的行列式, $\boldsymbol{A}_{ij}$为a_{ij} 的代数余子式, 若$a_{ij}+\boldsymbol{A}_{ij}=0\ (i,j=1,2,3)$, 则$|\boldsymbol{A}|=$__________.

解析 因为$a_{ij}+\boldsymbol{A}_{ij}=0$, 由$\boldsymbol{A}$的伴随矩阵$\boldsymbol{A}^*$的定义, 有

$$\boldsymbol{A}^*=\begin{bmatrix}-a_{11}&-a_{21}&-a_{31}\\-a_{12}&-a_{22}&-a_{32}\\-a_{13}&-a_{23}&-a_{33}\end{bmatrix}=-\boldsymbol{A}^{\mathrm{T}},$$

取行列式得$|\boldsymbol{A}^*|=|-\boldsymbol{A}^{\mathrm{T}}|=-|\boldsymbol{A}|$, 又因为$|\boldsymbol{A}^*|=|\boldsymbol{A}|^{3-1}=|\boldsymbol{A}|^2$, 得

$$|\boldsymbol{A}|^2+|\boldsymbol{A}|=0.$$

故$|\boldsymbol{A}|=0$或-1.

另外, 由行列式展开定理, 将$|\boldsymbol{A}|$按第$i\ (1\leqslant i\leqslant 3)$ 行展开, 有

$$|\boldsymbol{A}|=a_{i1}\boldsymbol{A}_{i1}+a_{i2}\boldsymbol{A}_{i2}+a_{i3}\boldsymbol{A}_{i3}=-(a_{i1}^2+a_{i2}^2+a_{i3}^2),$$

对$1\leqslant i\leqslant 3$ 求和可得

$$3|\boldsymbol{A}|=-\sum_{i=1}^{3}(a_{i1}^2+a_{i2}^2+a_{i3}^2)=-\sum_{i,j=1}^{3}a_{ij}.$$

因为$\boldsymbol{A}$是非零矩阵, 所以$|\boldsymbol{A}|\neq 0$. 综上, $|\boldsymbol{A}|=-1$.

例2.23 (填空题) 设 $\boldsymbol{A}$ 为 m 阶方阵, $\boldsymbol{B}$ 为 n 阶方阵, 且 $|\boldsymbol{A}|=a$, $|\boldsymbol{B}|=b$, $\boldsymbol{C}=\begin{bmatrix}\boldsymbol{0}&\boldsymbol{A}\\\boldsymbol{B}&\boldsymbol{0}\end{bmatrix}$, 则 $|\boldsymbol{C}|=$__________.

解析 由行列式的拉普拉斯展开定理, 得

$$\begin{aligned}|\boldsymbol{C}|=\begin{vmatrix}\boldsymbol{0}&\boldsymbol{A}\\\boldsymbol{B}&\boldsymbol{0}\end{vmatrix}&=|\boldsymbol{A}|\cdot(-1)^{[(m+1)+(m+2)+\cdots+(m+n)]+[1+2+\cdots+n]}|\boldsymbol{B}|\\&=(-1)^{n\cdot m}|\boldsymbol{A}|\cdot|\boldsymbol{B}|=(-1)^{nm}ab.\end{aligned}$$

例2.24 (填空题) 已知 $\boldsymbol{AB}-\boldsymbol{B}=\boldsymbol{A}$, 其中 $\boldsymbol{B}=\begin{bmatrix}1&-2&0\\2&1&0\\0&0&2\end{bmatrix}$, 则 $\boldsymbol{A}=$__________.

解析 此题应利用矩阵运算的一些性质, 将原式变形化简, 然后再代入具体数值计算.

由 $\boldsymbol{AB}-\boldsymbol{B}=\boldsymbol{A}$, 得 $\boldsymbol{AB}-\boldsymbol{A}=\boldsymbol{B}$, 即

$$\boldsymbol{A}(\boldsymbol{B}-\boldsymbol{E})=\boldsymbol{B},$$

而 $|\boldsymbol{B}-\boldsymbol{E}|=\begin{vmatrix}0&-2&0\\2&0&0\\0&0&1\end{vmatrix}=4\neq 0.$

所以, $\boldsymbol{B}-\boldsymbol{E}$可逆. 用$(\boldsymbol{B}-\boldsymbol{E})^{-1}$同时右乘等式$\boldsymbol{A}(\boldsymbol{B}-\boldsymbol{E})=\boldsymbol{B}$两端, 得$\boldsymbol{A}=\boldsymbol{B}(\boldsymbol{B}-\boldsymbol{E})^{-1}$. 而

$$(\boldsymbol{B}-\boldsymbol{E})^{-1}=\begin{bmatrix}0&-2&0\\2&0&0\\0&0&1\end{bmatrix}^{-1}=\frac{1}{4}\begin{bmatrix}0&2&0\\-2&0&0\\0&0&4\end{bmatrix}=\frac{1}{2}\begin{bmatrix}0&1&0\\-1&0&0\\0&0&2\end{bmatrix},$$

所以 $\boldsymbol{A}=\dfrac{1}{2}\begin{bmatrix}1&-2&0\\2&1&0\\0&0&2\end{bmatrix}\begin{bmatrix}0&1&0\\-1&0&0\\0&0&2\end{bmatrix}=\dfrac{1}{2}\begin{bmatrix}2&1&0\\-1&2&0\\0&0&4\end{bmatrix}=\begin{bmatrix}1&\frac{1}{2}&0\\-\frac{1}{2}&1&0\\0&0&2\end{bmatrix}.$

例2.25 (填空题) 设矩阵 $\boldsymbol{A},\boldsymbol{B}$ 满足 $\boldsymbol{A}^*\boldsymbol{BA}=2\boldsymbol{BA}-8\boldsymbol{E}$, 其中 $\boldsymbol{A}=\begin{bmatrix}1&0&0\\0&-2&0\\0&0&1\end{bmatrix}$, $\boldsymbol{E}$ 为单位矩阵, $\boldsymbol{A}^*$ 为$\boldsymbol{A}$ 的伴随矩阵, 则 $\boldsymbol{B}$=__________.

解析 因为 $|\boldsymbol{A}|=-2\neq 0$, 所以 $\boldsymbol{A}$ 为可逆矩阵, 对等式 $\boldsymbol{A}^*\boldsymbol{BA}=2\boldsymbol{BA}-8\boldsymbol{E}$ 两端同时左乘 $\boldsymbol{A}$, 右乘 $\boldsymbol{A}^{-1}$, 利用 $\boldsymbol{AA}^*=|\boldsymbol{A}|\boldsymbol{E}$ 及 $\boldsymbol{AA}^{-1}=\boldsymbol{E}$, 得 $|\boldsymbol{A}|\boldsymbol{B}=2\boldsymbol{AB}-8\boldsymbol{E}$, 因此 $\boldsymbol{B}=8(2\boldsymbol{A}-|\boldsymbol{A}|\boldsymbol{E})^{-1}=4(\boldsymbol{A}+\boldsymbol{E})^{-1}$.

而

$$\boldsymbol{A}+\boldsymbol{E}=\begin{bmatrix}1&&\\&-2&\\&&1\end{bmatrix}+\begin{bmatrix}1&&\\&1&\\&&1\end{bmatrix}=\begin{bmatrix}2&&\\&-1&\\&&2\end{bmatrix},$$

$$\boldsymbol{B}=4\begin{bmatrix}2&&\\&-1&\\&&2\end{bmatrix}^{-1}=4\begin{bmatrix}\frac{1}{2}&&\\&-1&\\&&\frac{1}{2}\end{bmatrix}=\begin{bmatrix}2&&\\&-4&\\&&2\end{bmatrix}.$$

所以, 应填$\begin{bmatrix}2&0&0\\0&-4&0\\0&0&2\end{bmatrix}$.

例2.26 (选择题) 设 $\boldsymbol{A}$ 是任一 n $(n\geqslant 3)$ 阶方阵, $\boldsymbol{A}^*$ 是其伴随矩阵, 又 k 为常数, 且 $k\neq 0,\pm 1$, 则必有$(k\boldsymbol{A})^*$= ( ).

(A) $k\boldsymbol{A}^*$ (B) $k^{n-1}\boldsymbol{A}^*$ (C) $k^n\boldsymbol{A}^*$ (D) $k^{-1}\boldsymbol{A}^*$

解析 设$\boldsymbol{A}=(a_{ij})_{n\times n}$, 其元素 a_{ij} 在行列式 $|\boldsymbol{A}|$ 中的代数余子式记为 $A_{ij}(i, j=1, 2, \ldots, n)$, 则矩阵 $k\boldsymbol{A}=(ka_{ij})_{n\times n}$, 若其元素 ka_{ij} 在行列式$|k\boldsymbol{A}|$中的代数余子式记为 $\triangle_{ij}$ $(i, j=1, 2, \ldots, n)$, 则由行列式性质, 有

$$\triangle_{ij}=k^{n-1}A_{ij}, \quad (i, j=1, 2, \ldots, n).$$

再由伴随矩阵的定义知$(k\boldsymbol{A})^*=k^{n-1}\boldsymbol{A}^*$, 故应选择 (B). 题中对 n 和 k 的限制(除 $k\neq 0$)是为了做到 4 个选项只有 1 个是正确的.

例2.27 试导出三角矩阵可逆的充分必要条件.

解 假设 $\boldsymbol{A}$ 为一个 n 阶三角矩阵, 主对角线元素为 $a_{11}, a_{22}, \ldots, a_{nn}$. 由于$|\boldsymbol{A}|=a_{11}\cdot a_{22}\cdots a_{nn}$, 而 $\boldsymbol{A}$ 可逆, 当且仅当$|\boldsymbol{A}|\neq 0$, 可见三角矩阵 $\boldsymbol{A}$ 可逆的充分必要条件, 是主对角线上所有元素都不等于 0.

例2.28 试证明, 如果上(或下)三角矩阵可逆, 则其逆矩阵也是上(或下)三角矩阵.

证明 设

$$\boldsymbol{A}=\begin{bmatrix} a_{11} & a_{12} & \cdots & a_{1n} \\ 0 & a_{22} & \cdots & a_{2n} \\ \vdots & \vdots & \ddots & \vdots \\ 0 & 0 & \cdots & a_{nn} \end{bmatrix}, \quad \boldsymbol{A}^{-1}=\begin{bmatrix} b_{11} & b_{12} & \cdots & b_{1n} \\ b_{21} & b_{22} & \cdots & b_{2n} \\ \vdots & \vdots & \ddots & \vdots \\ b_{n1} & b_{n2} & \cdots & b_{nn} \end{bmatrix}.$$

由于 $|\boldsymbol{A}|\neq 0$, 可见 $a_{ii}\neq 0\ (i=1,2,\cdots,n)$. 比较 $\boldsymbol{A}\boldsymbol{A}^{-1}$ 和 $\boldsymbol{E}$ 的第 1 列元素, 得

$$\begin{cases} 1=a_{11}b_{11}+a_{12}b_{21}+\cdots+a_{1n}b_{n1}, \\ 0=\qquad a_{22}b_{21}+\cdots+a_{2n}b_{n1}, \\ \qquad\vdots \\ 0=\qquad a_{n-1,n-1}b_{n-1,1}+a_{n-1,n}b_{n1}, \\ 0=\qquad a_{nn}b_{n1}. \end{cases}$$

因为 $a_{ii}\neq 0\ (i=1,2,\ldots,n)$, 所以 $b_{n1}=0$, $b_{n-1,1}=0$, …, $b_{21}=0$. 同理可以比较 $\boldsymbol{A}\boldsymbol{A}^{-1}$ 和 $\boldsymbol{E}$ 的其他列, 得 $b_{ij}=0\ (i>j)$. 可见 $\boldsymbol{A}^{-1}$ 是上三角矩阵.

类似地, 可证$\boldsymbol{A}$ 是下三角矩阵的情形.

说明 逆矩阵的许多证明问题, 通常采用如下两种办法: 利用逆矩阵性质 2 及逆矩阵性质 3. 这里需要强调, 矩阵 $\boldsymbol{A}$ 可逆的充要条件是$|\boldsymbol{A}|\neq 0$, 这一性质是非常重要的.

题型三 矩阵的秩

例2.29 已知矩阵

$$A = \begin{bmatrix} 1 & -1 & 3 & 0 \\ -2 & 1 & -2 & 1 \\ -1 & -1 & 5 & 2 \end{bmatrix},$$

求矩阵的秩.

解法1 易见, 矩阵左上角的 2 阶子式不为零. 即

$$\begin{vmatrix} 1 & -1 \\ -2 & 1 \end{vmatrix} = 1 - 2 = -1 \neq 0,$$

故矩阵的秩$\geqslant 2$. 由于 $\boldsymbol{A}$ 是 3×4 矩阵, 故 $r(\boldsymbol{A}) \leqslant 3$. 再计算 $\boldsymbol{A}$ 的全部三阶子式, 共有四个. 而

$$\begin{vmatrix} 1 & -1 & 3 \\ -2 & 1 & -2 \\ -1 & -1 & 5 \end{vmatrix} = 0, \quad \begin{vmatrix} 1 & -1 & 0 \\ -2 & 1 & 1 \\ -1 & -1 & 2 \end{vmatrix} = 0,$$

$$\begin{vmatrix} 1 & 3 & 0 \\ -2 & -2 & 1 \\ -1 & 5 & 2 \end{vmatrix} = 0, \quad \begin{vmatrix} -1 & 3 & 0 \\ 1 & -2 & 1 \\ -1 & 5 & 2 \end{vmatrix} = 0,$$

所以, $\boldsymbol{A}$ 的秩等于2.

解法2 首先用初等变换将 $\boldsymbol{A}$ 化为阶梯形矩阵:

$$A = \begin{bmatrix} 1 & -1 & 3 & 0 \\ -2 & 1 & -2 & 1 \\ -1 & -1 & 5 & 2 \end{bmatrix} \longrightarrow \begin{bmatrix} 1 & -1 & 3 & 0 \\ 0 & -1 & 4 & 1 \\ 0 & -2 & 8 & 2 \end{bmatrix} \longrightarrow \begin{bmatrix} 1 & -1 & 3 & 0 \\ 0 & -1 & 4 & 1 \\ 0 & 0 & 0 & 0 \end{bmatrix}$$

因为阶梯形矩阵有 2 个非零行, 所以矩阵 $\boldsymbol{A}$ 的秩等于 2.

例2.30 已知矩阵

$$A = \begin{bmatrix} 0 & -1 & 3 & 2 \\ 2 & -4 & 1 & 3 \\ -4 & 5 & 7 & 0 \end{bmatrix}$$

求其秩及标准形.

解 $$A = \begin{bmatrix} 0 & -1 & 3 & 2 \\ 2 & -4 & 1 & 3 \\ -4 & 5 & 7 & 0 \end{bmatrix} \to \begin{bmatrix} 2 & -4 & 1 & 3 \\ 0 & -1 & 3 & 2 \\ -4 & 5 & 7 & 0 \end{bmatrix} \to \begin{bmatrix} 2 & -4 & 1 & 3 \\ 0 & -1 & 3 & 2 \\ 0 & -3 & 9 & 6 \end{bmatrix}$$

$$\to \begin{bmatrix} 1 & -2 & \frac{1}{2} & \frac{3}{2} \\ 0 & -1 & 3 & 2 \\ 0 & -3 & 9 & 6 \end{bmatrix} \to \begin{bmatrix} 1 & -2 & \frac{1}{2} & \frac{3}{2} \\ 0 & -1 & 3 & 2 \\ 0 & 0 & 0 & 0 \end{bmatrix},$$

得到阶梯形矩阵

$$B=\begin{bmatrix}1&-2&\frac{1}{2}&\frac{3}{2}\\0&-1&3&2\\0&0&0&0\end{bmatrix},$$

因为 B 有两个非零行, 所以 A 的秩等于 2.

继续对阶梯形矩阵 B 施行初等列变换, 得

$$B=\begin{bmatrix}1&-2&\frac{1}{2}&\frac{3}{2}\\0&-1&3&2\\0&0&0&0\end{bmatrix}\to\begin{bmatrix}1&0&0&0\\0&-1&3&2\\0&0&0&0\end{bmatrix}\to\begin{bmatrix}1&0&0&0\\0&-1&0&0\\0&0&0&0\end{bmatrix}\to\begin{bmatrix}1&0&0&0\\0&1&0&0\\0&0&0&0\end{bmatrix},$$

于是, 得到矩阵 A 的标准形

$$F=\begin{bmatrix}1&0&0&0\\0&1&0&0\\0&0&0&0\end{bmatrix}.$$

例2.31 设$A=\begin{bmatrix}1&1&0\\1&0&1\\0&1&1\end{bmatrix}$, $B=\begin{bmatrix}a&1&1\\2&1&a\\1&1&a\end{bmatrix}$, 且矩阵$AB$的秩为2, 求$a$.

解 因为$|A|=\begin{vmatrix}1&1&0\\1&0&1\\0&1&1\end{vmatrix}=\begin{vmatrix}1&1&0\\0&-1&1\\0&0&2\end{vmatrix}=-2\neq 0$, 即$A$为可逆矩阵, 所以利用矩阵秩的性质有, $r(AB)=r(B)=2$, 即B为降秩矩阵, 所以$|B|=0$, 故$a=1$.

或由初等变换可知,

$$B=\begin{bmatrix}a&1&1\\2&1&a\\1&1&a\end{bmatrix}\to\begin{bmatrix}1&1&a\\2&1&a\\a&1&1\end{bmatrix}\to\begin{bmatrix}1&1&a\\0&-1&-a\\0&1-a&1-a^2\end{bmatrix}\to\begin{bmatrix}1&1&a\\0&-1&-a\\0&0&1-a\end{bmatrix}$$

再由$r(B)=2$, 可得$a=1$.

例2.32 设A为$m\times n$矩阵且$m<n$, 证明$|A^{\mathrm{T}}A|=0$.

证明 由已知条件可知$r(A)\leqslant\min\{m,n\}=m$. 而$A^{\mathrm{T}}A$为$n$阶方阵, 所以

$$r(A^{\mathrm{T}}A)\leqslant\min\{r(A^{\mathrm{T}}),r(A)\}=r(A)\leqslant m<n,$$

所以$A^{\mathrm{T}}A$是降秩矩阵, 故$|A^{\mathrm{T}}A|=0$.

例2.33 假设 $A=(a_{ij})$是一个 n 阶非零方阵, 且 A 的元素 a_{ij} (i, j=1, 2, …, n) 均为实数. 已知每一个元素 a_{ij} 都等于它自己的代数余子式, 求证 A 的秩等于 n, 且当 $n\geqslant 3$ 时 $|A|$=1 或 -1.

证明 由假设 $\boldsymbol{A}$ 是非零方阵, 故 $\boldsymbol{A}$ 中至少有一个元素不等于零, 不妨设 $a_{i_0j_0} \neq 0$. 记a_{ij}的代数余子式为A_{ij}, 则有$a_{ij} = A_{ij}$. 将行列式$|\boldsymbol{A}|$按第 i_0 行展开, 有

$$\begin{aligned}|\boldsymbol{A}| &= a_{i_01}A_{i_01} + a_{i_02}A_{i_02} + \cdots + a_{i_0j_0}A_{i_0j_0} + \cdots + a_{i_0n}A_{i_0n} \\ &= a_{i_01}^2 + a_{i_02}^2 + \cdots + a_{i_0j_0}^2 + \cdots + a_{i_0n}^2 \neq 0,\end{aligned}$$

所以 $\boldsymbol{A}$ 为满秩方阵, 即 $r(\boldsymbol{A}) = n$.

又因为$a_{ij} = A_{ij}$, 所以$\boldsymbol{A}^{\mathrm{T}} = \boldsymbol{A}^*$. 所以

$$|\boldsymbol{A}|^2 = |\boldsymbol{A}|\ |\boldsymbol{A}^{\mathrm{T}}| = |\boldsymbol{A}|\ |\boldsymbol{A}^*| = |\boldsymbol{A}\boldsymbol{A}^*| = \big||\boldsymbol{A}|\boldsymbol{E}\big| = \ |\boldsymbol{A}|^n,$$

故 $|\boldsymbol{A}|^{n-2}$=1. 当 $n \geqslant 3$ 时, $|\boldsymbol{A}|$=1 或 -1.

例2.34 假设 n 阶方阵满足方程 $\boldsymbol{A}^2 - 2\boldsymbol{A} + 3\boldsymbol{E}$=0, 试证 $\boldsymbol{A}$ 为满秩矩阵.

解法1 由 $\boldsymbol{A}^2 - 2\boldsymbol{A} + 3\boldsymbol{E}$=0 得 $\boldsymbol{A}(\boldsymbol{A} - 2\boldsymbol{E}) = -3\boldsymbol{E}$, 所以

$$|\boldsymbol{A}|\ |\boldsymbol{A} - 2\boldsymbol{E}| = |\boldsymbol{A}\ (\boldsymbol{A} - 2\boldsymbol{E})| = |-3\boldsymbol{E}| = (-3)^n \neq 0.$$

故$|\boldsymbol{A}| \neq$0. 于是 $\boldsymbol{A}$ 为满秩矩阵.

解法2 从 $\boldsymbol{A}^2 - 2\boldsymbol{A} + 3\boldsymbol{E}$=0 得 $\boldsymbol{A}(\frac{2}{3}\boldsymbol{E} - \frac{1}{3}\boldsymbol{A}) = \boldsymbol{E}$, 故 $\boldsymbol{A}$ 可逆. 于是 $\boldsymbol{A}$ 为满秩矩阵.

例2.35 (选择题) 设 n ($n \geqslant$3) 阶矩阵

$$\boldsymbol{A} = \begin{bmatrix} 1 & a & a & \cdots & a \\ a & 1 & a & \cdots & a \\ a & a & 1 & \cdots & a \\ \vdots & \vdots & \vdots & \ddots & \vdots \\ a & a & a & \cdots & 1 \end{bmatrix}$$

若矩阵 $\boldsymbol{A}$ 的秩为 $n-1$, 则 a 必为 (　　)

(A) 1　　(B) $\dfrac{1}{1-n}$　　(C) -1　　(D) $\dfrac{1}{n-1}$

解析 由题设 $\boldsymbol{A}$ 的秩 $r(\boldsymbol{A}) = n-1$, 按矩阵秩的定义知$|\boldsymbol{A}|$=0, 且 $\boldsymbol{A}$ 至少有一个 $n-1$ 阶子式不等于零. 如果 $a = -1$, 则$|\boldsymbol{A}| \neq$0, 矛盾; 如果 a=1, 则 $\boldsymbol{A}$ 的任意一个 $n-1$ 阶子式均为零, 矛盾, 可见选项 (A), (C) 均被排除. 取 n=3, 若 (D) 成立即 $a = \frac{1}{2}$, 则

$$\boldsymbol{A} = \begin{bmatrix} 1 & \frac{1}{2} & \frac{1}{2} \\ \frac{1}{2} & 1 & \frac{1}{2} \\ \frac{1}{2} & \frac{1}{2} & 1 \end{bmatrix}, \qquad |\boldsymbol{A}| = \begin{vmatrix} 1 & \frac{1}{2} & \frac{1}{2} \\ \frac{1}{2} & 1 & \frac{1}{2} \\ \frac{1}{2} & \frac{1}{2} & 1 \end{vmatrix} = \frac{1}{2},$$

与$|\boldsymbol{A}|=0$矛盾. 故只有选项 (B) 正确. 且当 $a\neq 0$ 时计算行列式, 有

$$|\boldsymbol{A}|=\begin{vmatrix}1&a&a&\cdots&a\\a&1&a&\cdots&a\\a&a&1&\cdots&a\\\vdots&\vdots&\vdots&\ddots&\vdots\\a&a&a&\cdots&1\end{vmatrix}=\begin{vmatrix}(n-1)a+1&(n-1)a+1&\cdots&(n-1)a+1\\a&1&\cdots&a\\a&a&\cdots&a\\\vdots&\vdots&\ddots&\vdots\\a&a&\cdots&1\end{vmatrix}$$

$$=\big((n-1)a+1\big)\begin{vmatrix}1&1&\cdots&1\\a&1&\cdots&a\\\vdots&\vdots&\ddots&\vdots\\a&a&\cdots&1\end{vmatrix}=\big((n-1)a+1\big)\begin{vmatrix}1&1&\cdots&1\\0&1-a&\cdots&0\\\vdots&\vdots&\ddots&\vdots\\0&0&\cdots&1-a\end{vmatrix}$$

$$=(1-a)^{n-1}\big((n-1)a+1\big).$$

因此, 使$|\boldsymbol{A}|$=0 的 $a=\dfrac{1}{1-n}$, 故应选择 (B).

例2.36 设n阶矩阵$\boldsymbol{A}$满足$\boldsymbol{A}^2=\boldsymbol{A}$, $\boldsymbol{E}$为n阶单位矩阵, 证明$r(\boldsymbol{A})+r(\boldsymbol{A}-\boldsymbol{E})=n$.

证明 由已知条件可知, $\boldsymbol{A}(\boldsymbol{A}-\boldsymbol{E})=\boldsymbol{A}^2-\boldsymbol{A}=\boldsymbol{0}$. 利用矩阵秩的性质6可得, $r(\boldsymbol{A})+r(\boldsymbol{A}-\boldsymbol{E})\leqslant n$. 又因为$r(\boldsymbol{A}-\boldsymbol{E})=r(\boldsymbol{E}-\boldsymbol{A})$, 而$\boldsymbol{A}+(\boldsymbol{E}-\boldsymbol{A})=\boldsymbol{E}$, 所以

$$r(\boldsymbol{A})+r(\boldsymbol{A}-\boldsymbol{E})=r(\boldsymbol{A})+r(\boldsymbol{E}-\boldsymbol{A})\geqslant r\big(\boldsymbol{A}+(\boldsymbol{E}-\boldsymbol{A})\big)=r(\boldsymbol{E})=n,$$

综上可得, $r(\boldsymbol{A})+r(\boldsymbol{A}-\boldsymbol{E})=n$.

例2.37 设$\boldsymbol{A}^*$为n阶矩阵$\boldsymbol{A}$的伴随矩阵, 证明:

$$(1)\quad r(\boldsymbol{A}^*)=\begin{cases}n, & \text{当 } r(\boldsymbol{A})=n,\\1, & \text{当 } r(\boldsymbol{A})=n-1,\\0, & \text{当 } r(\boldsymbol{A})<n-1.\end{cases}\qquad (2)\quad |\boldsymbol{A}^*|=|\boldsymbol{A}|^{n-1}.$$

证明 (1) 当$r(\boldsymbol{A})=n$时, 有$|\boldsymbol{A}|\neq 0$, 且$\boldsymbol{A}\boldsymbol{A}^*=|\boldsymbol{A}|\boldsymbol{E}$, 所以可得$|\boldsymbol{A}^*|\neq 0$, 从而$r(\boldsymbol{A}^*)=n$.

当$r(\boldsymbol{A})=n-1$时, 有$|\boldsymbol{A}|=0$, 且$\boldsymbol{A}$中至少存在一个$n-1$阶子式不为0. 于是$\boldsymbol{A}^*$中至少有一个非零元素, 所以$r(\boldsymbol{A}^*)\geqslant 1$. 又因为, $\boldsymbol{A}\boldsymbol{A}^*=|\boldsymbol{A}|\boldsymbol{E}=\boldsymbol{0}$, 所以有$r(\boldsymbol{A})+r(\boldsymbol{A}^*)\leqslant n$, 即

$$r(\boldsymbol{A}^*)\leqslant n-r(\boldsymbol{A})=n-(n-1)=1.$$

综合可得, $r(\boldsymbol{A}^*)=1$.

当$r(\boldsymbol{A})<n-1$时, $\boldsymbol{A}$中所有的$n-1$阶子式均为0, 于是$\boldsymbol{A}^*=\boldsymbol{0}$, 故$r(\boldsymbol{A}^*)=0$.

(2) 因为$\boldsymbol{A}\boldsymbol{A}^*=\boldsymbol{A}^*\boldsymbol{A}=|\boldsymbol{A}|\boldsymbol{E}$, 所以

$$|\boldsymbol{A}|\cdot|\boldsymbol{A}^*|=\big||\boldsymbol{A}|\boldsymbol{E}\big|=|\boldsymbol{A}|^n.$$

于是当$|\boldsymbol{A}| \neq 0$时, 有$|\boldsymbol{A}^*| = |\boldsymbol{A}|^{n-1}$.

另外, 当$|\boldsymbol{A}| = 0$时, 有$r(\boldsymbol{A}) < n$, 由(1)知$r(\boldsymbol{A}^*) < n$, 故

$$|\boldsymbol{A}^*| = 0 = |\boldsymbol{A}|^{n-1}.$$

题型四 分块矩阵

例2.38 考虑矩阵

$$\boldsymbol{A} = \begin{bmatrix} 1 & 0 & -1 & 2 \\ 0 & 1 & 1 & -1 \\ 0 & 0 & 1 & 0 \\ 0 & 0 & 0 & 1 \end{bmatrix}, \qquad \boldsymbol{B} = \begin{bmatrix} 1 & -1 & 0 & 1 \\ 0 & 2 & 1 & 0 \\ 1 & -1 & 2 & 3 \\ 0 & -1 & -1 & 2 \end{bmatrix}.$$

试用分块矩阵计算 $\boldsymbol{AB}$, $\boldsymbol{A}^2$.

解 将矩阵 $\boldsymbol{A}$ 分块为

$$\boldsymbol{A} = \begin{bmatrix} 1 & 0 & -1 & 2 \\ 0 & 1 & 1 & -1 \\ 0 & 0 & 1 & 0 \\ 0 & 0 & 0 & 1 \end{bmatrix} = \begin{bmatrix} \boldsymbol{E}_2 & \boldsymbol{A}_1 \\ \boldsymbol{0} & \boldsymbol{E}_2 \end{bmatrix},$$

其中 $\boldsymbol{E}_2$ 为二阶单位矩阵, 而 $\boldsymbol{A}_1 = \begin{bmatrix} -1 & 2 \\ 1 & -1 \end{bmatrix}$, $\boldsymbol{0} = \begin{bmatrix} 0 & 0 \\ 0 & 0 \end{bmatrix}$, 将 $\boldsymbol{B}$ 分块为

$$\boldsymbol{B} = \begin{bmatrix} 1 & -1 & 0 & 1 \\ 0 & 2 & 1 & 0 \\ 1 & -1 & 2 & 3 \\ 0 & -1 & -1 & 2 \end{bmatrix} = \begin{bmatrix} \boldsymbol{B}_{11} & \boldsymbol{B}_{12} \\ \boldsymbol{B}_{21} & \boldsymbol{B}_{22} \end{bmatrix},$$

其中

$$\boldsymbol{B}_{11} = \begin{bmatrix} 1 & -1 \\ 0 & 2 \end{bmatrix}, \qquad \boldsymbol{B}_{12} = \begin{bmatrix} 0 & 1 \\ 1 & 0 \end{bmatrix},$$

$$\boldsymbol{B}_{21} = \begin{bmatrix} 1 & -1 \\ 0 & -1 \end{bmatrix}, \qquad \boldsymbol{B}_{22} = \begin{bmatrix} 2 & 3 \\ -1 & 2 \end{bmatrix}.$$

于是

$$\boldsymbol{AB} = \begin{bmatrix} \boldsymbol{E}_2 & \boldsymbol{A}_1 \\ 0 & \boldsymbol{E}_2 \end{bmatrix} \begin{bmatrix} \boldsymbol{B}_{11} & \boldsymbol{B}_{12} \\ \boldsymbol{B}_{21} & \boldsymbol{B}_{22} \end{bmatrix} = \begin{bmatrix} \boldsymbol{B}_{11} + \boldsymbol{A}_1\boldsymbol{B}_{21} & \boldsymbol{B}_{12} + \boldsymbol{A}_1\boldsymbol{B}_{22} \\ \boldsymbol{B}_{21} & \boldsymbol{B}_{22} \end{bmatrix},$$

其中

$$\boldsymbol{B}_{11} + \boldsymbol{A}_1\boldsymbol{B}_{21} = \begin{bmatrix} 1 & -1 \\ 0 & 2 \end{bmatrix} + \begin{bmatrix} -1 & 2 \\ 1 & -1 \end{bmatrix} \begin{bmatrix} 1 & -1 \\ 0 & -1 \end{bmatrix} = \begin{bmatrix} 1 & -1 \\ 0 & 2 \end{bmatrix} + \begin{bmatrix} -1 & -1 \\ 1 & 0 \end{bmatrix} = \begin{bmatrix} 0 & -2 \\ 1 & 2 \end{bmatrix},$$

$$B_{12}+A_1B_{22}=\begin{bmatrix}0&1\\1&0\end{bmatrix}+\begin{bmatrix}-1&2\\1&-1\end{bmatrix}\begin{bmatrix}2&3\\-1&2\end{bmatrix}=\begin{bmatrix}0&1\\1&0\end{bmatrix}+\begin{bmatrix}-4&1\\3&1\end{bmatrix}=\begin{bmatrix}-4&2\\4&1\end{bmatrix}.$$

故
$$AB=\begin{bmatrix}0&-2&-4&2\\1&2&4&1\\1&-1&2&3\\0&-1&-1&2\end{bmatrix},$$

又 $$A^2=\begin{bmatrix}E_2&A_1\\0&E_2\end{bmatrix}\begin{bmatrix}E_2&A_1\\0&E_2\end{bmatrix}=\begin{bmatrix}E_2&A_1+A_1\\0&E_2\end{bmatrix}=\begin{bmatrix}1&0&-2&4\\0&1&2&-2\\0&0&1&0\\0&0&0&1\end{bmatrix}.$$

例2.39 求矩阵 A 的二次幂 A^2. 其中

$$A=\begin{bmatrix}\alpha&1&0&0\\0&\alpha&0&0\\0&0&\beta&1\\0&0&1&\beta\end{bmatrix}.$$

解 将矩阵分块为

$$A=\begin{bmatrix}A_1&0\\0&A_2\end{bmatrix},$$

其中$A_1=\begin{bmatrix}\alpha&1\\0&\alpha\end{bmatrix}$, $A_2=\begin{bmatrix}\beta&1\\1&\beta\end{bmatrix}$, $0=\begin{bmatrix}0&0\\0&0\end{bmatrix}$.

那么 $$A^2=\begin{bmatrix}A_1&0\\0&A_2\end{bmatrix}\begin{bmatrix}A_1&0\\0&A_2\end{bmatrix}=\begin{bmatrix}A_1^2&0\\0&A_2^2\end{bmatrix},$$

其中 $$A_1^2=\begin{bmatrix}\alpha&1\\0&\alpha\end{bmatrix}^2=\begin{bmatrix}\alpha^2&2\alpha\\0&\alpha^2\end{bmatrix},\qquad A_2^2=\begin{bmatrix}\beta&1\\1&\beta\end{bmatrix}^2=\begin{bmatrix}\beta^2+1&2\beta\\2\beta&\beta^2\end{bmatrix}.$$

故 $$A^2=\begin{bmatrix}\alpha^2&2\alpha&0&0\\0&\alpha^2&0&0\\0&0&\beta^2+1&2\beta\\0&0&2\beta&\beta^2\end{bmatrix}.$$

例2.40 求矩阵

$$A = \begin{bmatrix} 1 & 2 & 0 & 0 & 0 & 0 & 0 \\ -1 & 3 & 0 & 0 & 0 & 0 & 0 \\ 0 & 0 & 2 & 3 & 0 & 0 & 0 \\ 0 & 0 & -1 & 4 & 0 & 0 & 0 \\ 0 & 0 & 0 & 0 & 1 & 0 & 0 \\ 0 & 0 & 0 & 0 & 0 & 1 & 0 \\ 0 & 0 & 0 & 0 & 0 & 0 & 1 \end{bmatrix}$$

的逆矩阵.

解 将 A 分块为

$$A = \begin{bmatrix} A_1 & 0 & 0 \\ 0 & A_2 & 0 \\ 0 & 0 & E_3 \end{bmatrix}$$

其中 E_3 为三阶单位矩阵, $A_1 = \begin{bmatrix} 1 & 2 \\ -1 & 3 \end{bmatrix}$, $A_2 = \begin{bmatrix} 2 & 3 \\ -1 & 4 \end{bmatrix}$. 显然 A 是准对角阵. 那么

$$A^{-1} = \begin{bmatrix} A_1^{-1} & 0 & 0 \\ 0 & A_2^{-1} & 0 \\ 0 & 0 & E_3^{-1} \end{bmatrix}$$

而 $A_1^{-1} = \begin{bmatrix} 1 & 2 \\ -1 & 3 \end{bmatrix}^{-1} = \begin{bmatrix} \frac{3}{5} & -\frac{2}{5} \\ \frac{1}{5} & \frac{1}{5} \end{bmatrix}$, $A_2^{-1} = \begin{bmatrix} 2 & 3 \\ -1 & 4 \end{bmatrix}^{-1} = \begin{bmatrix} \frac{4}{11} & -\frac{3}{11} \\ \frac{1}{11} & \frac{2}{11} \end{bmatrix}$, $E_3^{-1} = E_3$.

故

$$A^{-1} = \begin{bmatrix} \frac{3}{5} & -\frac{2}{5} & 0 & 0 & 0 & 0 & 0 \\ \frac{1}{5} & \frac{1}{5} & 0 & 0 & 0 & 0 & 0 \\ 0 & 0 & \frac{4}{11} & -\frac{3}{11} & 0 & 0 & 0 \\ 0 & 0 & \frac{1}{11} & \frac{2}{11} & 0 & 0 & 0 \\ 0 & 0 & 0 & 0 & 1 & 0 & 0 \\ 0 & 0 & 0 & 0 & 0 & 1 & 0 \\ 0 & 0 & 0 & 0 & 0 & 0 & 1 \end{bmatrix}.$$

例2.41 假设 $X = \begin{bmatrix} 0 & C \\ D & 0 \end{bmatrix}$为分块矩阵, 其中 C, D 可逆, 求 X 的逆矩阵.

解法1 设 $X^{-1} = \begin{bmatrix} X_{11} & X_{12} \\ X_{21} & X_{22} \end{bmatrix}$, 有

$$E = XX^{-1} = \begin{bmatrix} 0 & C \\ D & 0 \end{bmatrix} \begin{bmatrix} X_{11} & X_{12} \\ X_{21} & X_{22} \end{bmatrix} = \begin{bmatrix} CX_{21} & CX_{22} \\ DX_{11} & DX_{12} \end{bmatrix}.$$

将单位矩阵 E 分块, 于是

$$\begin{bmatrix} CX_{21} & CX_{22} \\ DX_{11} & DX_{12} \end{bmatrix} = \begin{bmatrix} E & 0 \\ 0 & E \end{bmatrix},$$

故 $CX_{21} = E, CX_{22} = 0, DX_{11} = 0, DX_{12} = E$. 由于 C, D 可逆, 得 $X_{21} = C^{-1}$, $X_{22} = 0, X_{11} = 0, X_{12} = D^{-1}$. 所以

$$X^{-1} = \begin{bmatrix} 0 & D^{-1} \\ C^{-1} & 0 \end{bmatrix}.$$

解法2 将分块矩阵的每个子块看作是元素, 对它使用初等变换方法 (此处对分块矩阵的初等变换, 是一般矩阵初等变换的一种推广, 方法和一般矩阵类似) 求逆矩阵. 有

$$(X \mid E) = \begin{bmatrix} 0 & C & E & 0 \\ D & 0 & 0 & E \end{bmatrix} \to \begin{bmatrix} D & 0 & 0 & E \\ 0 & C & E & 0 \end{bmatrix} \to \begin{bmatrix} E & 0 & 0 & D^{-1} \\ 0 & E & C^{-1} & 0 \end{bmatrix},$$

上述第一个箭头表示第 1, 2 两行块对调; 第二个箭头表示第 1 行块乘 D^{-1}, 第 2 行块乘 C^{-1}. 由最后矩阵可见

$$X^{-1} = \begin{bmatrix} 0 & D^{-1} \\ C^{-1} & 0 \end{bmatrix}.$$

题型五 综合题

以下各例是一些综合性问题. 一般来说, 它们难度较大, 涉及的概念较多, 解决这些问题需要一定的技巧. 因此, 希望读者注意一些特殊矩阵的概念、性质以及它们之间的联系, 解题的思路、方法及技巧.

例2.42 用 E_{ij} 表示 i 行 j 列的元素为1, 而其余元素全为零的 n 阶方阵, 而 $A = (a_{ij})$ 是 n 阶方阵, 证明:

(1) 如果 $AE_{12} = E_{12}A$, 那么当 $k \neq 1$ 时 $a_{k1}=0$, 当 $k \neq 2$ 时 $a_{2k}=0$;

(2) 如果 $AE_{ij} = E_{ij}A$, 那么当 $k \neq i$ 时 $a_{ki}=0$, $k \neq j$ 时 $a_{ii}=a_{jj}$;

(3) 如果 A 与所有的 n 阶矩阵可交换, 那么 A 一定是数量矩阵, 即 $A = aE$.

证明 (1)

$$AE_{12} = \begin{bmatrix} a_{11} & a_{12} & \cdots & a_{1n} \\ a_{21} & a_{22} & \cdots & a_{2n} \\ \vdots & \vdots & \ddots & \vdots \\ a_{n1} & a_{n2} & \cdots & a_{nn} \end{bmatrix} \begin{bmatrix} 0 & 1 & \cdots & 0 \\ 0 & 0 & \cdots & 0 \\ \vdots & \vdots & \ddots & \vdots \\ 0 & 0 & \cdots & 0 \end{bmatrix} = \begin{bmatrix} 0 & a_{11} & \cdots & 0 \\ 0 & a_{21} & \cdots & 0 \\ \vdots & \vdots & \ddots & \vdots \\ 0 & a_{n1} & \cdots & 0 \end{bmatrix},$$

$$E_{12}A = \begin{bmatrix} 0 & 1 & \cdots & 0 \\ 0 & 0 & \cdots & 0 \\ \vdots & \vdots & \ddots & \vdots \\ 0 & 0 & \cdots & 0 \end{bmatrix} \begin{bmatrix} a_{11} & a_{12} & \cdots & a_{1n} \\ a_{21} & a_{22} & \cdots & a_{2n} \\ \vdots & \vdots & \ddots & \vdots \\ a_{n1} & a_{n2} & \cdots & a_{nn} \end{bmatrix} = \begin{bmatrix} a_{21} & a_{22} & \cdots & a_{2n} \\ 0 & 0 & \cdots & 0 \\ \vdots & \vdots & \ddots & \vdots \\ 0 & 0 & \cdots & 0 \end{bmatrix},$$

由 $\boldsymbol{AE}_{12}=\boldsymbol{E}_{12}\boldsymbol{A}$, 可得

$$a_{21}=a_{23}=\cdots=a_{2n}=0,\quad a_{21}=a_{31}=\cdots=a_{n1}=0.$$

即当 $k\neq 2$ 时, $a_{2k}=0$; 当 $k\neq 1$ 时, $a_{k1}=0$.

(2)

$$\boldsymbol{AE}_{ij}=\begin{bmatrix}a_{11}&a_{12}&\cdots&a_{1n}\\a_{21}&a_{22}&\cdots&a_{2n}\\\vdots&\vdots&\ddots&\vdots\\a_{n1}&a_{n2}&\cdots&a_{nn}\end{bmatrix}\underset{(j\text{ 列})}{\begin{bmatrix}0&0&\cdots&0&\cdots&0\\\vdots&\vdots&\ddots&\vdots&\ddots&\vdots\\0&0&\cdots&1&\cdots&0\\\vdots&\vdots&\ddots&\vdots&\ddots&\vdots\\0&0&\cdots&0&\cdots&0\end{bmatrix}}(i\text{行})=\underset{(j\text{ 列})}{\begin{bmatrix}0&0&\cdots&a_{1i}&\cdots&0\\0&0&\cdots&a_{2i}&\cdots&0\\\vdots&\vdots&\ddots&\vdots&\ddots&\vdots\\0&0&\cdots&a_{ni}&\cdots&0\end{bmatrix}}$$

$$\boldsymbol{E}_{ij}\boldsymbol{A}=(i\text{行})\overset{(j\text{ 列})}{\begin{bmatrix}0&0&\cdots&0&\cdots&0\\\vdots&\vdots&\ddots&\vdots&\ddots&\vdots\\0&0&\cdots&1&\cdots&0\\\vdots&\vdots&\ddots&\vdots&\ddots&\vdots\\0&0&\cdots&0&\cdots&0\end{bmatrix}}\begin{bmatrix}a_{11}&a_{12}&\cdots&a_{1n}\\a_{21}&a_{22}&\cdots&a_{2n}\\\vdots&\vdots&\ddots&\vdots\\a_{n1}&a_{n2}&\cdots&a_{nn}\end{bmatrix}=\begin{bmatrix}0&0&\cdots&0\\\vdots&\vdots&\ddots&\vdots\\a_{j1}&a_{j2}&\cdots&a_{jn}\\\vdots&\vdots&\ddots&\vdots\\0&0&\cdots&0\end{bmatrix}(i\text{行})$$

由 $\boldsymbol{AE}_{ij}=\boldsymbol{E}_{ij}\boldsymbol{A}$, 可得: 当 $k\neq i$ 时, $a_{ki}=0$; 当 $k\neq j$时, $a_{jk}=0$, 且 $a_{ii}=a_{jj}$.

(3) 如果 $\boldsymbol{A}$ 与任何矩阵可交换, 那么必与特殊的矩阵 $\boldsymbol{E}_{ij}$ 可交换, 由 $\boldsymbol{AE}_{ij}=\boldsymbol{E}_{ij}\boldsymbol{A}$ 得 $a_{ii}=a_{jj}\ (i,j=1,2,\ldots,n)$, $a_{ij}=0\ (i\neq j)$, 即

$$\boldsymbol{A}=\begin{bmatrix}a_{11}&&&\\&a_{22}&&\\&&\ddots&\\&&&a_{nn}\end{bmatrix},$$

且 $a_{11}=a_{22}=\cdots=a_{nn}$. 所以 $\boldsymbol{A}$ 是数量矩阵. 即 $\boldsymbol{A}=a\boldsymbol{E}$.

例2.43 假设

$$\boldsymbol{A}=\begin{bmatrix}a_1&0&\cdots&0\\0&a_2&\cdots&0\\\vdots&\vdots&\ddots&\vdots\\0&0&\cdots&a_n\end{bmatrix}$$

其中 $a_i\neq a_j$, 当 $i\neq j\ (i,j=1,2,\ldots,n)$.

试证: 与 $\boldsymbol{A}$ 可交换的矩阵只能是对角矩阵.

证明 设矩阵

$$B = \begin{bmatrix} x_{11} & x_{12} & \cdots & x_{1n} \\ x_{21} & x_{22} & \cdots & x_{2n} \\ \vdots & \vdots & \ddots & \vdots \\ x_{n1} & x_{n2} & \cdots & x_{nn} \end{bmatrix}$$

与 $\boldsymbol{A}$ 可交换, 即 $\boldsymbol{AB} = \boldsymbol{BA}$, 而

$$\boldsymbol{AB} = \begin{bmatrix} a_1 & 0 & \cdots & 0 \\ 0 & a_2 & \cdots & 0 \\ \vdots & \vdots & \ddots & \vdots \\ 0 & 0 & \cdots & a_n \end{bmatrix} \begin{bmatrix} x_{11} & x_{12} & \cdots & x_{1n} \\ x_{21} & x_{22} & \cdots & x_{2n} \\ \vdots & \vdots & \ddots & \vdots \\ x_{n1} & x_{n2} & \cdots & x_{nn} \end{bmatrix} = \begin{bmatrix} a_1x_{11} & a_1x_{12} & \cdots & a_1x_{1n} \\ a_2x_{21} & a_2x_{22} & \cdots & a_2x_{2n} \\ \vdots & \vdots & \ddots & \vdots \\ a_nx_{n1} & a_nx_{n2} & \cdots & a_nx_{nn} \end{bmatrix},$$

$$\boldsymbol{BA} = \begin{bmatrix} x_{11} & x_{12} & \cdots & x_{1n} \\ x_{21} & x_{22} & \cdots & x_{2n} \\ \vdots & \vdots & \ddots & \vdots \\ x_{n1} & x_{n2} & \cdots & x_{nn} \end{bmatrix} \begin{bmatrix} a_1 & 0 & \cdots & 0 \\ 0 & a_2 & \cdots & 0 \\ \vdots & \vdots & \ddots & \vdots \\ 0 & 0 & \cdots & a_n \end{bmatrix} = \begin{bmatrix} a_1x_{11} & a_2x_{12} & \cdots & a_nx_{1n} \\ a_1x_{21} & a_2x_{22} & \cdots & a_nx_{2n} \\ \vdots & \vdots & \ddots & \vdots \\ a_1x_{n1} & a_2x_{n2} & \cdots & a_nx_{nn} \end{bmatrix}.$$

比较对应元素, 有

$$a_ix_{ij} = a_jx_{ij}, \quad (i, j = 1, 2, \ldots, n),$$

即 $(a_i - a_j)x_{ij} = 0$, 因为当 $i \neq j$ 时 $a_i \neq a_j$, 所以 $x_{ij} = 0\ (i \neq j)$. 于是

$$\boldsymbol{B} = \begin{bmatrix} x_{11} & 0 & \cdots & 0 \\ 0 & x_{22} & \cdots & 0 \\ \vdots & \vdots & \ddots & \vdots \\ 0 & 0 & \cdots & x_{nn} \end{bmatrix}$$

为对角矩阵.

例2.44 试证任一 n 阶方阵都可表示为一个对称矩阵与一个反对称矩阵之和.

证明 因为

$$\boldsymbol{A} = \frac{\boldsymbol{A}}{2} + \frac{\boldsymbol{A}}{2} = \frac{\boldsymbol{A} + \boldsymbol{A}^{\mathrm{T}}}{2} + \frac{\boldsymbol{A} - \boldsymbol{A}^{\mathrm{T}}}{2},$$

而 $\left(\dfrac{\boldsymbol{A} + \boldsymbol{A}^{\mathrm{T}}}{2}\right)^{\mathrm{T}} = \dfrac{\boldsymbol{A}^{\mathrm{T}} + \boldsymbol{A}}{2}$, $\left(\dfrac{\boldsymbol{A} - \boldsymbol{A}^{\mathrm{T}}}{2}\right)^{\mathrm{T}} = \dfrac{\boldsymbol{A}^{\mathrm{T}} - \boldsymbol{A}}{2} = -\dfrac{\boldsymbol{A} - \boldsymbol{A}^{\mathrm{T}}}{2}$, 结论得证.

说明 本题的解题思路如下: 假设 n 阶方阵 $\boldsymbol{A} = \boldsymbol{B} + \boldsymbol{C}$, 其中 $\boldsymbol{B}$ 为对称矩阵, $\boldsymbol{C}$ 为反对称矩阵. 由 $\boldsymbol{A} = \boldsymbol{B} + \boldsymbol{C}$, 得 $\boldsymbol{A}^{\mathrm{T}} = (\boldsymbol{B} + \boldsymbol{C})^{\mathrm{T}} = \boldsymbol{B}^{\mathrm{T}} + \boldsymbol{C}^{\mathrm{T}} = \boldsymbol{B} - \boldsymbol{C}$. 有线性方程组

$$\begin{cases} \boldsymbol{A} = \boldsymbol{B} + \boldsymbol{C}, \\ \boldsymbol{A}^{\mathrm{T}} = \boldsymbol{B} - \boldsymbol{C}, \end{cases}$$

解得 $B = \dfrac{A+A^{\mathrm{T}}}{2}, C = \dfrac{A-A^{\mathrm{T}}}{2}$. 且有$B^{\mathrm{T}} = (\dfrac{A+A^{\mathrm{T}}}{2})^{\mathrm{T}} = \dfrac{A^{\mathrm{T}}+A}{2} = B$, 故$B$ 为对称矩阵. 而

$$C^{\mathrm{T}} = (\frac{A-A^{\mathrm{T}}}{2})^{\mathrm{T}} = \frac{A^{\mathrm{T}}-A}{2} = -C,$$

故 C 为反对称矩阵, 且 $A = B + C$.

例2.45 假设 A, B 都是可逆矩阵, 试证: $(AB)^{-1} = A^{-1}B^{-1}$的充分必要条件是 $AB = BA$.

证明 必要性. 假设 A, B 都可逆, 且 $(AB)^{-1} = A^{-1}B^{-1}$, 证明 $AB = BA$. 事实上, 由 $(AB)^{-1} = A^{-1}B^{-1}$得

$$\left((AB)^{-1}\right)^{-1} = (A^{-1}B^{-1})^{-1},$$

左边 $= ((AB)^{-1})^{-1} = AB$, 右边 $=(A^{-1}B^{-1})^{-1} = (B^{-1})^{-1}(A^{-1})^{-1} = BA$. 所以 $AB = BA$.

充分性. 假设 A, B 都可逆, 且 $AB = BA$, 证明 $(AB)^{-1} = A^{-1}B^{-1}$. 事实上

$$(AB)^{-1} = (BA)^{-1} = A^{-1}B^{-1}.$$

例2.46 试证: 如果 A, B 是两个 n 阶方阵, 则关系式 $AB - BA = E$ 恒不成立.

证明 设 $A = (a_{ij})$, $B = (b_{ij})$ 为任意两个 n 阶方阵, 方阵主对角线上的元素之和分别记为 $\mathrm{tr}A$, $\mathrm{tr}B$. 由矩阵的乘法可知

$$\mathrm{tr}(AB) = \sum_{i=1}^{n}\sum_{k=1}^{n} a_{ik}b_{ki}, \qquad \mathrm{tr}(BA) = \sum_{i=1}^{n}\sum_{k=1}^{n} b_{ik}a_{ki},$$

故

$$\mathrm{tr}(AB) = \mathrm{tr}(BA).$$

又由矩阵减法知

$$\mathrm{tr}(AB - BA) = \mathrm{tr}(AB) - \mathrm{tr}(BA),$$

所以恒有 $\mathrm{tr}(AB) - \mathrm{tr}(BA) = 0$. 但是 $\mathrm{tr}E = n$, 故 $AB - BA = E$ 恒不成立.

例2.47 设 4 阶矩阵

$$B = \begin{bmatrix} 0 & -1 & 0 & 0 \\ 0 & 0 & -1 & 0 \\ 0 & 0 & 0 & -1 \\ 0 & 0 & 0 & 0 \end{bmatrix}, \qquad C = \begin{bmatrix} 2 & 1 & 3 & 4 \\ 0 & 2 & 1 & 3 \\ 0 & 0 & 2 & 1 \\ 0 & 0 & 0 & 2 \end{bmatrix},$$

且矩阵 A 满足等式 $A(E - C^{-1}B)C^{\mathrm{T}} = E + A$. 其中 E 为 4 阶单位矩阵, 求矩阵 A.

解 对于矩阵方程, 首先将其化简, 然后再代入具体数值进行计算.

因为

$$(E - C^{-1}B)^{\mathrm{T}}C^{\mathrm{T}} = \left(C(E - C^{-1}B)\right)^{\mathrm{T}} = (C - B)^{\mathrm{T}},$$

所以

$$A(E - C^{-1}B)^{\mathrm{T}}C^{\mathrm{T}} = A(C - B)^{\mathrm{T}} = E + A,$$

$$A(C-B)^{\mathrm{T}}-A = E, \qquad A(C-B-E)^{\mathrm{T}} = E.$$

于是 $$A = \left((C-B-E)^{\mathrm{T}}\right)^{-1}.$$

将 B, C, E代入上式, 得

$$(C-B-E)^{\mathrm{T}} = \left(\begin{bmatrix}2&1&3&4\\0&2&1&3\\0&0&2&1\\0&0&0&2\end{bmatrix}-\begin{bmatrix}0&-1&0&0\\0&0&-1&0\\0&0&0&-1\\0&0&0&0\end{bmatrix}-\begin{bmatrix}1&0&0&0\\0&1&0&0\\0&0&1&0\\0&0&0&1\end{bmatrix}\right)^{\mathrm{T}}$$

$$= \begin{bmatrix}1&0&0&0\\2&1&0&0\\3&2&1&0\\4&3&2&1\end{bmatrix},$$

所以 $A = \left((C-B-E)^{\mathrm{T}}\right)^{-1} = \begin{bmatrix}1&0&0&0\\-2&1&0&0\\1&-2&1&0\\0&1&-2&1\end{bmatrix}.$

例2.48 设矩阵

$$A = \begin{bmatrix}1&1&-1\\-1&1&1\\1&-1&1\end{bmatrix},$$

矩阵 X 满足 $A^*X = A^{-1}+2X$, 其中 A^* 是 A 的伴随矩阵, 求矩阵 X.

解 若利用给出的矩阵方程直接计算 X, 会很繁杂, 应利用矩阵运算的一些性质进行化简, 特别是要用到公式 $AA^* = |A|E$.

由等式 $A^*X = A^{-1}+2X$, 得

$$A^*X-2X = A^{-1}, \qquad 即(A^*-2E)X = A^{-1}.$$

再用矩阵 A 同时左乘上式两端, 得

$$(AA^*-2A)X = E.$$

利用公式 $AA^* = |A|E$, 于是, $(|A|E-2A)X = E$, 所以 $X = (|A|E-2A)^{-1}$, 而 $|A| = 4$, 故

$$|A|E-2A = 2\begin{bmatrix}1&-1&1\\1&1&-1\\-1&1&1\end{bmatrix},$$

于是
$$X=\frac{1}{2}\begin{bmatrix}1&-1&1\\1&1&-1\\-1&1&1\end{bmatrix}^{-1}=\frac{1}{4}\begin{bmatrix}1&1&0\\0&1&1\\1&0&1\end{bmatrix}.$$

例2.49 设矩阵 $\boldsymbol{A}$ 的伴随矩阵

$$\boldsymbol{A}^*=\begin{bmatrix}1&0&0&0\\0&1&0&0\\1&0&1&0\\0&-3&0&8\end{bmatrix},$$

且 $\boldsymbol{ABA}^{-1}=\boldsymbol{B}^{-1}\boldsymbol{A}+3\boldsymbol{E}$, 其中 $\boldsymbol{E}$ 为 4 阶单位矩阵, 求矩阵 $\boldsymbol{B}$.

解析 对于此类题, 均应利用矩阵运算的一些性质, 将原式变形化简, 然后再代入具体数值计算.

解法1 对等式 $\boldsymbol{ABA}^{-1}=\boldsymbol{BA}^{-1}+3\boldsymbol{E}$ 两端同时右乘矩阵 $\boldsymbol{A}$, 得

$$\boldsymbol{AB}=(\boldsymbol{BA}^{-1}+3\boldsymbol{E})\boldsymbol{A}=\boldsymbol{B}+3\boldsymbol{A},$$

即
$$\boldsymbol{AB}-\boldsymbol{B}=3\boldsymbol{A}.$$

从而$(\boldsymbol{A}-\boldsymbol{E})\boldsymbol{B}=3\boldsymbol{A}$, 故 $\boldsymbol{A}^{-1}(\boldsymbol{A}-\boldsymbol{E})\boldsymbol{B}=3\boldsymbol{E}$, 即$(\boldsymbol{E}-\boldsymbol{A}^{-1})\boldsymbol{B}=3\boldsymbol{E}$, 而$\boldsymbol{A}^{-1}=\frac{1}{|\boldsymbol{A}|}\boldsymbol{A}^*$, 于是, $(\boldsymbol{E}-\frac{1}{|\boldsymbol{A}|}\boldsymbol{A}^*)\boldsymbol{B}=3\boldsymbol{E}$.

再由公式 $\boldsymbol{AA}^*=|\boldsymbol{A}|\boldsymbol{E}$, 得$|\boldsymbol{A}|\ |\boldsymbol{A}^*|=|\boldsymbol{A}|^n$, 当 $\boldsymbol{A}$ 可逆时, 显然, $|\boldsymbol{A}^*|=|\boldsymbol{A}|^{n-1}$ (可以证明; $\boldsymbol{A}$ 不在可逆时, 此等式亦成立), 其中 n 为矩阵 $\boldsymbol{A}$ 的阶数. 因为

$$|\boldsymbol{A}^*|=\begin{vmatrix}1&0&0&0\\0&1&0&0\\1&0&1&0\\0&-3&0&8\end{vmatrix}=8,$$

而$|\boldsymbol{A}^*|=|\boldsymbol{A}|^3$, 所以$|\boldsymbol{A}|=\sqrt[3]{8}=2$. 由$(\boldsymbol{E}-\frac{1}{|\boldsymbol{A}|}\boldsymbol{A}^*)\boldsymbol{B}=3\boldsymbol{E}$ 得 $(2\boldsymbol{E}-\boldsymbol{A}^*)\boldsymbol{B}=6\boldsymbol{E}$. 再由

$$|2\boldsymbol{E}-\boldsymbol{A}^*|=\begin{vmatrix}1&0&0&0\\0&1&0&0\\-1&0&1&0\\0&3&0&-6\end{vmatrix}=-6\neq 0,$$

知 $2\boldsymbol{E}-\boldsymbol{A}^*$ 可逆, 于是 $\boldsymbol{B}=6(2\boldsymbol{E}-\boldsymbol{A}^*)^{-1}$, 求出

$$(2\boldsymbol{E}-\boldsymbol{A}^*)^{-1}=\begin{bmatrix}1&0&0&0\\0&1&0&0\\1&0&1&0\\0&\frac{1}{2}&0&-\frac{1}{6}\end{bmatrix},$$

所以
$$B=\begin{bmatrix}6&0&0&0\\0&6&0&0\\6&0&6&0\\0&3&0&-1\end{bmatrix}.$$

解法2 由公式$|A^*|=|A|^{n-1}$, 有$|A|^3$=8, 得$|A|$=2. 再由公式 $AA^*=|A|E$, 得

$$A=|A|(A^*)^{-1}=2\begin{bmatrix}1&0&0&0\\0&1&0&0\\1&0&1&0\\0&-3&0&8\end{bmatrix}^{-1}=2\begin{bmatrix}1&0&0&0\\0&1&0&0\\-1&0&1&0\\0&\frac{3}{8}&0&\frac{1}{8}\end{bmatrix}=\begin{bmatrix}2&0&0&0\\0&2&0&0\\-2&0&2&0\\0&\frac{3}{4}&0&\frac{1}{4}\end{bmatrix}.$$

显然 $A-E$ 为可逆矩阵, 于是由 $(A-E)BA^{-1}=3E$, 得

$$B=3(A-E)^{-1}A.$$

由 $A-E=\begin{bmatrix}1&0&0&0\\0&1&0&0\\-2&0&1&0\\0&\frac{3}{4}&0&-\frac{3}{4}\end{bmatrix}$, 得$(A-E)^{-1}=\begin{bmatrix}1&0&0&0\\0&1&0&0\\2&0&1&0\\0&1&0&-\frac{4}{3}\end{bmatrix}$, 因此

$$B=3\begin{bmatrix}1&0&0&0\\0&1&0&0\\2&0&1&0\\0&1&0&-\frac{4}{3}\end{bmatrix}\begin{bmatrix}2&0&0&0\\0&2&0&0\\-2&0&2&0\\0&\frac{3}{4}&0&\frac{1}{4}\end{bmatrix}=\begin{bmatrix}6&0&0&0\\0&6&0&0\\6&0&6&0\\0&3&0&-1\end{bmatrix}.$$

自测题2

1. 判断下列结论是否成立: 若成立, 则说明理由; 若不成立, 则举出反例.

(1) 若矩阵$\boldsymbol{A}$的行列式 $|\boldsymbol{A}|=0$, 则$\boldsymbol{A}=\boldsymbol{0}$;

(2) 若$|\boldsymbol{A}-\boldsymbol{E}|=0$, 则$\boldsymbol{A}=\boldsymbol{E}$;

(3) 若$\boldsymbol{A},\boldsymbol{B}$为两个$n$阶方阵, 则$|\boldsymbol{A}+\boldsymbol{B}|=|\boldsymbol{A}|+|\boldsymbol{B}|$;

(4) 若矩阵$\boldsymbol{A}\neq\boldsymbol{0}$, $\boldsymbol{B}\neq\boldsymbol{0}$, 则$\boldsymbol{AB}\neq\boldsymbol{0}$.

2. 设$\boldsymbol{A},\boldsymbol{B}$为$n$阶方阵, 问下列等式在什么条件下成立?

(1) $(\boldsymbol{A}+\boldsymbol{B})^2=\boldsymbol{A}^2+2\boldsymbol{AB}+\boldsymbol{B}^2$;

(2) $(\boldsymbol{A}+\boldsymbol{B})(\boldsymbol{A}-\boldsymbol{B})=\boldsymbol{A}^2-\boldsymbol{B}^2$;

(3) $(\boldsymbol{A}+\boldsymbol{B})^3=\boldsymbol{A}^3+3\boldsymbol{A}^2\boldsymbol{B}+3\boldsymbol{AB}^2+\boldsymbol{B}^3$.

3. 计算$\boldsymbol{AB}$和$\boldsymbol{AB}-\boldsymbol{BA}$. 已知

(1) $\boldsymbol{A}=\begin{bmatrix}3&1&1\\2&1&2\\1&2&3\end{bmatrix}$, $\quad\boldsymbol{B}=\begin{bmatrix}1&1&-1\\2&-1&0\\1&0&1\end{bmatrix}$;

(2) $\boldsymbol{A}=\begin{bmatrix}a&b&c\\c&b&a\\1&1&1\end{bmatrix}$, $\quad\boldsymbol{B}=\begin{bmatrix}1&a&c\\1&b&b\\1&c&a\end{bmatrix}$.

4. 计算下列矩阵乘积:

(1) $\boldsymbol{A}=\begin{bmatrix}1&-1&1\\2&0&1\\3&1&-2\end{bmatrix}\begin{bmatrix}1&1\\0&1\\1&0\end{bmatrix}$; $\quad$ (2) $(x,y,1)\begin{bmatrix}a&b&d\\b&c&e\\d&e&f\end{bmatrix}\begin{bmatrix}x\\y\\1\end{bmatrix}$.

5. 计算$\begin{bmatrix}\cos\varphi&\sin\varphi\\-\sin\varphi&\cos\varphi\end{bmatrix}^n$, 并利用所得结果求$\begin{bmatrix}0&1\\-1&0\end{bmatrix}^4$.

6. 已知$\boldsymbol{AB}=\boldsymbol{BA}$, $\boldsymbol{AC}=\boldsymbol{CA}$, 证明 $\boldsymbol{A}(\boldsymbol{B}+\boldsymbol{C})=(\boldsymbol{B}+\boldsymbol{C})\boldsymbol{A}$ 和$\boldsymbol{A}(\boldsymbol{BC})=(\boldsymbol{BC})\boldsymbol{A}$.

7. 已知$\boldsymbol{A}$是一个实对称矩阵, 且$\boldsymbol{A}^2=\boldsymbol{0}$, 证明$\boldsymbol{A}$=$\boldsymbol{0}$.

8. 已知$\boldsymbol{A},\boldsymbol{D}$是$n$阶对称矩阵, 证明$\boldsymbol{AB}$为对称矩阵的充分必要条件是$\boldsymbol{AB}=\boldsymbol{BA}$.

9. 已知$\boldsymbol{A}$是一个n阶对称矩阵, $\boldsymbol{B}$是一个n阶反对称矩阵, 证明

(1) $\boldsymbol{A}^2$, $\boldsymbol{B}^2$都是对称矩阵;

(2) $\boldsymbol{AB}-\boldsymbol{BA}$是对称矩阵;

(3) $\boldsymbol{AB}+\boldsymbol{BA}$是反对称矩阵.

10. 假设$\boldsymbol{A},\boldsymbol{B}$是$n$阶方阵, 证明矩阵$\boldsymbol{AB}-\boldsymbol{BA}$的主对角线上的元素之和等于零.

11. 求矩阵$\boldsymbol{X}$, 已知:

(1) $\begin{bmatrix} 2 & 1 & 1 \\ 3 & 2 & 1 \\ -1 & 0 & 1 \end{bmatrix} + \boldsymbol{X} - \begin{bmatrix} 2 & 3 & 0 \\ -1 & 0 & -1 \\ 2 & -1 & 1 \end{bmatrix} = \begin{bmatrix} 1 & 2 & 3 \\ 4 & 5 & 6 \\ -3 & -1 & 2 \end{bmatrix}$;

(2) $3\begin{bmatrix} 2 & 4 & 7 \\ 1 & 3 & 1 \end{bmatrix} - \boldsymbol{X} = \begin{bmatrix} 6 & 10 & 20 \\ 0 & 9 & 3 \end{bmatrix}$;

(3) $\begin{bmatrix} 2 & 5 \\ 1 & 3 \end{bmatrix} \boldsymbol{X} = \begin{bmatrix} 7 & 9 \\ 4 & 11 \end{bmatrix}$;

(4) $\boldsymbol{X} \begin{bmatrix} 1 & 2 & 3 \\ 2 & 3 & 1 \\ 3 & 1 & 2 \end{bmatrix} = \begin{bmatrix} 6 & 6 & 6 \\ 5 & 4 & 3 \\ 3 & 1 & 2 \end{bmatrix}$.

12. 已知矩阵$\boldsymbol{A}$, 求$\boldsymbol{A}$的逆矩阵$\boldsymbol{A}^{-1}$;

(1) $\boldsymbol{A}=\begin{bmatrix} a & b \\ c & d \end{bmatrix}$, 其中$ad-bc=1$;

(2) $\boldsymbol{A}=\begin{bmatrix} 0 & 2 & -1 \\ 1 & 1 & 2 \\ -1 & -1 & -1 \end{bmatrix}$;

(3) $\boldsymbol{A}=\begin{bmatrix} 1 & 3 & -5 & 7 \\ 0 & 1 & 2 & -3 \\ 0 & 0 & 1 & 2 \\ 0 & 0 & 0 & 1 \end{bmatrix}$;

(4) $\boldsymbol{A}=\begin{bmatrix} 0 & a_1 & 0 & \cdots & 0 & 0 \\ 0 & 0 & a_2 & \cdots & 0 & 0 \\ \vdots & \vdots & \vdots & \ddots & \vdots & \vdots \\ 0 & 0 & 0 & \cdots & 0 & a_{n-1} \\ a_n & 0 & 0 & \cdots & 0 & 0 \end{bmatrix}$,

其中$a_i \neq 0, (i=1,2,\ldots,n)$.

13. 已知

$$\boldsymbol{A} = \begin{bmatrix} 0 & 1 & 1 \\ 1 & 0 & 1 \\ 1 & 1 & 0 \end{bmatrix}, \quad \boldsymbol{B} = \begin{bmatrix} 1 & 2 & 0 \\ 2 & 5 & 0 \\ 0 & 0 & 3 \end{bmatrix},$$

求$(\boldsymbol{AB})^{-1}$.

14. 在下列矩阵方程中求矩阵$\boldsymbol{X}$:

(1) $\begin{bmatrix} 1 & 2 \\ 3 & 4 \end{bmatrix} \boldsymbol{X} = \begin{bmatrix} 3 & 5 \\ 5 & 9 \end{bmatrix}$;

(2) $\boldsymbol{X} \begin{bmatrix} 1 & 2 \\ 3 & 4 \end{bmatrix} = \begin{bmatrix} 3 & 5 \\ 5 & 9 \end{bmatrix}$;

(3) $\begin{bmatrix} 1 & 2 & -3 \\ 2 & 2 & -4 \\ 2 & -1 & 0 \end{bmatrix} \boldsymbol{X} = \begin{bmatrix} 1 & -3 & 0 \\ 10 & 2 & 7 \\ 10 & 7 & 8 \end{bmatrix}$;

(4) $\begin{bmatrix} 1 & 1 & 1 & \cdots & 1 & 1 \\ 0 & 1 & 1 & \cdots & 1 & 1 \\ 0 & 0 & 1 & \cdots & 1 & 1 \\ \vdots & \vdots & \vdots & \ddots & \vdots & \vdots \\ 0 & 0 & 0 & \cdots & 0 & 1 \end{bmatrix}_n \boldsymbol{X} = \begin{bmatrix} 2 & 1 & 0 & \cdots & 0 & 0 \\ 1 & 2 & 1 & \cdots & 0 & 0 \\ 0 & 1 & 2 & \cdots & 0 & 0 \\ \vdots & \vdots & \vdots & \ddots & \vdots & \vdots \\ 0 & 0 & 0 & \cdots & 1 & 2 \end{bmatrix}_n$.

15. 假设对n阶方阵$\boldsymbol{A}$, 存在方阵$\boldsymbol{B}$, 使$\boldsymbol{AB} = \boldsymbol{E}$ (或$\boldsymbol{BA} = \boldsymbol{E}$). 证明$\boldsymbol{A}$一定可逆, 且其逆为$\boldsymbol{B}$.

16. 假设$\boldsymbol{A}, \boldsymbol{B}, \boldsymbol{C}$都是方阵. 试叙述“$\boldsymbol{AB} = \boldsymbol{AC}$时, 则$\boldsymbol{B} = \boldsymbol{C}$”的条件, 并举例说明.

17. 假设$\boldsymbol{A}, \boldsymbol{B}$都是$n$阶方阵. 试说明下列例题是否成立; 若成立, 则给出证明; 若不成立, 则举出反例:

(1) 若$\boldsymbol{A}, \boldsymbol{B}$都可逆, 则$\boldsymbol{A} + \boldsymbol{B}$也可逆;

(2) 若$\boldsymbol{A}, \boldsymbol{B}$可逆, 则$\boldsymbol{AB}$也可逆;

(3) 若$\boldsymbol{AB}$可逆, 则$\boldsymbol{A}, \boldsymbol{B}$都可逆.

18. 若一个对称矩阵可逆, 则它的逆矩阵也对称.

19. 若一个反对称矩阵可逆, 则它的逆矩阵也反对称.

20. 假设方阵$\boldsymbol{A}$满足矩阵方程$\boldsymbol{A}^2 - 2\boldsymbol{A} + 5\boldsymbol{E} = \boldsymbol{0}$, 证明$\boldsymbol{A}$可逆, 并求$\boldsymbol{A}^{-1}$.

21. 假设方阵$\boldsymbol{A}$满足方程$\boldsymbol{A}^2 - 2\boldsymbol{A} - 4\boldsymbol{E} = \boldsymbol{0}$, 证明$\boldsymbol{A} - 3\boldsymbol{E}$可逆.

22. 填空题

(1) 设矩阵$\boldsymbol{A} = \begin{bmatrix} 2 & -1 & 3 \\ 0 & 5 & 1 \\ 1 & 2 & 3 \end{bmatrix}$, 则$(\boldsymbol{A} - 3\boldsymbol{E})^{-1}(\boldsymbol{A}^2 - 9\boldsymbol{E})=$__________

(2) 设$\boldsymbol{A}$是3阶数量矩阵, 且$\left|\boldsymbol{A}\right| = -27$, 则$\boldsymbol{A}^{-1}=$__________

(3) 设$\boldsymbol{A}$是4阶方阵, 且$\left|\boldsymbol{A}\right| = -2$, 则$\boldsymbol{A}$的伴随矩阵$\boldsymbol{A}^*$的行列式$\left|\boldsymbol{A}^*\right|=$__________

23. 选择题

(1) 设$\boldsymbol{A}$是n阶方阵, 且满足等式$\boldsymbol{A}^2 - \boldsymbol{A} - 2\boldsymbol{E} = \boldsymbol{0}$, 则$\boldsymbol{A}$的逆矩阵是 (　　)

(A) $\boldsymbol{A} - \boldsymbol{E}$　(B) $\boldsymbol{E} - \boldsymbol{A}$　(C) $\frac{1}{2}(\boldsymbol{A} - \boldsymbol{E})$　(D) $\frac{1}{2}(\boldsymbol{E} - \boldsymbol{A})$

(2) 设$\boldsymbol{A}, \boldsymbol{B}$是$n$阶可逆矩阵, 则下列等式成立的是 (　　)

(A) $|(\boldsymbol{AB})^{-1}| = \frac{1}{|\boldsymbol{A}^{-1}|} \cdot \frac{1}{|\boldsymbol{B}^{-1}|}$　(B) $|(\boldsymbol{AB})^{-1}| = |\boldsymbol{A}|^{-1}|\boldsymbol{B}|^{-1}$

(C) $|(\boldsymbol{AB})^{-1}| = |\boldsymbol{A}||\boldsymbol{B}|$　(D) $|(\boldsymbol{AB})^{-1}| = (-1)^n|\boldsymbol{AB}|$

(3) 设$\boldsymbol{A}, \boldsymbol{B}, \boldsymbol{C}$为$n$阶方阵, 且$\boldsymbol{ABC} = \boldsymbol{E}$,则必成立的等式为 (　　)

(A) $\boldsymbol{ACB} = \boldsymbol{E}$　(B) $\boldsymbol{CBA} = \boldsymbol{E}$　(C) $\boldsymbol{BAC} = \boldsymbol{E}$　(D) $\boldsymbol{BCA} = \boldsymbol{E}$

(4) 设$\boldsymbol{A}, \boldsymbol{B}$为$n$阶对称矩阵, m为大于1的自然数, 则必为对称矩阵的是 (　　)

(A) $\boldsymbol{A}^m$　(B) $(\boldsymbol{AB})^m$　(C) $\boldsymbol{AB}$　(D) $\boldsymbol{BA}$

(5) 设$\boldsymbol{A}$, $\boldsymbol{B}$, $\boldsymbol{A}+\boldsymbol{B}$, $\boldsymbol{A}^{-1}+\boldsymbol{B}^{-1}$ 均为n阶可逆矩阵, 则$(\boldsymbol{A}^{-1}+\boldsymbol{B}^{-1})^{-1}$等于 ( )

(A) $\boldsymbol{A}^{-1}+\boldsymbol{B}^{-1}$ (B) $\boldsymbol{A}+\boldsymbol{B}$ (C) $\boldsymbol{B}(\boldsymbol{A}+\boldsymbol{B})^{-1}\boldsymbol{A}$ (D) $(\boldsymbol{A}+\boldsymbol{B})^{-1}$

24. 设矩阵$\boldsymbol{A}=\begin{bmatrix}1&2&-3\\0&1&2\\0&0&1\end{bmatrix}$, $\boldsymbol{B}=\begin{bmatrix}1&2&0\\0&1&2\\0&0&1\end{bmatrix}$且满足等式$(2\boldsymbol{E}-\boldsymbol{A}^{-1}\boldsymbol{B})\boldsymbol{C}^{\mathrm{T}}=\boldsymbol{A}^{-1}$, 求矩阵$\boldsymbol{C}$.

25. 求下列矩阵的秩

(1) $\begin{bmatrix}1&2&3&4\\1&-2&4&5\\1&10&1&2\end{bmatrix}$; (2) $\begin{bmatrix}14&12&6&8&2\\6&104&21&9&17\\7&6&3&4&1\\35&30&15&20&5\end{bmatrix}$;

(3) $\begin{bmatrix}25&31&17&43\\75&94&53&132\\75&94&54&134\\25&32&20&48\end{bmatrix}$; (4) $\begin{bmatrix}47&-67&35&201&155\\26&98&23&-294&86\\16&-428&1&1284&52\end{bmatrix}$.

26. 求下列矩阵的标准形

(1) $\begin{bmatrix}1&-1&2&1&0\\2&-2&4&-2&0\\3&0&6&-1&1\\0&3&0&0&1\end{bmatrix}$; (2) $\begin{bmatrix}1&0&1&0&0\\1&1&0&0&0\\0&1&1&0&0\\0&0&1&1&0\\0&1&0&1&1\end{bmatrix}$.

27. 假设方阵$\boldsymbol{A}$满足方程$a\boldsymbol{A}^2+b\boldsymbol{A}+c\boldsymbol{E}=\boldsymbol{0}$, 其中$a,b,c$是常数, 而且$c\neq 0$, 试证$\boldsymbol{A}$是满秩方阵, 并求出其逆矩阵.

28. 假设$\boldsymbol{A}^2=\boldsymbol{A}$但$\boldsymbol{A}\neq\boldsymbol{E}$. 试证$\boldsymbol{A}$为降秩方阵.

29. 选择题

(1) 设矩阵$\boldsymbol{A}=\begin{bmatrix}-1&2&3\\-3&6&8\\2&-4&t\end{bmatrix}$, 且$r(\boldsymbol{A})=2$, 则$t$等于 ( )

(A) -6 (B) 6 (C) 8 (D) t为任何实数

(2) 设$\boldsymbol{A}$是3阶方阵, 若$\boldsymbol{A}^2=\boldsymbol{0}$, 下列等式必成立的是 ( )

(A) $\boldsymbol{A}=\boldsymbol{0}$ (B) $r(\boldsymbol{A})=2$ (C) $\boldsymbol{A}^3=\boldsymbol{0}$ (D) $|\boldsymbol{A}|\neq 0$

(3) 设$\boldsymbol{A}$是$m\times n$矩阵, 且$m<n$, 则必有 ( )

(A) $|\boldsymbol{A}^{\mathrm{T}}\boldsymbol{A}|\neq 0$ (B) $|\boldsymbol{A}^{\mathrm{T}}\boldsymbol{A}|=0$ (C) $|\boldsymbol{A}\boldsymbol{A}^{\mathrm{T}}|>0$ (D) $|\boldsymbol{A}\boldsymbol{A}^{\mathrm{T}}|<0$

30. 假设矩阵

$$A=\begin{bmatrix}1&2&0&0&0&0\\2&1&0&0&0&0\\0&0&2&1&0&0\\0&0&1&3&0&0\\0&0&0&0&3&2\\0&0&0&0&2&1\end{bmatrix},\qquad B=\begin{bmatrix}1\\2\\1\\3\\2\\1\end{bmatrix},$$

试求A^{-1}及AB.

31. 求下列矩阵的逆矩阵:

(1) $A=\begin{bmatrix}0&0&1&2\\0&0&2&1\\2&1&0&0\\1&3&0&0\end{bmatrix}$; (2) $A=\begin{bmatrix}2&-1&0&0\\-3&2&0&0\\31&-19&3&-4\\-23&14&-2&3\end{bmatrix}$;

(3) $A=\begin{bmatrix}0&a_1&0&\cdots&0&0\\0&0&a_2&\cdots&0&0\\\vdots&\vdots&\vdots&\ddots&\vdots&\vdots\\0&0&0&\cdots&0&a_{n-1}\\a_n&0&0&\cdots&0&0\end{bmatrix}$ $(a_i\neq 0)$.

32. 假设B是n阶可逆方阵, C是m阶可逆方阵, 试证明分块矩阵$A=\begin{bmatrix}B&0\\0&C\end{bmatrix}$是可逆方阵, 并且用$B^{-1},C^{-1}$表示分块矩阵$A^{-1}$.

33. 假设A,B,C,D都是n阶方阵, 且A可逆, $AC=CA$, 求证$\begin{vmatrix}A&B\\C&D\end{vmatrix}=|AD-CB|$.

34. 试证对角元素全为1的两个n阶上三角阵的积, 也是一个对角元素全为1的n阶上三角阵.

35. 试证对角元素全为1的上三角阵的逆矩阵的对角元素也全为1.

36. 已知n阶方阵满足下列条件: $A^2=A$, 试证或者$A=E$, 或者$|A|=0$.

第三章　n维向量空间

§3.1　知识点概要

3.1.1　向量

一、n维向量

称n个实数$a_1, a_2, \ldots, a_n$ 组成的有序数组$(a_1, a_2, \ldots, a_n)$为实数集$\mathbf{R}$上的**n维向量**, 其中$a_i \in \mathbf{R}$ $(i = 1, 2, \ldots, n)$, 称为n维向量的**第i个分量**. 特别地, 每个分量都为零的向量, 称为零向量, 记作$\mathbf{0}$, 即$\mathbf{0} = (0, 0, \ldots, 0)$.

一般用小写希腊字母$\boldsymbol{\alpha}, \boldsymbol{\beta}, \boldsymbol{\gamma}, \ldots$表示向量, 而且写成一行: $\boldsymbol{\alpha}=(a_1, a_2, \ldots, a_n)$, 或写成一列$\boldsymbol{\beta} = (b_1, b_2, \ldots, b_n)^{\mathrm{T}}$. 为了区别, 前者称为**行向量**, 后者称为**列向量**.

二、向量的线性运算

向量相等　设n维向量$\boldsymbol{\alpha} = (a_1, a_2, \ldots, a_n)$, $\boldsymbol{\beta} = (b_1, b_2, \ldots, b_n)$. 如果它们的分量对应相等, 即$a_i = b_i$ $(i = 1, 2, \ldots, n)$, 则称$\boldsymbol{\alpha}$与$\boldsymbol{\beta}$相等, 记为$\boldsymbol{\alpha} = \boldsymbol{\beta}$.

数与向量乘法　数k与n维向量$\boldsymbol{\alpha} = (a_1, a_2, \ldots, a_n)$的乘积, 称数乘向量, 简称数乘, 记为$k\boldsymbol{\alpha}$, 定义为:

$$k\boldsymbol{\alpha} = k(a_1, a_2, \ldots, a_n) = (ka_1, ka_2, \ldots, ka_n).$$

向量加法　如果$c_i = a_i + b_i$ $(i = 1, 2, \ldots, n)$, 称n维向量$\boldsymbol{\gamma} = (c_1, c_2, \ldots, c_n)$为向量$\boldsymbol{\alpha} = (a_1, a_2, \ldots, a_n)$与$\boldsymbol{\beta} = (b_1, b_2, \ldots, b_n)$的和, 记为$\boldsymbol{\gamma} = \boldsymbol{\alpha} + \boldsymbol{\beta}$.

向量的**减法**运算可以通过加法运算定义, 称向量$\boldsymbol{\alpha} - \boldsymbol{\beta} = \boldsymbol{\alpha} + (-\boldsymbol{\beta})$为向量$\boldsymbol{\alpha}$与$\boldsymbol{\beta}$的差, 其中$-\boldsymbol{\beta} = (-1)\boldsymbol{\beta}$.

向量的加法与数乘称为向量的**线性运算**.

线性运算的性质　假设$\boldsymbol{\alpha}, \boldsymbol{\beta}, \boldsymbol{\gamma}$是$n$维向量, k, l是实数, 则有

(1) **交换律**　$\boldsymbol{\alpha} + \boldsymbol{\beta} = \boldsymbol{\beta} + \boldsymbol{\alpha}$;

(2) **结合律**　$(\boldsymbol{\alpha} + \boldsymbol{\beta}) + \boldsymbol{\gamma} = \boldsymbol{\alpha} + (\boldsymbol{\beta} + \boldsymbol{\gamma})$;　$k(l\boldsymbol{\alpha}) = (kl)\boldsymbol{\alpha}$;

(3) **分配律**　$(k + l)\boldsymbol{\alpha} = k\boldsymbol{\alpha} + l\boldsymbol{\alpha}$;　$k(\boldsymbol{\alpha} + \boldsymbol{\beta}) = k\boldsymbol{\alpha} + k\boldsymbol{\beta}$.

三、向量的线性关系

线性组合　对于任意实数$k_1, k_2, \ldots, k_s$, 形如$k_1\boldsymbol{\alpha}_1 + k_2\boldsymbol{\alpha}_2 + \cdots + k_s\boldsymbol{\alpha}_s$的向量称为向量$\boldsymbol{\alpha}_1, \boldsymbol{\alpha}_2, \ldots, \boldsymbol{\alpha}_s$的线性组合.

线性表示　如果向量$\boldsymbol{\beta}$可以表示为向量$\boldsymbol{\alpha}_1, \boldsymbol{\alpha}_2, \ldots, \boldsymbol{\alpha}_s$ 的线性组合, 即如果存在一组实数$k_1, k_2, \ldots, k_s$, 使得$\boldsymbol{\beta} = k_1\boldsymbol{\alpha}_1 + k_2\boldsymbol{\alpha}_2 + \cdots + k_s\boldsymbol{\alpha}_s$, 称向量$\boldsymbol{\beta}$可以由向量$\boldsymbol{\alpha}_1$, $\boldsymbol{\alpha}_2$, $\ldots$, $\boldsymbol{\alpha}_s$ **线性表示（或线性表出）**.

如果向量组$\boldsymbol{\beta}_1, \boldsymbol{\beta}_2, \ldots, \boldsymbol{\beta}_t$的每一个向量都可以由向量组$\boldsymbol{\alpha}_1, \boldsymbol{\alpha}_2, \ldots, \boldsymbol{\alpha}_s$ 线性表示, 则

称向量组$\boldsymbol{\beta}_1,\boldsymbol{\beta}_2,\ldots,\boldsymbol{\beta}_t$可以由向量组$\boldsymbol{\alpha}_1,\boldsymbol{\alpha}_2,\ldots,\boldsymbol{\alpha}_s$ **线性表示**. 如果两个向量组可以互相线性表示, 则称这两个向量组**等价**.

线性相关与线性无关 如果存在一组不全为零的数$k_1,k_2,\ldots,k_s$, 使得$k_1\boldsymbol{\alpha}_1+k_2\boldsymbol{\alpha}_2+\cdots+k_s\boldsymbol{\alpha}_s=\mathbf{0}$, 称向量$\boldsymbol{\alpha}_1,\boldsymbol{\alpha}_2,\ldots,\boldsymbol{\alpha}_s$ **线性相关**, 否则称$\boldsymbol{\alpha}_1,\boldsymbol{\alpha}_2,\ldots,\boldsymbol{\alpha}_s$ **线性无关**.

对以下几个特殊情况, 由定义可得:

1. 若一个向量$\boldsymbol{\alpha}\neq\mathbf{0}$, 则线性无关; 若$\boldsymbol{\alpha}=\mathbf{0}$则线性相关.

2. 两个向量线性相关即两个向量的分量对应成比例, 其几何含义为两个向量共线.

3. 三个向量线性相关的几何含义为三个向量共面.

几个重要定理:

1. 向量组$\boldsymbol{\alpha}_1,\boldsymbol{\alpha}_2,\ldots,\boldsymbol{\alpha}_s$线性无关的充分必要条件是, 如果等式$k_1\boldsymbol{\alpha}_1+k_2\boldsymbol{\alpha}_2+\cdots+k_s\boldsymbol{\alpha}_s=\mathbf{0}$成立, 则有$k_1=k_2=\cdots=k_s=0$.

2. 向量$\boldsymbol{\alpha}_1,\boldsymbol{\alpha}_2,\ldots,\boldsymbol{\alpha}_m$ $(m\geqslant 2)$ 线性相关的充分必要条件是, 其中至少有一个向量可以由其他向量线性表示.

3. 假设$\boldsymbol{\alpha}_1=(a_{11},a_{12},\ldots,a_{1n}),\boldsymbol{\alpha}_2=(a_{21},a_{22},\ldots,a_{2n}),\ldots,\boldsymbol{\alpha}_n=(a_{n1},a_{n2},\ldots,a_{nn})$. 那么, 向量$\boldsymbol{\alpha}_1,\boldsymbol{\alpha}_2,\ldots,\boldsymbol{\alpha}_n$线性无关的充分必要条件是, 行列式

$$\begin{vmatrix} a_{11} & a_{12} & \cdots & a_{1n} \\ a_{21} & a_{22} & \cdots & a_{2n} \\ \vdots & \vdots & \ddots & \vdots \\ a_{n1} & a_{n2} & \cdots & a_{nn} \end{vmatrix} \neq 0.$$

4. 任意$n+1$个n维向量必线性相关.

5. 若向量$\boldsymbol{\alpha}_1,\boldsymbol{\alpha}_2,\ldots,\boldsymbol{\alpha}_m$ 线性无关, 而向量$\boldsymbol{\beta},\boldsymbol{\alpha}_1,\boldsymbol{\alpha}_2,\ldots,\boldsymbol{\alpha}_m$ 线性相关, 则$\boldsymbol{\beta}$可以由$\boldsymbol{\alpha}_1,\boldsymbol{\alpha}_2,\ldots,\boldsymbol{\alpha}_m$ 线性表示, 且表示式唯一.

6. 若向量组 $\boldsymbol{\alpha}_1,\boldsymbol{\alpha}_2,\ldots,\boldsymbol{\alpha}_r$ 线性无关, 且可以由向量组 $\boldsymbol{\beta}_1,\boldsymbol{\beta}_2,\ldots,\boldsymbol{\beta}_s$线性表示, 则$r\leqslant s$.

四、极大线性无关组及向量组的秩

极大线性无关组 称向量组$\boldsymbol{\alpha}_1,\boldsymbol{\alpha}_2,\ldots,\boldsymbol{\alpha}_m$ 的一个部分组$\boldsymbol{\alpha}_{i_1},\boldsymbol{\alpha}_{i_2},\ldots,\boldsymbol{\alpha}_{i_r}$ 为极大线性无关组（简称**极大无关组**）, 如果它满足下列条件:

1. $\boldsymbol{\alpha}_{i_1},\boldsymbol{\alpha}_{i_2},\ldots,\boldsymbol{\alpha}_{i_r}$线性无关;

2. 把向量组$\boldsymbol{\alpha}_1,\boldsymbol{\alpha}_2,\ldots,\boldsymbol{\alpha}_m$中不属于该部分组的任何一个向量（只要这样的向量存在）添加到部分组$\boldsymbol{\alpha}_{i_1},\boldsymbol{\alpha}_{i_2},\ldots,\boldsymbol{\alpha}_{i_r}$ 中去, 所得向量组一定线性相关.

极大线性无关组性质

1. 向量组的任意一个极大无关组与向量组本身等价.

2. 向量组的任意两个极大无关组等价.

3. 向量组的任意两个极大无关组所含向量个数相等.

向量组的秩 向量组的极大无关组所含向量的个数, 称为向量组的秩.

两个等价的向量组的秩相同.

3.1.2 向量组的秩与矩阵的秩

一、矩阵的行秩与列秩

矩阵行向量组的秩称为矩阵的**行秩**; 矩阵列向量组的秩称为矩阵的**列秩**.

矩阵的行秩与列秩相等, 而且等于矩阵的秩.

二、经运算后矩阵秩的变化

1. 假设$\boldsymbol{A},\boldsymbol{B}$都是$m\times n$矩阵, 则

$$r(\boldsymbol{A}+\boldsymbol{B})\leqslant r(\boldsymbol{A})+r(\boldsymbol{B})$$

即, 两个矩阵之和的秩, 不大于原来两个矩阵的秩之和.

2. 矩阵$\boldsymbol{A}$与数量k相乘后, 其秩为

$$r(k\boldsymbol{A})=\begin{cases}0, & k=0,\\ r(\boldsymbol{A}), & k\neq 0.\end{cases}$$

3. 假设$\boldsymbol{A}$是$m\times s$矩阵, $\boldsymbol{B}$是$s\times n$矩阵, 则

$$r(\boldsymbol{A})+r(\boldsymbol{B})-s\leqslant r(\boldsymbol{AB})\leqslant \min\{r(\boldsymbol{A}),r(\boldsymbol{B})\}$$

即, 矩阵乘积$\boldsymbol{AB}$的秩不小于$r(\boldsymbol{A})+r(\boldsymbol{B})-s$, 也不会超过$\boldsymbol{A}$及$\boldsymbol{B}$的秩.

3.1.3 向量空间

一、n维向量空间

向量空间 设V是n元实向量的集合, 如果V非空, 并且对向量的线性运算**封闭**, 即对任意的$\boldsymbol{\alpha},\boldsymbol{\beta}\in V$, $k\in\mathbf{R}$, 都有$\boldsymbol{\alpha}+\boldsymbol{\beta}\in V, k\boldsymbol{\alpha}\in V$, 则称$V$是向量空间, 也称为**线性空间**.

所有n元实向量的集合是一个向量空间, 记为$\mathbf{R}^n$. 特别地, 只含有零向量的集合$V=\{\mathbf{0}\}$ 是一个向量空间, 称为**零空间**.

向量空间的基和维数 向量空间V的一个极大无关组, 称为V的一组**基**. 该基中包含的向量的个数称为向量空间V的**维数**, 记为$\dim V$. 若$\dim V=r$, 则称V为r维向量空间.

一般地, 设向量空间V与向量组$\boldsymbol{\alpha}_1,\boldsymbol{\alpha}_2,\ldots,\boldsymbol{\alpha}_m$等价, 则$V$的维数就等于该向量组的秩, 且$V$可表示为

$$V=\{\lambda_1\boldsymbol{\alpha}_1+\lambda_2\boldsymbol{\alpha}_2+\cdots+\lambda_m\boldsymbol{\alpha}_m\mid \lambda_1,\lambda_2,\ldots,\lambda_m\in\mathbf{R}\},$$

称为由向量$\boldsymbol{\alpha}_1,\boldsymbol{\alpha}_2,\ldots,\boldsymbol{\alpha}_m$所**生成的向量空间**.

特别地, 若$\boldsymbol{\alpha}_1,\boldsymbol{\alpha}_2,\ldots,\boldsymbol{\alpha}_r$是$V$的一组基, 则$V$也可以由这组向量生成, 记作$V=L\ (\boldsymbol{\alpha}_1, \boldsymbol{\alpha}_2, \ldots, \boldsymbol{\alpha}_r)$.

自然基 由定义可知$\mathbf{R}^n$的维数是n, 且n维单位向量

$$\boldsymbol{\varepsilon}_1=(1,0,\ldots,0)^{\mathrm{T}},\boldsymbol{\varepsilon}_2=(0,1,\ldots,0)^{\mathrm{T}},\ldots,\boldsymbol{\varepsilon}_n=(0,0,\ldots,1)^{\mathrm{T}},$$

是$\mathbf{R}^n$的一组基, 称为**自然基**.

子空间 若W是向量空间V的一个非空子集, 而且W对V中所定义的加法及数乘两种运算是封闭的, 则称W是V 的线性子空间, 简称**子空间**.

二、过渡矩阵与坐标变换

坐标 设向量$\boldsymbol{\alpha}_1,\boldsymbol{\alpha}_2,\ldots,\boldsymbol{\alpha}_r$是$V$的一组基, 则对于任意向量$\boldsymbol{\beta}\in V$可唯一表示为

$$\boldsymbol{\beta}=x_1\boldsymbol{\alpha}_1+x_2\boldsymbol{\alpha}_2+\cdots+x_r\boldsymbol{\alpha}_r,$$

且称有序数$x_1,x_2,\ldots,x_r$为$\boldsymbol{\beta}$在基$\boldsymbol{\alpha}_1,\boldsymbol{\alpha}_2,\ldots,\boldsymbol{\alpha}_r$下的坐标, 记作$(x_1,x_2,\ldots,x_n)^{\mathrm{T}}$.

显然，任意n维向量$(a_1,a_2,\ldots,a_n)^{\mathrm{T}}$在自然基下的坐标即为其本身.

同一个向量在不同基下的坐标一般是不同的, 但是这两个不同的坐标却有内在的联系.

过渡矩阵 设$\boldsymbol{\alpha}_1,\boldsymbol{\alpha}_2,\ldots,\boldsymbol{\alpha}_n$和$\boldsymbol{\beta_1},\boldsymbol{\beta_2},\ldots,\boldsymbol{\beta_n}$是向量空间$\mathbf{R}^n$的两组基, 并且

$$\begin{cases}\boldsymbol{\beta}_1=p_{11}\boldsymbol{\alpha}_1+p_{21}\boldsymbol{\alpha}_2+\cdots+p_{n1}\boldsymbol{\alpha}_n\\ \boldsymbol{\beta}_2=p_{12}\boldsymbol{\alpha}_1+p_{22}\boldsymbol{\alpha}_2+\cdots+p_{n2}\boldsymbol{\alpha}_n\\ \quad\vdots\\ \boldsymbol{\beta_n}=p_{1n}\boldsymbol{\alpha}_1+p_{2n}\boldsymbol{\alpha}_2+\cdots+p_{nn}\boldsymbol{\alpha}_n\end{cases}\tag{3.1.1}$$

记为矩阵形式为

$$(\boldsymbol{\beta_1},\boldsymbol{\beta_2},\ldots,\boldsymbol{\beta_n})=(\boldsymbol{\alpha}_1,\boldsymbol{\alpha}_2,\ldots,\boldsymbol{\alpha}_n)\boldsymbol{P},\tag{3.1.2}$$

其中

$$\boldsymbol{P}=\begin{bmatrix}p_{11}&p_{12}&\cdots&p_{1n}\\p_{21}&p_{22}&\cdots&p_{2n}\\\vdots&\vdots&\ddots&\vdots\\p_{n1}&p_{n2}&\cdots&p_{nn}\end{bmatrix},$$

称作由基$\boldsymbol{\alpha}_1,\boldsymbol{\alpha}_2,\ldots,\boldsymbol{\alpha}_n$（旧基）到基$\boldsymbol{\beta_1},\boldsymbol{\beta_2},\ldots,\boldsymbol{\beta_n}$（新基）的**过渡矩阵**, (3.1.1)和(3.1.2)称为**基变换公式**.

由于$\boldsymbol{\beta_1},\boldsymbol{\beta_2},\ldots,\boldsymbol{\beta_n}$线性无关, 可证明矩阵$\boldsymbol{P}$可逆.

坐标变换 设$\boldsymbol{P}$为由向量空间$\mathbf{R}^n$的基$\boldsymbol{\alpha}_1,\boldsymbol{\alpha}_2,\ldots,\boldsymbol{\alpha}_n$到另一组基$\boldsymbol{\beta_1},\boldsymbol{\beta_2},\ldots,\boldsymbol{\beta_n}$ 的过渡矩阵, 令向量$\boldsymbol{\alpha}\in\mathbf{R}^n$在基$\boldsymbol{\alpha}_1,\boldsymbol{\alpha}_2,\ldots,\boldsymbol{\alpha}_n$下的坐标为$(x_1,x_2,\ldots,x_n)^{\mathrm{T}}$, 在基$\boldsymbol{\beta_1},\boldsymbol{\beta_2},\ldots,\boldsymbol{\beta_n}$下的坐标为$(x_1',x_2',\ldots,x_n')^{\mathrm{T}}$, 则有

$$\begin{bmatrix}x_1\\x_2\\\vdots\\x_n\end{bmatrix}=\boldsymbol{P}\begin{bmatrix}x_1'\\x_2'\\\vdots\\x_n'\end{bmatrix},\quad 或\quad\begin{bmatrix}x_1'\\x_2'\\\vdots\\x_n'\end{bmatrix}=\boldsymbol{P}^{-1}\begin{bmatrix}x_1\\x_2\\\vdots\\x_n\end{bmatrix}.$$

3.1.4 向量的内积、标准正交基和正交矩阵

一、向量的内积

向量的内积 设$\boldsymbol{\alpha}=(a_1,a_2,\ldots,a_n)^{\mathrm{T}}$, $\boldsymbol{\beta}=(b_1,b_2,\ldots,b_n)^{\mathrm{T}}$ 是$\mathbf{R}^n$中的两个向量, 令

$$(\boldsymbol{\alpha},\boldsymbol{\beta})=a_1b_1+a_2b_2+\cdots+a_nb_n,$$

称实数$(\boldsymbol{\alpha},\boldsymbol{\beta})$为向量$\boldsymbol{\alpha}$与$\boldsymbol{\beta}$的内积.

内积是两个向量之间的一种运算, 其结果是一个实数. 利用矩阵的运算, 内积也可以表示为$(\boldsymbol{\alpha},\boldsymbol{\beta})=\boldsymbol{\alpha}^{\mathrm{T}}\boldsymbol{\beta}$.

设$\boldsymbol{\alpha},\boldsymbol{\beta},\boldsymbol{\gamma}$为$n$维向量, k为实数, 则向量的内积有如下性质:

(1) 对称性 $(\boldsymbol{\alpha},\boldsymbol{\beta})=(\boldsymbol{\beta},\boldsymbol{\alpha})$;

(2) 齐次性 $(k\boldsymbol{\alpha},\boldsymbol{\beta})=k(\boldsymbol{\alpha},\boldsymbol{\beta})$;

(3) 可加性 $(\boldsymbol{\alpha}+\boldsymbol{\beta},\boldsymbol{\gamma})=(\boldsymbol{\alpha},\boldsymbol{\gamma})+(\boldsymbol{\beta},\boldsymbol{\gamma})$;

(4) 非负性 $(\boldsymbol{\alpha},\boldsymbol{\alpha})\geqslant 0$, 且$(\boldsymbol{\alpha},\boldsymbol{\alpha})=0$当且仅当$\boldsymbol{\alpha}=\mathbf{0}$.

利用这些性质可以证明向量的内积满足如下的施瓦茨不等式

$$(\boldsymbol{\alpha},\boldsymbol{\beta})^2\leqslant(\boldsymbol{\alpha},\boldsymbol{\alpha})(\boldsymbol{\beta},\boldsymbol{\beta}).$$

向量的长度 设n维向量$\boldsymbol{\alpha}=(a_1,a_2,\ldots,a_n)^{\mathrm{T}}$, 称

$$\|\boldsymbol{\alpha}\|=\sqrt{a_1^2+a_2^2+\cdots+a_n^2},$$

为向量$\boldsymbol{\alpha}$的长度（或范数）.

若$\|\boldsymbol{\alpha}\|=1$, 则称$\boldsymbol{\alpha}$为单位向量. 特别地, 零向量的长度为0.

设$\boldsymbol{\alpha},\boldsymbol{\beta}$为$n$维向量, k为实数, 则向量的长度有如下性质:

(1) 非负性 $\|\boldsymbol{\alpha}\|\geqslant 0$, 并且$\|\boldsymbol{\alpha}\|=0$当且仅当$\boldsymbol{\alpha}=\mathbf{0}$;

(2) 齐次性 $\|k\boldsymbol{\alpha}\|=|k|\,\|\boldsymbol{\alpha}\|$;

(3) 三角不等式 $\|\boldsymbol{\alpha}+\boldsymbol{\beta}\|\leqslant\|\boldsymbol{\alpha}\|+\|\boldsymbol{\beta}\|$.

正交向量 设$\boldsymbol{\alpha},\boldsymbol{\beta}$为$n$维向量, 若$\|\boldsymbol{\alpha}\|\neq 0$, $\|\boldsymbol{\beta}\|\neq 0$, 称

$$\theta=\arccos\frac{(\boldsymbol{\alpha},\boldsymbol{\beta})}{\|\boldsymbol{\alpha}\|\|\boldsymbol{\beta}\|}$$

为$\boldsymbol{\alpha}$与$\boldsymbol{\beta}$的夹角. 若$\cos\theta=0$ (包括$\boldsymbol{\alpha}=\mathbf{0}$ 或$\boldsymbol{\beta}=\mathbf{0}$), 则$\theta=\dfrac{\pi}{2}$, 这时称$\boldsymbol{\alpha}$与$\boldsymbol{\beta}$**正交**. 显然，零向量与任意向量正交.

正交向量组 如果非零向量组$\boldsymbol{\alpha}_1,\boldsymbol{\alpha}_2,\ldots,\boldsymbol{\alpha}_r$两两正交, 即

$$(\boldsymbol{\alpha}_i,\boldsymbol{\alpha}_j)=0,\quad(i\neq j),$$

则称该向量组为**正交向量组**.

关于正交向量组, 有下列结论成立:

$\mathbf{R}^n$ 中的正交向量组$\boldsymbol{\alpha}_1,\boldsymbol{\alpha}_2,\dots,\boldsymbol{\alpha}_r$是线性无关的.

二、标准正交基

标准正交向量组 设$\boldsymbol{\alpha}_1,\boldsymbol{\alpha}_2,\dots,\boldsymbol{\alpha}_r$为$\mathbf{R}^n$ 中一正交向量组, 且每个向量都是单位向量, 则称此向量组为标准正交向量组.

标准正交基 若$\boldsymbol{\alpha}_1,\boldsymbol{\alpha}_2,\dots,\boldsymbol{\alpha}_n$为$\mathbf{R}^n$ 的一组基, 且为标准正交向量组, 则称$\boldsymbol{\alpha}_1$, $\boldsymbol{\alpha}_2$, …, $\boldsymbol{\alpha}_n$为$\mathbf{R}^n$的标准正交基(也称为正交规范基).

由定义可见, 若$\boldsymbol{\alpha}_1,\boldsymbol{\alpha}_2,\dots,\boldsymbol{\alpha}_n$为$\mathbf{R}^n$的标准正交基, 则有

$$(\boldsymbol{\alpha_i},\boldsymbol{\alpha_j})=\begin{cases}1, & i=j,\\ 0, & i\neq j,\end{cases}\quad (1\leqslant i,j\leqslant n).$$

三、施密特正交化方法

设$\boldsymbol{\alpha}_1,\boldsymbol{\alpha}_2,\dots,\boldsymbol{\alpha}_r$为$\mathbf{R}^n$的一个线性无关向量组, 如下由它构造一个标准正交向量组$\boldsymbol{\eta}_1$, $\boldsymbol{\eta}_2$, …, $\boldsymbol{\eta}_r$:

第一步, 正交化: 令

$$\begin{aligned}
\boldsymbol{\beta}_1&=\boldsymbol{\alpha}_1,\\
\boldsymbol{\beta}_2&=\boldsymbol{\alpha}_2-\frac{(\boldsymbol{\alpha}_2,\boldsymbol{\beta}_1)}{(\boldsymbol{\beta}_1,\boldsymbol{\beta}_1)}\boldsymbol{\beta}_1,\\
&\ \ \vdots\\
\boldsymbol{\beta}_r&=\boldsymbol{\alpha}_r-\frac{(\boldsymbol{\alpha}_r,\boldsymbol{\beta}_1)}{(\boldsymbol{\beta}_1,\boldsymbol{\beta}_1)}\boldsymbol{\beta}_1-\frac{(\boldsymbol{\alpha}_r,\boldsymbol{\beta}_2)}{(\boldsymbol{\beta}_2,\boldsymbol{\beta}_2)}\boldsymbol{\beta}_2-\cdots-\frac{(\boldsymbol{\alpha}_r,\boldsymbol{\beta}_{r-1})}{(\boldsymbol{\beta}_{r-1},\boldsymbol{\beta}_{r-1})}\boldsymbol{\beta}_{r-1},
\end{aligned}$$

可得$\boldsymbol{\beta_1},\boldsymbol{\beta_2},\dots,\boldsymbol{\beta}_r$是一组正交向量组.

第二步, 单位化: 令

$$\boldsymbol{\eta}_1=\frac{\boldsymbol{\beta}_1}{\|\boldsymbol{\beta}_1\|},\boldsymbol{\eta}_2=\frac{\boldsymbol{\beta}_2}{\|\boldsymbol{\beta}_2\|},\dots,\boldsymbol{\eta}_r=\frac{\boldsymbol{\beta}_r}{\|\boldsymbol{\beta}_r\|},$$

则$\boldsymbol{\eta}_1,\boldsymbol{\eta}_2,\dots,\boldsymbol{\eta}_r$即为由线性无关向量组$\boldsymbol{\alpha}_1,\boldsymbol{\alpha}_2,\dots,\boldsymbol{\alpha}_r$构造的标准正交向量组. 称此方法为**施密特正交化方法**.

四、正交矩阵及性质

正交矩阵 设$\boldsymbol{A}$为实方阵, 若$\boldsymbol{A}^{\mathrm{T}}\boldsymbol{A}=\boldsymbol{A}\boldsymbol{A}^{\mathrm{T}}=\boldsymbol{E}$, 则称$\boldsymbol{A}$为正交矩阵.

n阶方阵$\boldsymbol{A}$为正交矩阵的**充分必要条件**是$\boldsymbol{A}$的行向量组(或列向量组)构成$\mathbf{R}^n$的一组标准正交基.

正交矩阵有下列性质:

(1) 若$\boldsymbol{A}$为正交矩阵, 则$\boldsymbol{A}^{-1}=\boldsymbol{A}^{\mathrm{T}}$;

(2) 若$\boldsymbol{A}$为正交矩阵, 则$|\boldsymbol{A}|=1$ 或-1;

(3) 若$\boldsymbol{A}$为正交矩阵, 则$\boldsymbol{A}^{\mathrm{T}}$, $\boldsymbol{A}^{-1}$ 都是正交矩阵;

(4) 若$\boldsymbol{A}, \boldsymbol{B}$为$n$阶正交矩阵, 则$\boldsymbol{AB}$也是正交矩阵.

§3.2 基本要求与学习重点

一、基本要求

1. 理解n维向量的概念、向量的线性组合与线性表示.

2. 理解向量组线性相关、线性无关的定义. 了解并会用向量组线性相关、线性无关的有关性质及判别法.

3. 了解向量组的极大无关组和向量组的秩的概念, 会求向量组的极大无关组及秩.

4. 了解向量组等价的概念以及向量组的秩和矩阵秩的关系. 掌握矩阵经运算后秩的变化.

5. 理解向量空间和子空间的概念和性质, 掌握判断向量的集合是否为向量空间的方法.

6. 了解向量空间的维数、基、向量的坐标的概念, 了解不同基之间的过渡矩阵和向量在不同基下坐标的变换.

7. 了解向量的内积、长度、夹角的概念, 并会判断向量的正交性.

8. 理解标准正交基、正交矩阵的概念. 掌握正交矩阵的性质.

二、学习重点

1. 向量组线性相关、线性无关、极大无关组、向量组的秩等有关概念及定理.

2. 向量组线性相关、线性无关的判别方法; 求向量组的极大无关组及向量组的秩; 向量组的秩与矩阵秩的关系.

3. n维向量空间的基; 求不同基之间的过渡矩阵和向量在不同基下的坐标变换.

4. 正交矩阵的定义和性质.

§3.3 典型例题解析

题型一 向量组的线性关系

例3.1 把向量$\boldsymbol{\beta}$表为$\boldsymbol{\alpha}_1, \boldsymbol{\alpha}_2, \boldsymbol{\alpha}_3$的线性组合, 其中

$$\boldsymbol{\beta} = (1,2,1), \quad \boldsymbol{\alpha}_1 = (1,1,1), \quad \boldsymbol{\alpha}_2 = (1,1-1), \quad \boldsymbol{\alpha}_3 = (1,-1,-1).$$

解 假设$\boldsymbol{\beta} = k_1\boldsymbol{\alpha}_1 + k_2\boldsymbol{\alpha}_2 + k_3\boldsymbol{\alpha}_3$, 用分量表示为

$$(1,2,1) = k_1(1,1,1) + k_2(1,1,-1) + k_3(1,-1,-1),$$

或
$$(1,2,1) = (k_1+k_2+k_3, k_1+k_2-k_3, k_1-k_2-k_3).$$

得方程组 $\begin{cases} k_1 + k_2 + k_3 = 1 \\ k_1 + k_2 - k_3 = 2 \\ k_1 - k_2 - k_3 = 1 \end{cases}$

其解为$k_1 = 1, k_2 = \dfrac{1}{2}, k_3 = -\dfrac{1}{2}$, 于是$\boldsymbol{\beta} = \boldsymbol{\alpha}_1 + \dfrac{1}{2}\boldsymbol{\alpha}_2 - \dfrac{1}{2}\boldsymbol{\alpha}_3$.

例3.2 讨论向量组$\boldsymbol{\alpha}_1, \boldsymbol{\alpha}_2, \boldsymbol{\alpha}_3$是否线性相关: $\boldsymbol{\alpha}_1 = (1,1,2), \boldsymbol{\alpha}_2 = (1,2,3), \boldsymbol{\alpha}_3 = (1,3,6)$.

解法1 因为向量组所含向量个数与向量维数相等(均是3), 所以可计算行列式

$$\boldsymbol{D} = \begin{vmatrix} 1 & 1 & 2 \\ 1 & 2 & 3 \\ 1 & 3 & 6 \end{vmatrix} = 2 \neq 0,$$

所以向量组$\boldsymbol{\alpha}_1, \boldsymbol{\alpha}_2, \boldsymbol{\alpha}_3$线性无关.

解法2 假设$k_1\boldsymbol{\alpha}_1 + k_2\boldsymbol{\alpha}_2 + k_3\boldsymbol{\alpha}_3 = 0$, 即

$$k_1(1,1,2) + k_2(1,2,3) + k_3(1,3,6) = (0,0,0),$$

得齐次线性方程组

$$\begin{cases} k_1 + \ \ k_2 + \ \ k_3 = 0 \\ k_1 + 2k_2 + 3k_3 = 0 \\ 2k_1 + 3k_2 + 6k_3 = 0 \end{cases}$$

由于系数行列式

$$\boldsymbol{D} = \begin{vmatrix} 1 & 1 & 2 \\ 1 & 2 & 3 \\ 2 & 3 & 6 \end{vmatrix} = 2 \neq 0,$$

所以方程组只有零解$k_1 = k_2 = k_3 = 0$. 故$\boldsymbol{\alpha}_1, \boldsymbol{\alpha}_2, \boldsymbol{\alpha}_3$线性无关.

说明 解法2可用于讨论m个n维向量$\boldsymbol{\alpha}_1, \boldsymbol{\alpha}_2, \ldots, \boldsymbol{\alpha}_m$是否线性相关, 其中$\boldsymbol{\alpha_i} = (a_{i1}, a_{i2}, \ldots, a_{in})$ $(i = 1, 2, \ldots, m)$. 由线性相关定义知, 问题化为考查是否存在一组不全为零的数$k_1, k_2, \ldots, k_m$, 使得

$$k_1\boldsymbol{\alpha}_1 + k_2\boldsymbol{\alpha}_2 + \cdots + k_m\boldsymbol{\alpha}_m = \mathbf{0},$$

即$k_1(a_{11}, a_{12}, \ldots, a_{1n}) + k_2(a_{21}, a_{22}, \ldots, a_{2n}) + \cdots + k_m(a_{m1}, a_{m2}, \ldots, a_{mn}) = (0, 0, \ldots, 0)$.

以分量的形式表示, 即得齐次线性方程组

$$\begin{cases} a_{11}k_1 + a_{21}k_2 + \cdots + a_{m1}k_m = 0 \\ a_{12}k_1 + a_{22}k_2 + \cdots + a_{m2}k_m = 0 \\ \qquad\qquad\vdots \\ a_{1n}k_1 + a_{2n}k_2 + \cdots + a_{mn}k_m = 0 \end{cases}$$

于是, 向量组$\boldsymbol{\alpha}_1, \boldsymbol{\alpha}_2, \ldots, \boldsymbol{\alpha}_m$是否线性相关, 等价于该齐次线性方程组是否有非零解: 若方程组有非零解, 则向量$\boldsymbol{\alpha}_1, \boldsymbol{\alpha}_2, \ldots, \boldsymbol{\alpha}_m$ 线性相关; 若方程组只有零解, 则向量组$\boldsymbol{\alpha}_1, \boldsymbol{\alpha}_2, \ldots, \boldsymbol{\alpha}_m$线性无关. 因此, 讨论向量组是否线性相关, 就是讨论上述线性方程组是否有非零解.

例3.3　假设n个n维向量$\boldsymbol{\alpha}_1, \boldsymbol{\alpha}_2, \ldots, \boldsymbol{\alpha}_n$, 其中$\boldsymbol{\alpha}_i = (a_{i1}, a_{i2}, \ldots, a_{in}), i = 1, 2, \ldots, n$, 而行列式

$$|\boldsymbol{A}| = \begin{vmatrix} a_{11} & a_{12} & \cdots & a_{1n} \\ a_{21} & a_{22} & \cdots & a_{2n} \\ \vdots & \vdots & \ddots & \vdots \\ a_{n1} & a_{n2} & \cdots & a_{nn} \end{vmatrix} \neq 0,$$

试证明向量组$\boldsymbol{\alpha}_1, \boldsymbol{\alpha}_2, \ldots, \boldsymbol{\alpha}_n$线性无关.

证明　设$k_1\boldsymbol{\alpha}_1 + k_2\boldsymbol{\alpha}_2 + \cdots + k_n\boldsymbol{\alpha}_n = \boldsymbol{0}$, 即

$$k_1(a_{11}, a_{12}, \ldots, a_{1n}) + k_2(a_{21}, a_{22}, \ldots, a_{2n}) + \cdots + k_n(a_{n1}, a_{n2}, \ldots, a_{nn}) = (0, 0, \ldots, 0),$$

得齐次线性方程组

$$\begin{cases} a_{11}k_1 + a_{21}k_2 + \cdots + a_{n1}k_n = 0 \\ a_{12}k_1 + a_{22}k_2 + \cdots + a_{n2}k_n = 0 \\ \qquad\vdots \\ a_{1n}k_1 + a_{2n}k_2 + \cdots + a_{nn}k_n = 0 \end{cases}$$

由假设$|\boldsymbol{A}| \neq \boldsymbol{0}$, 而齐次线性方程组的系数行列式$|\boldsymbol{A}^{\mathrm{T}}| = |\boldsymbol{A}| \neq \boldsymbol{0}$, 所以齐次方程组只有零解, 从而$\boldsymbol{\alpha}_1, \boldsymbol{\alpha}_2, \ldots, \boldsymbol{\alpha}_n$ 线性无关.

例3.4　设向量$\boldsymbol{\alpha}_1, \boldsymbol{\alpha}_2, \boldsymbol{\alpha}_3$线性无关, 试问向量$\boldsymbol{\alpha}_1 + \boldsymbol{\alpha}_2, \boldsymbol{\alpha}_2 + \boldsymbol{\alpha}_3, \boldsymbol{\alpha}_3 + \boldsymbol{\alpha}_1$是否线性无关?

解　假设$k_1(\boldsymbol{\alpha}_1 + \boldsymbol{\alpha}_2) + k_2(\boldsymbol{\alpha}_2 + \boldsymbol{\alpha}_3) + k_3(\boldsymbol{\alpha}_3 + \boldsymbol{\alpha}_1) = \boldsymbol{0}$, 即$(k_1 + k_3)\boldsymbol{\alpha}_1 + (k_1 + k_2)\boldsymbol{\alpha}_2 + (k_2 + k_3)\boldsymbol{\alpha}_3 = \boldsymbol{0}$. 已知$\boldsymbol{\alpha}_1, \boldsymbol{\alpha}_2, \boldsymbol{\alpha}_3$线性无关, 于是得线性方程组

$$\begin{cases} k_1 + k_3 = 0 \\ k_1 + k_2 = 0 \\ k_2 + k_3 = 0 \end{cases}$$

其系数行列式

$$\begin{vmatrix} 1 & 0 & 1 \\ 1 & 1 & 0 \\ 0 & 1 & 1 \end{vmatrix} \neq 0,$$

故方程组只有零解, 即$k_1 = k_2 = k_3 = 0$. 所以向量$\boldsymbol{\alpha}_1 + \boldsymbol{\alpha}_2, \boldsymbol{\alpha}_2 + \boldsymbol{\alpha}_3, \boldsymbol{\alpha}_3 + \boldsymbol{\alpha}_1$线性无关.

例3.5 证明: (1) 如果向量组的部分组线性相关, 则向量组线性相关; (2) 如果向量组线性无关, 则它的任意一个部分组线性无关.

证明 (1) 假设向量组$\boldsymbol{\alpha}_1,\boldsymbol{\alpha}_2,\ldots,\boldsymbol{\alpha}_m$中有$t$个向量($t\leqslant m$) 线性相关, 不妨设$\boldsymbol{\alpha}_1$, $\boldsymbol{\alpha}_2$, $\ldots$, $\boldsymbol{\alpha}_t$线性相关, 由线性相关定义知, 有一组不全为零的数$k_1,k_2,\ldots,k_t$, 使得

$$k_1\boldsymbol{\alpha}_1+k_2\boldsymbol{\alpha}_2+\cdots+k_t\boldsymbol{\alpha_t}=\mathbf{0}$$

取$k_{t+1}=k_{t+2}=\cdots=k_m=0$, 由此得

$$k_1\boldsymbol{\alpha}_1+k_2\boldsymbol{\alpha}_2+\cdots+k_t\boldsymbol{\alpha_t}+k_{t+1}\boldsymbol{\alpha_{t+1}}+\cdots+k_m\boldsymbol{\alpha}_m=\mathbf{0}$$

而$k_1,k_2,\ldots,k_m$不全为零, 所以向量$\boldsymbol{\alpha}_1,\boldsymbol{\alpha}_2,\ldots,\boldsymbol{\alpha}_m$线性相关.

(2) 需要证明, 若向量$\boldsymbol{\alpha}_1,\boldsymbol{\alpha}_2,\ldots,\boldsymbol{\alpha}_m$线性无关, 不妨设它的一个部分组为$\boldsymbol{\alpha}_1,\boldsymbol{\alpha}_2,\ldots,\boldsymbol{\alpha}_r$, 则$\boldsymbol{\alpha}_1,\boldsymbol{\alpha}_2,\ldots,\boldsymbol{\alpha}_r$线性无关. 若$\boldsymbol{\alpha}_1,\boldsymbol{\alpha}_2,\ldots,\boldsymbol{\alpha}_r$ 线性相关, 由本题(1)知向量组$\boldsymbol{\alpha}_1,\boldsymbol{\alpha}_2,\ldots,\boldsymbol{\alpha}_m$线性相关, 而这互相矛盾, 故$\boldsymbol{\alpha}_1,\boldsymbol{\alpha}_2,\ldots,\boldsymbol{\alpha}_r$ 线性无关.

例3.6 证明如果向量$\boldsymbol{\alpha}_1,\boldsymbol{\alpha}_2,\ldots,\boldsymbol{\alpha}_s$线性无关, 而$\boldsymbol{\beta},\boldsymbol{\alpha}_1,\boldsymbol{\alpha}_2,\ldots,\boldsymbol{\alpha}_s$ 线性相关, 则$\boldsymbol{\beta}$可以由$\boldsymbol{\alpha}_1,\boldsymbol{\alpha}_2,\ldots,\boldsymbol{\alpha}_s$线性表示, 而且表示式唯一.

证明 因为$\boldsymbol{\beta},\boldsymbol{\alpha}_1,\boldsymbol{\alpha}_2,\ldots,\boldsymbol{\alpha}_s$线性相关, 故由线性相关定义知, 存在不全为零的数$k,k_1,k_2,\ldots,k_s$, 使得

$$k\boldsymbol{\beta}+k_1\boldsymbol{\alpha}_1+\cdots+k_s\boldsymbol{\alpha}_s=\mathbf{0},$$

而k不能等于零. 否则, 如果$k=0$, 则上式成为$k_1\boldsymbol{\alpha}_1+\cdots+k_s\boldsymbol{\alpha}_s=\mathbf{0}$. 而$k_1,k_2,\ldots,k_s$ 不全为零, 这与$\boldsymbol{\alpha}_1,\boldsymbol{\alpha}_2,\ldots,\boldsymbol{\alpha}_s$线性无关的假设矛盾. 从而$k\neq 0$, 于是

$$\boldsymbol{\beta}=-\frac{k_1}{k}\boldsymbol{\alpha}_1-\frac{k_2}{k}\boldsymbol{\alpha}_2-\cdots-\frac{k_s}{k}\boldsymbol{\alpha}_s.$$

现在证唯一性. 假设$\boldsymbol{\beta}$有两种表示方法:

$$\boldsymbol{\beta}=k_1\boldsymbol{\alpha}_1+k_2\boldsymbol{\alpha}_2+\cdots+k_s\boldsymbol{\alpha}_s,\qquad \boldsymbol{\beta}=l_1\boldsymbol{\alpha}_1+l_2\boldsymbol{\alpha}_2+\cdots+l_s\boldsymbol{\alpha}_s.$$

两式相减得 $$(k_1-l_1)\boldsymbol{\alpha}_1+(k_2-l_2)\boldsymbol{\alpha}_2+\cdots+(k_s-l_s)\boldsymbol{\alpha}_s=\mathbf{0}.$$

由于$\boldsymbol{\alpha}_1,\boldsymbol{\alpha}_2,\ldots,\boldsymbol{\alpha}_s$线性无关, 故$k_1-l_1=0,k_2-l_2=0,\ldots,k_s-l_s=0$, 即$k_1=l_1$, k_2-l_2, $\ldots$, $k_s=l_s$. 所以表示式唯一.

例3.7 试证明向量组$\boldsymbol{\alpha}_1,\boldsymbol{\alpha}_2,\ldots,\boldsymbol{\alpha}_m$ ($m\geqslant 2$) 线性相关的充分必要条件是, 其中至少有一个向量可以由其他向量线性表示.

证明 必要性: 若$\boldsymbol{\alpha}_1,\boldsymbol{\alpha}_2,\ldots,\boldsymbol{\alpha}_m$线性相关, 则存在不全为零的数$k_1,k_2,\ldots,k_m$, 使得

$$k_1\boldsymbol{\alpha}_1+k_2\boldsymbol{\alpha}_2+\cdots+k_m\boldsymbol{\alpha}_m=\mathbf{0},$$

不妨设$k_1\neq 0$, 于是有

$$\boldsymbol{\alpha}_1=-\frac{k_2}{k_1}\boldsymbol{\alpha}_1-\frac{k_3}{k_1}\boldsymbol{\alpha}_2-\cdots-\frac{k_m}{k}\boldsymbol{\alpha}_m.$$

充分性: 若$\boldsymbol{\alpha}_1, \boldsymbol{\alpha}_2, \ldots, \boldsymbol{\alpha}_m$中有一个向量(不妨设$\boldsymbol{\alpha}_1$)可由其他向量线性表示, 即存在数$l_2$, l_3, …, l_m, 使得

$$\boldsymbol{\alpha}_1 = l_2\boldsymbol{\alpha}_2 + l_3\boldsymbol{\alpha}_3 + \cdots + l_m\boldsymbol{\alpha}_m,$$

移项得

$$(-1)\boldsymbol{\alpha}_1 + l_2\boldsymbol{\alpha}_2 + \cdots + l_m\boldsymbol{\alpha}_m = \mathbf{0}.$$

故$\boldsymbol{\alpha}_1, \boldsymbol{\alpha}_2, \ldots, \boldsymbol{\alpha}_m$线性相关.

例3.8 试证n维单位向量$\varepsilon_1 = (1, 0, \ldots, 0), \varepsilon_2 = (0, 1, \ldots, 0), \ldots, \varepsilon_n = (0, 0, \ldots, 1)$线性无关, 而且任意$n$维向量都能由$\boldsymbol{\varepsilon_1, \varepsilon_2, \ldots, \varepsilon_n}$线性表示.

证明 假设$k_1\varepsilon_1 + k_2\varepsilon_2 + \cdots + k_n\varepsilon_n = 0$, 用分量表示为

$$k_1(1, 0, \ldots, 0) + k_2(0, 1, \ldots, 0) + \cdots + k_n(0, 0, \ldots, 1) = (0, 0, \ldots, 0),$$

即

$$(k_1, k_2, \ldots, k_n) = (0, 0, \ldots, 0).$$

于是$k_1 = k_2 = \cdots = k_n = 0$, 所以$\varepsilon_1, \varepsilon_2, \ldots, \varepsilon_n$线性无关.

现在任取一个n维向量$\boldsymbol{\alpha} = (a_1, a_2, \ldots, a_n)$, 显然

$$\begin{aligned}\boldsymbol{\alpha} &= a_1(1, 0, \ldots, 0) + a_2(0, 1, \ldots, 0) + \cdots + a_n(0, 0, \ldots, 1) \\ &= a_1\varepsilon_1 + a_2\varepsilon_2 + \cdots + a_n\varepsilon_n.\end{aligned}$$

可见, 任意n维向量都可以由向量$\varepsilon_1, \varepsilon_2, \ldots, \varepsilon_n$线性表示.

例3.9 试证任一个向量组与其极大无关组等价.

证明 设向量组为$\boldsymbol{\alpha}_1, \boldsymbol{\alpha}_2, \ldots, \boldsymbol{\alpha}_m$, 而$\boldsymbol{\alpha}_1, \boldsymbol{\alpha}_2, \ldots, \boldsymbol{\alpha}_r$ 是它的一个极大无关组. 要证向量组与它的极大无关组等价, 即证它们可以互相线性表示:

对于极大无关组的任意一个向量$\boldsymbol{\alpha}_i$ $(i = 1, 2, \ldots, r)$, 有

$$\boldsymbol{\alpha}_i = 0 \cdot \boldsymbol{\alpha}_1 + \cdots + 1 \cdot \boldsymbol{\alpha}_i + \cdots + 0 \cdot \boldsymbol{\alpha}_m,$$

所以极大无关组可以由原向量组线性表示.

现在证向量组$\boldsymbol{\alpha}_1, \boldsymbol{\alpha}_2, \ldots, \boldsymbol{\alpha}_m$ 可以被它的极大无关组$\boldsymbol{\alpha}_1, \boldsymbol{\alpha}_2, \ldots, \boldsymbol{\alpha}_r$线性表示. 显然, $\boldsymbol{\alpha}_1, \boldsymbol{\alpha}_2, \ldots, \boldsymbol{\alpha}_r$中的每一个向量可以被$\boldsymbol{\alpha}_1, \boldsymbol{\alpha}_2, \ldots, \boldsymbol{\alpha}_r$线性表示出. 设$\boldsymbol{\alpha}_j$是$\boldsymbol{\alpha}_{r+1}$, $\boldsymbol{\alpha}_{r+2}$, …, $\boldsymbol{\alpha}_m$中的一个向量. 由极大无关组的定义知$\boldsymbol{\alpha}_1$, $\boldsymbol{\alpha}_2$, …, $\boldsymbol{\alpha}_r$线性无关, 而$\boldsymbol{\alpha}_j$, $\boldsymbol{\alpha}_1$, …, $\boldsymbol{\alpha}_r$线性相关. 由例3.6, 故$\boldsymbol{\alpha}_j$ 可被$\boldsymbol{\alpha}_1, \boldsymbol{\alpha}_2, \ldots, \boldsymbol{\alpha}_r$线性表示. 所以向量组$\boldsymbol{\alpha}_1, \boldsymbol{\alpha}_2, \ldots, \boldsymbol{\alpha}_m$可被它的极大无关组线性表示. 于是它们互相等价.

例3.10 设$\boldsymbol{\alpha}_1, \boldsymbol{\alpha}_2, \ldots, \boldsymbol{\alpha}_n$是一组$n$维向量, 已知单位向量$\varepsilon_1, \varepsilon_2, \ldots, \varepsilon_n$可被它线性表示, 试证$\boldsymbol{\alpha}_1, \boldsymbol{\alpha}_2, \ldots, \boldsymbol{\alpha}_n$线性无关.

证明 已知单位向量$\varepsilon_1, \varepsilon_2, \ldots, \varepsilon_n$可被$\boldsymbol{\alpha}_1, \boldsymbol{\alpha}_2, \ldots, \boldsymbol{\alpha}_n$线性表示, 而任何$n$维向量都可被$\varepsilon_1$, ε_2, …, ε_n线性表示, 故向量组$\boldsymbol{\alpha}_1, \boldsymbol{\alpha}_2, \ldots, \boldsymbol{\alpha}_n$可被$\varepsilon_1, \varepsilon_2, \ldots, \varepsilon_n$ 线性表示, 于是两个向量等价. 而向量组$\boldsymbol{\varepsilon_1, \varepsilon_2, \ldots,} \varepsilon_n$的秩为$n$, 从而向量组$\boldsymbol{\alpha}_1$, $\boldsymbol{\alpha}_2$, …, $\boldsymbol{\alpha}_n$ 的秩等于n, 所以$\boldsymbol{\alpha}_1$, $\boldsymbol{\alpha}_2$, …, $\boldsymbol{\alpha}_n$线性无关.

例3.11 若向量组$\boldsymbol{\alpha}_1, \boldsymbol{\alpha}_2, \ldots, \boldsymbol{\alpha}_s$与向量组$\boldsymbol{\alpha}_1, \boldsymbol{\alpha}_2, \ldots, \boldsymbol{\alpha}_s, \boldsymbol{\beta}$有相同的秩, 则$\boldsymbol{\beta}$可以由$\boldsymbol{\alpha}_1$, $\boldsymbol{\alpha}_2$, ..., $\boldsymbol{\alpha}_s$线性表示.

证明 不妨设$\boldsymbol{\alpha}_1, \boldsymbol{\alpha}_2, \ldots, \boldsymbol{\alpha}_r$ $(r \leqslant s)$是$\boldsymbol{\alpha}_1$, $\boldsymbol{\alpha}_2$, ..., $\boldsymbol{\alpha}_s$的一个极大无关组, 所以$\boldsymbol{\alpha}_1$, $\boldsymbol{\alpha}_2$, ..., $\boldsymbol{\alpha}_r$ 与$\boldsymbol{\alpha}_1, \boldsymbol{\alpha}_2, \ldots, \boldsymbol{\alpha}_s$等价. 已知向量组$\boldsymbol{\alpha}_1, \boldsymbol{\alpha}_2, \ldots, \boldsymbol{\alpha}_s, \boldsymbol{\beta}$的秩也为$r$, 于是$\boldsymbol{\alpha}_1$, $\boldsymbol{\alpha}_2$, ..., $\boldsymbol{\alpha}_r$也是$\boldsymbol{\alpha}_1, \boldsymbol{\alpha}_2, \ldots, \boldsymbol{\alpha}_s, \boldsymbol{\beta}$的极大无关组. $\boldsymbol{\beta}$可经$\boldsymbol{\alpha}_1, \boldsymbol{\alpha}_2, \ldots, \boldsymbol{\alpha}_r$线性表示, 因而$\boldsymbol{\beta}$可被$\boldsymbol{\alpha}_1$, $\boldsymbol{\alpha}_2$, $\ldots, \boldsymbol{\alpha}_s$线性表示.

例3.12 (选择题) 设向量组$\boldsymbol{\alpha}_1, \boldsymbol{\alpha}_2, \boldsymbol{\alpha}_3$线性无关, 则下列向量组中线性无关的是 (　　)

(A) $\boldsymbol{\alpha}_1 + \boldsymbol{\alpha}_2, \boldsymbol{\alpha}_2 + \boldsymbol{\alpha}_3, \boldsymbol{\alpha}_3 - \boldsymbol{\alpha}_1$

(B) $\boldsymbol{\alpha}_1 + \boldsymbol{\alpha}_2, \boldsymbol{\alpha}_2 + \boldsymbol{\alpha}_3, \boldsymbol{\alpha}_1 + 2\boldsymbol{\alpha}_2 + \boldsymbol{\alpha}_3$

(C) $\boldsymbol{\alpha}_1 + 2\boldsymbol{\alpha}_2, 2\boldsymbol{\alpha}_2 + 3\boldsymbol{\alpha}_3, 3\boldsymbol{\alpha}_3 + \boldsymbol{\alpha}_1$

(D) $\boldsymbol{\alpha}_1 + \boldsymbol{\alpha}_2 + \boldsymbol{\alpha}_3, 2\boldsymbol{\alpha}_1 - 3\boldsymbol{\alpha}_2 + 22\boldsymbol{\alpha}_3, 3\boldsymbol{\alpha}_1 + 5\boldsymbol{\alpha}_2 - 5\boldsymbol{\alpha}_3$

解析 判断一组向量是否线性相关(或线性无关), 通常采用的方法是, 若能直接观察出某一向量为另外一些向量的线性组合, 则由线性相关的充分必要条件知这组向量线性相关; 若无法观察出, 则应利用线性相关(线性无关) 的定义判断.

对于(A), 由于$\boldsymbol{\alpha}_3 - \boldsymbol{\alpha}_1 = (\boldsymbol{\alpha}_2 + \boldsymbol{\alpha}_3) - (\boldsymbol{\alpha}_1 + \boldsymbol{\alpha}_2)$, 故它们线性相关.

对于(B), 由于$\boldsymbol{\alpha}_1 + 2\boldsymbol{\alpha}_2 + \boldsymbol{\alpha}_3 = (\boldsymbol{\alpha}_1 + \boldsymbol{\alpha}_2) + (\boldsymbol{\alpha}_2 + \boldsymbol{\alpha}_3)$, 故它们线性相关.

对于(C), 若令

$$k_1(\boldsymbol{\alpha}_1 + 2\boldsymbol{\alpha}_2) + k_2(2\boldsymbol{\alpha}_2 + 3\boldsymbol{\alpha}_3) + k_3(3\boldsymbol{\alpha}_3 + \boldsymbol{\alpha}_1) = \mathbf{0},$$

即

$$(k_1 + k_3)\boldsymbol{\alpha}_1 + (2k_2 + 2k_1)\boldsymbol{\alpha}_2 + (3k_2 + 3k_3)\boldsymbol{\alpha}_3 = \mathbf{0}.$$

因为$\boldsymbol{\alpha}_1, \boldsymbol{\alpha}_2, \boldsymbol{\alpha}_3$线性无关, 根据定义, 得

$$\begin{cases} k_1 + k_3 = 0, \\ 2k_1 + 2k_2 = 0, \\ 3k_2 + 3k_3 = 0, \end{cases}$$

因为上述齐次线性方程组的系数行列式

$$|\boldsymbol{A}| = \begin{vmatrix} 1 & 0 & 1 \\ 2 & 2 & 0 \\ 0 & 3 & 3 \end{vmatrix} = 12 \neq 0,$$

所以方程组只有零解, 即$k_1 = k_2 = k_3 = 0$, 故向量$\boldsymbol{\alpha}_1 + 2\boldsymbol{\alpha}_2, 2\boldsymbol{\alpha}_2 + 3\boldsymbol{\alpha}_3, 3\boldsymbol{\alpha}_3 + \boldsymbol{\alpha}_1$线性无关.

对于(D) 采用类似于(C)的方法, 由于行列式

$$|\boldsymbol{A}| = \begin{vmatrix} 1 & 2 & 3 \\ 1 & -3 & 5 \\ 1 & 22 & -5 \end{vmatrix} = 0,$$

知相应的齐次线性方程组有非零解, 所以该向量组线性相关. 综上可见, 应选择(C).

例3.13 设$\boldsymbol{A}$是n阶矩阵, 若存在正整数k, 使线性方程组$\boldsymbol{A}^k\boldsymbol{X}=\boldsymbol{0}$有解向量$\boldsymbol{\alpha}$, 且$\boldsymbol{A}^{k-1}\boldsymbol{\alpha}\neq\boldsymbol{0}$. 证明: 向量组$\boldsymbol{\alpha},\boldsymbol{A}\boldsymbol{\alpha},\ldots,\boldsymbol{A}^{k-1}\boldsymbol{\alpha}$是线性无关的.

证明 令

$$\lambda_1\boldsymbol{\alpha}+\lambda_2\boldsymbol{A}\boldsymbol{\alpha}+\cdots+\lambda_k\boldsymbol{A}^{k-1}\boldsymbol{\alpha}=\boldsymbol{0}, \tag{3.3.1}$$

用$\boldsymbol{A}^{k-1}$左乘等式(3.3.1)两端, 得

$$\lambda_1\boldsymbol{A}^{k-1}\boldsymbol{\alpha}+\lambda_2\boldsymbol{A}^{k}\boldsymbol{\alpha}+\cdots+\lambda_k\boldsymbol{A}^{2k-2}\boldsymbol{\alpha}=\boldsymbol{0}. \tag{3.3.2}$$

因为$\boldsymbol{A}^k\boldsymbol{\alpha}=\boldsymbol{0}$, 所以$\boldsymbol{A}^l\boldsymbol{\alpha}=\boldsymbol{0}$ $(l\geqslant k)$. 于是由(3.3.2)得$\lambda_1\boldsymbol{A}^{k-1}\boldsymbol{\alpha}=\boldsymbol{0}$, 由假设$\boldsymbol{A}^{k-1}\boldsymbol{\alpha}\neq\boldsymbol{0}$, 故$\lambda_1$=0, 而(3.3.1)式即为

$$\lambda_2\boldsymbol{A}\boldsymbol{\alpha}+\lambda_3\boldsymbol{A}^2\boldsymbol{\alpha}+\cdots+\lambda_k\boldsymbol{A}^{k-1}\boldsymbol{\alpha}=\boldsymbol{0}.$$

再用$\boldsymbol{A}^{k-2}$左乘上述等式可得到$\lambda_2=0$, 如此继续下去依次得到$\lambda_3=0,\ldots,\lambda_k=0$. 由向量组线性无关定义知向量$\boldsymbol{\alpha},\boldsymbol{A}\boldsymbol{\alpha},\ldots,\boldsymbol{A}^{k-1}\boldsymbol{\alpha}$线性无关.

例3.14 设$\boldsymbol{\alpha}_1,\boldsymbol{\alpha}_2,\ldots,\boldsymbol{\alpha}_n$是$n$个$n$维的线性无关向量, $\boldsymbol{\alpha}_{n+1}=k_1\boldsymbol{\alpha}_1+k_2\boldsymbol{\alpha}_2+\cdots+k_n\boldsymbol{\alpha}_n$, 其中$k_1,k_2,\ldots,k_n$ 全不为零. 证明: $\boldsymbol{\alpha}_1,\boldsymbol{\alpha}_2,\ldots,\boldsymbol{\alpha}_n,\boldsymbol{\alpha}_{n+1}$中任意$n$个向量均线性无关.

解法1 取$\boldsymbol{\alpha}_1,\boldsymbol{\alpha}_2,\ldots,\boldsymbol{\alpha}_n,\boldsymbol{\alpha}_{n+1}$中任意$n$个向量, $\boldsymbol{\alpha}_1,\boldsymbol{\alpha}_2,\ldots,\boldsymbol{\alpha}_{i-1},\boldsymbol{\alpha}_{i+1},\ldots,\boldsymbol{\alpha}_n,\boldsymbol{\alpha}_{n+1}$ (缺$\boldsymbol{\alpha}_i$). 由假设

$$\boldsymbol{\alpha}_{n+1}=k_1\boldsymbol{\alpha}_1+k_2\boldsymbol{\alpha}_2+\cdots+k_n\boldsymbol{\alpha}_n, \tag{3.3.3}$$

所以向量组$\boldsymbol{\alpha}_1,\boldsymbol{\alpha}_2,\ldots,\boldsymbol{\alpha}_{i-1},\boldsymbol{\alpha}_{i+1},\ldots,\boldsymbol{\alpha}_n,\boldsymbol{\alpha}_{n+1}$ 可以被向量组$\boldsymbol{\alpha}_1,\boldsymbol{\alpha}_2,\ldots,\boldsymbol{\alpha}_n$线性表示. 又由于$k_1,k_2,\ldots,k_n$全不为零, 由等式(3.3.3)可得

$$\boldsymbol{\alpha}_{\boldsymbol{i}}=-\frac{k_1}{k_i}\boldsymbol{\alpha}_1-\frac{k_2}{k_i}\boldsymbol{\alpha}_2-\cdots-\frac{k_{i-1}}{k_i}\boldsymbol{\alpha}_{i-1}-\frac{k_{i+1}}{k_i}\boldsymbol{\alpha}_{i+1}-\cdots-\frac{k_n}{k_i}\boldsymbol{\alpha}_n+\frac{1}{k_i}\boldsymbol{\alpha}_{n+1}.$$

可见, 向量组$\boldsymbol{\alpha}_1,\boldsymbol{\alpha}_2,\ldots,\boldsymbol{\alpha}_n$ 可以被向量组$\boldsymbol{\alpha}_1,\boldsymbol{\alpha}_2,\ldots,\boldsymbol{\alpha}_{i-1},\boldsymbol{\alpha}_{i+1},\ldots,\boldsymbol{\alpha}_n,\boldsymbol{\alpha}_{n+1}$ 线性表示. 于是这两个向量组等价, 所以它们的秩相等. 而向量组$\boldsymbol{\alpha}_1,\boldsymbol{\alpha}_2,\ldots,\boldsymbol{\alpha}_n$线性无关, 它的秩等于$n$, 那么向量组$\boldsymbol{\alpha}_1,\boldsymbol{\alpha}_2,\ldots,\boldsymbol{\alpha}_{i-1},\boldsymbol{\alpha}_{i+1},\ldots,\boldsymbol{\alpha}_n,\boldsymbol{\alpha}_{n+1}$ 的秩也等于n, 所以向量组$\boldsymbol{\alpha}_1,\boldsymbol{\alpha}_2,\ldots,\boldsymbol{\alpha}_{i-1},\boldsymbol{\alpha}_{i+1},\ldots,\boldsymbol{\alpha}_n,\boldsymbol{\alpha}_{n+1}$线性无关. 因$i=1,2,\ldots,n,n+1$, 故$\boldsymbol{\alpha}_1,\boldsymbol{\alpha}_2,\ldots,\boldsymbol{\alpha}_n,\boldsymbol{\alpha}_{n+1}$ 中任意n个向量均线性无关.

解法2 考查等式

$$\lambda_1\boldsymbol{\alpha}_1+\lambda_2\boldsymbol{\alpha}_2+\cdots+\lambda_{i-1}\boldsymbol{\alpha}_{i-1}+\lambda_{i+1}\boldsymbol{\alpha}_{i+1}+\cdots\lambda_n\boldsymbol{\alpha}_n+\lambda_{n+1}\boldsymbol{\alpha}_{n+1}=\boldsymbol{0}, \tag{3.3.4}$$

由假设(3.3.3), 将其代入(3.3.4)式, 并整理得

$$(\lambda_1+\lambda_{n+1}k_1)\boldsymbol{\alpha}_1+(\lambda_2+\lambda_{n+1}k_2)\boldsymbol{\alpha}_2+\cdots+(\lambda_{i-1}+\lambda_{n+1}k_{i-1})\boldsymbol{\alpha}_{i-1}$$

$$+\lambda_{n+1}k_i\boldsymbol{\alpha_i}+(\lambda_{i+1}+\lambda_{n+1}k_{i+1}))\boldsymbol{\alpha}_{i+1}+\cdots(\lambda_n+\lambda_{n+1}k_n)\boldsymbol{\alpha}_n=\mathbf{0}, \tag{3.3.5}$$

已知$\boldsymbol{\alpha}_1,\boldsymbol{\alpha}_2,\ldots,\boldsymbol{\alpha}_n$线性无关, 则有

$$\begin{cases} \lambda_1+\quad\lambda_{n+1}k_1=0\\ \lambda_2+\quad\lambda_{n+1}k_2=0\\ \qquad\vdots\\ \lambda_{i-1}+\lambda_{n+1}k_{i-1}=0\\ \qquad\quad\lambda_{n+1}k_i=0\\ \lambda_{i+1}+\lambda_{n+1}k_{i+1}=0\\ \qquad\vdots\\ \lambda_n+\quad\lambda_{n+1}k_n=0 \end{cases} \tag{3.3.6}$$

由$\lambda_{n+1}k_i=0$, 因$k_i\neq 0$, 得$\lambda_{n+1}=0$; 代入(3.3.6)中其余各式, 得$\lambda_1=\lambda_2=\cdots=\lambda_{i-1}=\lambda_{i+1}=\cdots=\lambda_n=\lambda_{n+1}=0$, 得证$\boldsymbol{\alpha}_1,\boldsymbol{\alpha}_2,\ldots,\boldsymbol{\alpha}_{i-1},\boldsymbol{\alpha}_{i+1},\ldots,\boldsymbol{\alpha}_n,\boldsymbol{\alpha}_{n+1}$ 线性无关. 因$i=1,2,\ldots,n,n+1$故$\boldsymbol{\alpha}_1,\boldsymbol{\alpha}_2,\ldots,\boldsymbol{\alpha}_n,\boldsymbol{\alpha}_{n+1}$ 中任意n个向量均线性无关.

题型二　向量组的秩和极大无关组

例3.15　找出下列向量组的一个极大无关组, 并将其余向量表成极大无关组的线性组合.

(1) $\boldsymbol{\alpha}_1=(2,0,2),\boldsymbol{\alpha}_2=(3,1,1),\boldsymbol{\alpha}_3=(2,1,0),\boldsymbol{\alpha}_4=(4,2,0)$;

(2) $\boldsymbol{\alpha}_1=(1,0,1,0,3),\boldsymbol{\alpha}_2=(0,2,3,1,0),\boldsymbol{\alpha}_3=(3,2,1,0,0),\boldsymbol{\alpha}_4=(1,4,7,2,3)$.

解法1　由左向右逐个选择: $\boldsymbol{\alpha}_1=(2,0,2)\neq\mathbf{0}$线性无关. 再考虑$\boldsymbol{\alpha}_1$与$\boldsymbol{\alpha}_2$, 由于它们的对应分量不成比例, 所以$\boldsymbol{\alpha}_1,\boldsymbol{\alpha}_2$线性无关. 再考虑$\boldsymbol{\alpha}_1,\boldsymbol{\alpha}_2,\boldsymbol{\alpha}_3$, 由

$$k_1\boldsymbol{\alpha}_1+k_2\boldsymbol{\alpha}_2+k_3\boldsymbol{\alpha}_3=\mathbf{0}$$

解得$k_1=1,k_2=-2,k_3=2$, 即有$\boldsymbol{\alpha}_1-2\boldsymbol{\alpha}_2+2\boldsymbol{\alpha}_3=\mathbf{0}$. 所以$\boldsymbol{\alpha}_1,\boldsymbol{\alpha}_2,\boldsymbol{\alpha}_3$线性相关, 故将$\boldsymbol{\alpha}_3$去掉. 再考虑$\boldsymbol{\alpha_1},\boldsymbol{\alpha_2},\boldsymbol{\alpha_4}$, 由于$\boldsymbol{\alpha}_4=2\boldsymbol{\alpha}_3$, 那么由上式得

$$\boldsymbol{\alpha}_1-2\boldsymbol{\alpha}_2+\boldsymbol{\alpha}_4=\mathbf{0},$$

所以$\boldsymbol{\alpha}_1,\boldsymbol{\alpha}_2,\boldsymbol{\alpha}_4$线性相关. 从而$\boldsymbol{\alpha}_1,\boldsymbol{\alpha}_2,\boldsymbol{\alpha}_3,\boldsymbol{\alpha}_4$的极大无关组为$\boldsymbol{\alpha}_1,\boldsymbol{\alpha}_2$. 由$\boldsymbol{\alpha}_1-2\boldsymbol{\alpha}_2+2\boldsymbol{\alpha}_3=\mathbf{0}$, 得$\boldsymbol{\alpha}_3=-\dfrac{1}{2}\boldsymbol{\alpha}_1+\boldsymbol{\alpha}_2$. 由$\boldsymbol{\alpha}_1-2\boldsymbol{\alpha}_2+\boldsymbol{\alpha}_4=\mathbf{0}$ 得$\boldsymbol{\alpha}_4=-\boldsymbol{\alpha}_1+2\boldsymbol{\alpha}_2$.

解法2　构造矩阵:

$$\boldsymbol{A}=(\boldsymbol{\alpha}_1^{\mathrm{T}}\ \boldsymbol{\alpha}_2^{\mathrm{T}}\ \boldsymbol{\alpha}_3^{\mathrm{T}}\ \boldsymbol{\alpha}_4^{\mathrm{T}})=\begin{bmatrix}2&3&2&4\\0&1&1&2\\2&1&0&0\end{bmatrix}.$$

对$\boldsymbol{A}$施行初等行变换将其化为阶梯形, 并将所施行的初等行变换记录下来, 有

$$\boldsymbol{A}=\begin{bmatrix}2&3&2&4\\0&1&1&2\\2&1&0&0\end{bmatrix}\xrightarrow{-r_1+r_3}\begin{bmatrix}2&3&2&4\\0&1&1&2\\0&-2&-2&-4\end{bmatrix}\xrightarrow{2r_2+r_3}\begin{bmatrix}2&3&2&4\\0&1&1&2\\0&0&0&0\end{bmatrix}$$
$$\xrightarrow{-3r_2+r_1}\begin{bmatrix}2&0&-1&-2\\0&1&1&2\\0&0&0&0\end{bmatrix}\xrightarrow{\frac{r_1}{2}}\begin{bmatrix}1&0&-\frac{1}{2}&-1\\0&1&1&2\\0&0&0&0\end{bmatrix},$$

由最后阶梯形矩阵知向量$\boldsymbol{\alpha}_1$与$\boldsymbol{\alpha}_2$线性无关. 由阶梯形矩阵的第三、第四列分别得$\boldsymbol{\alpha}_3=-\dfrac{1}{2}\boldsymbol{\alpha}_1+\boldsymbol{\alpha}_2$ 和$\boldsymbol{\alpha}_4=-\boldsymbol{\alpha}_1+2\boldsymbol{\alpha}_2$.

所以$\boldsymbol{\alpha}_1,\boldsymbol{\alpha}_2,\boldsymbol{\alpha}_3$线性相关; $\boldsymbol{\alpha}_1,\boldsymbol{\alpha}_2,\boldsymbol{\alpha}_4$线性相关. 故$\boldsymbol{\alpha}_1,\boldsymbol{\alpha}_2$是向量组$\boldsymbol{\alpha}_1,\boldsymbol{\alpha}_2,\boldsymbol{\alpha}_3,\boldsymbol{\alpha}_4$的极大无关组, 而且$\boldsymbol{\alpha}_3,\boldsymbol{\alpha}_4$可以表示为$\boldsymbol{\alpha}_3=-\dfrac{1}{2}\boldsymbol{\alpha}_1+\boldsymbol{\alpha}_2$ 和$\boldsymbol{\alpha}_4=-\boldsymbol{\alpha}_1+2\boldsymbol{\alpha}_2$.

注 解法2称为消元法.

(2) 如下构造矩阵,

$$\boldsymbol{A}=(\boldsymbol{\alpha}_1^{\mathrm{T}}\ \boldsymbol{\alpha}_2^{\mathrm{T}}\ \boldsymbol{\alpha}_3^{\mathrm{T}}\ \boldsymbol{\alpha}_4^{\mathrm{T}})=\begin{bmatrix}1&0&3&1\\0&2&2&4\\1&3&1&7\\0&1&0&2\\3&0&0&3\end{bmatrix}\xrightarrow[-3r_1+r_5]{-r_1+r_3}\begin{bmatrix}1&0&3&1\\0&2&2&4\\0&3&-2&6\\0&1&0&2\\0&0&-9&0\end{bmatrix}$$
$$\xrightarrow[r_5/-9]{r_2\leftrightarrow r_4}\begin{bmatrix}1&0&3&1\\0&1&0&2\\0&2&2&4\\0&3&-2&6\\0&0&1&0\end{bmatrix}\xrightarrow[-3r_2+r_4]{-2r_2+r_3}\begin{bmatrix}1&0&3&1\\0&1&0&2\\0&0&2&0\\0&0&-2&0\\0&0&1&0\end{bmatrix}$$
$$\xrightarrow[\substack{r_3/2\\-r_3+r_5}]{r_3+r_4}\begin{bmatrix}1&0&3&1\\0&1&0&2\\0&0&1&0\\0&0&0&0\\0&0&0&0\end{bmatrix}\xrightarrow{-3r_3+r_1}\begin{bmatrix}1&0&0&1\\0&1&0&2\\0&0&1&0\\0&0&0&0\\0&0&0&0\end{bmatrix},$$

由最后阶梯形矩阵知$\boldsymbol{\alpha}_1$, $\boldsymbol{\alpha}_2$, $\boldsymbol{\alpha}_3$线性无关, 而$\boldsymbol{\alpha}_1$, $\boldsymbol{\alpha}_2$, $\boldsymbol{\alpha}_3$, $\boldsymbol{\alpha}_4$线性相关. 所以向量组$\boldsymbol{\alpha}_1$, $\boldsymbol{\alpha}_2$, $\boldsymbol{\alpha}_3$为$\boldsymbol{\alpha}_1$, $\boldsymbol{\alpha}_2$, $\boldsymbol{\alpha}_3$, $\boldsymbol{\alpha}_4$ 的极大无关组, 且$\boldsymbol{\alpha}_4=\boldsymbol{\alpha}_1+2\boldsymbol{\alpha}_2$.

例3.16 用消元法求下列向量组的秩;

(1) $\boldsymbol{\alpha}_1=(2,1,1,1),\boldsymbol{\alpha}_2=(1,3,1,1),\boldsymbol{\alpha}_3=(1,1,4,1),\boldsymbol{\alpha}_4=(1,1,1,5)$.

(2) $\boldsymbol{\alpha}_1=(1,-1,2,3,4)$, $\boldsymbol{\alpha}_2=(2,1,-1,2,0)$, $\boldsymbol{\alpha}_3=(-1,2,1,1,3)$, $\boldsymbol{\alpha}_4=(1,5,-8,-5,-12)$.

解 (1) 将向量$\boldsymbol{\alpha}_1,\boldsymbol{\alpha}_2,\boldsymbol{\alpha}_3,\boldsymbol{\alpha}_4$看成矩阵$\boldsymbol{A}$的列向量, 然后用初等行变换把$\boldsymbol{A}$化为阶梯

形矩阵:

$$A=\begin{bmatrix}2&1&1&1\\1&3&1&1\\1&1&4&1\\1&1&1&5\end{bmatrix}\xrightarrow{r_1\leftrightarrow r_2}\begin{bmatrix}1&3&1&1\\2&1&1&1\\1&1&4&1\\1&1&1&5\end{bmatrix}$$

$$\xrightarrow[-r_1+r_4]{\substack{-2r_1+r_2\\-r_1+r_3}}\begin{bmatrix}1&3&1&1\\0&-5&-1&-1\\0&-2&3&0\\0&-2&0&4\end{bmatrix}\xrightarrow[r_2\leftrightarrow r_4]{r_4/-2}\begin{bmatrix}1&3&1&1\\0&1&0&-2\\0&-5&-1&-1\\0&-2&3&0\end{bmatrix}$$

$$\xrightarrow[2r_2+r_4]{5r_2+r_3}\begin{bmatrix}1&3&1&1\\0&1&0&-2\\0&0&-1&-11\\0&0&3&-4\end{bmatrix}\xrightarrow{3r_3+r_4}\begin{bmatrix}1&3&1&1\\0&1&0&-2\\0&0&-1&-11\\0&0&0&-37\end{bmatrix},$$

由阶梯形矩阵知$r(\boldsymbol{A})=4$, 而$\boldsymbol{A}$的秩等于它的列秩, 所以向量组$\boldsymbol{\alpha}_1,\boldsymbol{\alpha}_2,\boldsymbol{\alpha}_3,\boldsymbol{\alpha}_4$的秩为4.

(2) 将向量$\boldsymbol{\alpha}_1,\boldsymbol{\alpha}_2,\boldsymbol{\alpha}_3,\boldsymbol{\alpha}_4$看成矩阵$\boldsymbol{A}$的列向量, 然后用初等行变换把$\boldsymbol{A}$化为阶梯形矩阵:

$$A=\begin{bmatrix}1&2&-1&1\\-1&1&2&5\\2&-1&1&-8\\3&2&1&-5\\4&0&3&-12\end{bmatrix}\xrightarrow[\substack{-3r_1+r_3\\-4r_1+r_4}]{\substack{r_1+r_2\\-2r_1+r_3}}\begin{bmatrix}1&2&-1&1\\0&3&1&6\\0&-5&3&-10\\0&-4&4&-8\\0&-8&7&-16\end{bmatrix}$$

$$\xrightarrow[r_2\leftrightarrow r_4]{r_4/-4}\begin{bmatrix}1&2&-1&1\\0&1&-1&2\\0&3&1&6\\0&-5&3&-10\\0&-8&7&-16\end{bmatrix}\xrightarrow[8r_2+r_5]{\substack{-3r_2+r_3\\5r_2+r_4}}\begin{bmatrix}1&2&-1&1\\0&1&-1&2\\0&0&4&0\\0&0&-2&0\\0&0&-1&0\end{bmatrix}$$

$$\xrightarrow[r_3+r_5]{\substack{r_3/4\\2r_3+r_4}}\begin{bmatrix}1&2&-1&1\\0&1&-1&2\\0&0&1&0\\0&0&0&0\\0&0&0&0\end{bmatrix},$$

故$r(\boldsymbol{A})=3$, 所以向量组$\boldsymbol{\alpha}_1,\boldsymbol{\alpha}_2,\boldsymbol{\alpha}_3,\boldsymbol{\alpha}_4$的秩为3.

例3.17 问a取何值时下列向量组线性相关?

$$\boldsymbol{\alpha}_1=(a,1,-1)^{\mathrm{T}},\ \boldsymbol{\alpha}_2=(1,a,-1)^{\mathrm{T}},\ \boldsymbol{\alpha}_3=(1,-1,a)^{\mathrm{T}}.$$

解 以所给向量构造矩阵$\boldsymbol{A}$, 可得

$$\boldsymbol{A}=\begin{bmatrix} a & 1 & 1 \\ 1 & a & -1 \\ -1 & -1 & a \end{bmatrix},$$

因为$|\boldsymbol{A}|=a(a-1)(a+1)$, 故当$a=-1,0,1$ 时, $r(\boldsymbol{A})<3$, 此时向量组线性相关.

例3.18 假设$\boldsymbol{A},\boldsymbol{B}$都是$m\times n$矩阵, 证明: $r(\boldsymbol{A}+\boldsymbol{B})\leqslant r(\boldsymbol{A})+r(\boldsymbol{B})$.

证明 假设$\boldsymbol{A}=(\boldsymbol{\alpha}_1,\boldsymbol{\alpha}_2,\dots,\boldsymbol{\alpha}_n),\boldsymbol{B}=(\boldsymbol{\beta}_1,\boldsymbol{\beta}_2,\dots,\boldsymbol{\beta}_n)$. 其中$\boldsymbol{\alpha_i},\boldsymbol{\beta_j}\ (i,j=1,2,\dots,n)$分别是矩阵$\boldsymbol{A},\boldsymbol{B}$的列向量. 因此, 有

$$\boldsymbol{A}+\boldsymbol{B}=(\boldsymbol{\alpha}_1+\boldsymbol{\beta}_1,\boldsymbol{\alpha}_2+\boldsymbol{\beta}_2,\dots,\boldsymbol{\alpha}_n+\boldsymbol{\beta}_n).$$

假设, $r(\boldsymbol{A})=r$, 向量$\boldsymbol{\alpha}_{i_1},\boldsymbol{\alpha}_{i_2},\dots,\boldsymbol{\alpha}_{i_r}$ 是矩阵$\boldsymbol{A}$的列向量的极大无关组; $r(\boldsymbol{B})=s$, 向量$\boldsymbol{\beta}_{j_1},\boldsymbol{\beta}_{j_2},\dots,\boldsymbol{\beta}_{j_s}$是矩阵$\boldsymbol{B}$的列向量的极大无关组. 那么, 有

$$\boldsymbol{\alpha}_t=k_{t1}\boldsymbol{\alpha}_{i_1}+k_{t2}\boldsymbol{\alpha}_{i_2}+\cdots+k_{tr}\boldsymbol{\alpha}_{i_r},\qquad \boldsymbol{\beta}_t=l_{t1}\boldsymbol{\beta}_{j_1}+l_{t2}\boldsymbol{\beta}_{j_2}+\cdots+l_{ts}\boldsymbol{\beta}_{j_s},$$

其中$t=1,2,\dots,n$. 于是, 矩阵$\boldsymbol{A}+\boldsymbol{B}$的每一个列向量可由向量组$\boldsymbol{\alpha}_{i_1}$, $\boldsymbol{\alpha}_{i_2}$, …, $\boldsymbol{\alpha}_{i_r}$, $\boldsymbol{\beta}_{j_1}$, $\boldsymbol{\beta}_{j_2}$, …, $\boldsymbol{\beta}_{j_s}$ 线性表示, 它的列向量组的极大无关组的必然能由$\boldsymbol{\alpha}_{i_1}$, $\boldsymbol{\alpha}_{i_2}$, …, $\boldsymbol{\alpha}_{i_r}$, $\boldsymbol{\beta}_{j_1},\boldsymbol{\beta}_{j_2},\dots,\boldsymbol{\beta}_{j_s}$ 线性表示. 由本章3.1节重要定理6有

$$r(\boldsymbol{A}+\boldsymbol{B})\leqslant r(\boldsymbol{A})+r(\boldsymbol{B}).$$

例3.19 假设$\boldsymbol{A}$是$m\times n$矩阵, 且$n<m$, 试证: $|\boldsymbol{A}\boldsymbol{A}^{\mathrm{T}}|=0$.

证明 矩阵$\boldsymbol{A}$与$\boldsymbol{A}^{\mathrm{T}}$的秩, 分别满足不等式

$$r(\boldsymbol{A})\leqslant \min\{m,n\}=n,\qquad r(\boldsymbol{A}^{\mathrm{T}})\leqslant \min\{m,n\}=n,$$

而$r(\boldsymbol{A}\boldsymbol{A}^{\mathrm{T}})\leqslant\min\{r(\boldsymbol{A}),r(\boldsymbol{A}^{\mathrm{T}})\}\leqslant n$.

依题意$n<m$, 所以$r(\boldsymbol{A}\boldsymbol{A}^{\mathrm{T}})<m$. 由于矩阵$\boldsymbol{A}\boldsymbol{A}^{\mathrm{T}}$是$m$阶方阵, 故$\boldsymbol{A}\boldsymbol{A}^{\mathrm{T}}$是降秩矩阵. 所以$|\boldsymbol{A}\boldsymbol{A}^{\mathrm{T}}|=0$.

例3.20 (填空题) 已知向量组$\boldsymbol{\alpha}_1=(1,2,-1,1),\boldsymbol{\alpha}_2=(2,0,t,0),\boldsymbol{\alpha}_3=(0,-4,5,-2)$的秩为2, 则$t=$__________

解析 因为$r(\boldsymbol{\alpha}_1,\boldsymbol{\alpha}_2,\boldsymbol{\alpha}_3)=2$, 所以矩阵

$$\boldsymbol{A}=\begin{bmatrix} 1 & 2 & -1 & 1 \\ 2 & 0 & t & 0 \\ 0 & -4 & 5 & -2 \end{bmatrix}$$

的行秩等于2, 故$r(\boldsymbol{A})=2$. 由矩阵秩的定义, 知$\boldsymbol{A}$的任意一个3阶子式的值均为零, 于是有

$$\begin{vmatrix} 1 & 2 & -1 \\ 2 & 0 & t \\ 0 & -4 & 5 \end{vmatrix}=0,$$

从而$t=3$.

例3.21 (选择题) 设$\boldsymbol{A}$是$m\times n$矩阵, $\boldsymbol{B}$是$n\times m$矩阵, 则 ( )

(A) 当$m>n$时, 必有行列式$|\boldsymbol{AB}|\neq 0$

(B) 当$m>n$时, 必有行列式$|\boldsymbol{AB}|=0$

(C) 当$n>m$时, 必有行列式$|\boldsymbol{AB}|\neq 0$

(D) 当$n>m$时, 必有行列式$|\boldsymbol{AB}|=0$

解析 因为$\boldsymbol{A}$是$m\times n$矩阵, $\boldsymbol{B}$是$n\times m$矩阵, 所以$\boldsymbol{AB}$是m阶方阵. 由矩阵秩的定义知, $|\boldsymbol{AB}|\neq 0$的充分必要条件是$r(\boldsymbol{AB})=m$. 而

$$r(\boldsymbol{AB})\leqslant \min\{r(\boldsymbol{A}),r(\boldsymbol{B})\}\leqslant \min\{m,n\},$$

当$m>n$时$r(\boldsymbol{AB})\leqslant n<m$, 所以$|\boldsymbol{AB}|=0$, 故应选择(B).

例3.22 (选择题) 设向量$\boldsymbol{\beta}$可由向量组$\boldsymbol{\alpha}_1,\boldsymbol{\alpha}_2,\dots,\boldsymbol{\alpha}_m$线性表示, 但不能由向量组(Ⅰ): $\boldsymbol{\alpha}_1,\boldsymbol{\alpha}_2,\dots,\boldsymbol{\alpha}_{m-1}$线性表示, 记向量组(Ⅱ): $\boldsymbol{\alpha}_1,\boldsymbol{\alpha}_2,\dots,\boldsymbol{\alpha}_{m-1},\boldsymbol{\beta}$, 则 ( )

(A) $\boldsymbol{\alpha}_m$不能由(Ⅰ)线性表示, 也不能由(Ⅱ)线性表示

(B) $\boldsymbol{\alpha}_m$不能由(Ⅰ)线性表示, 但可由(Ⅱ)线性表示

(C) $\boldsymbol{\alpha}_m$可由(Ⅰ)线性表示, 也可由(Ⅱ)线性表示

(D) $\boldsymbol{\alpha}_m$可由(Ⅰ)线性表示, 但不可由(Ⅱ)线性表示

解析 若$\boldsymbol{\alpha}_m$能由(Ⅰ)线性表示, 则$\boldsymbol{\beta}$可由(Ⅰ)线性表示, 与题设矛盾, 故$\boldsymbol{\alpha}_m$不能由(Ⅰ)线性表示. 由于$\boldsymbol{\beta}$可由向量组$\boldsymbol{\alpha}_1,\boldsymbol{\alpha}_2,\dots,\boldsymbol{\alpha}_m$线性表示, 不能由(Ⅰ)线性表示, 故在用$\boldsymbol{\alpha}_1$, $\boldsymbol{\alpha}_2$, $\dots$, $\boldsymbol{\alpha}_m$ 线性表示$\boldsymbol{\beta}$ 时, $\boldsymbol{\alpha}_m$ 的系数不为0, 故$\boldsymbol{\alpha}_m$ 可由$\boldsymbol{\alpha}_1,\boldsymbol{\alpha}_2$, $\dots$, $\boldsymbol{\alpha}_{m-1}$, $\boldsymbol{\beta}$即(Ⅱ) 线性表示. 所以应该选择(B).

例3.23 (填空题) 设$\boldsymbol{\alpha}=(1,0,-1)^{\mathrm{T}}$, 矩阵$\boldsymbol{A}=\boldsymbol{\alpha}\boldsymbol{\alpha}^{\mathrm{T}}$, n为正整数, 则$|a\boldsymbol{E}-\boldsymbol{A}^n|=$________

解析

$$\boldsymbol{A}=\boldsymbol{\alpha}\boldsymbol{\alpha}^{\mathrm{T}}=\begin{bmatrix}1\\0\\-1\end{bmatrix}(1,0,-1)=\begin{bmatrix}1&0&-1\\0&0&0\\-1&0&1\end{bmatrix},$$

$$\boldsymbol{\alpha}^{\mathrm{T}}\boldsymbol{\alpha}=(1,0,-1)\begin{bmatrix}1\\0\\-1\end{bmatrix}=2,$$

所以

$$\boldsymbol{A}^n=(\boldsymbol{\alpha}\boldsymbol{\alpha}^{\mathrm{T}})(\boldsymbol{\alpha}\boldsymbol{\alpha}^{\mathrm{T}})\cdots(\boldsymbol{\alpha}\boldsymbol{\alpha}^{\mathrm{T}})=\boldsymbol{\alpha}(\boldsymbol{\alpha}^{\mathrm{T}}\boldsymbol{\alpha}\cdot\boldsymbol{\alpha}^{\mathrm{T}}\boldsymbol{\alpha}\cdots\boldsymbol{\alpha}^{\mathrm{T}}\boldsymbol{\alpha})\boldsymbol{\alpha}^{\mathrm{T}}=2^{n-1}\boldsymbol{\alpha}\boldsymbol{\alpha}^{\mathrm{T}}=2^{n-1}\boldsymbol{A}.$$

$$故\quad |a\boldsymbol{E}-\boldsymbol{A}^n|=|a\boldsymbol{E}-2^{n-1}\boldsymbol{A}|=\begin{vmatrix}a-2^{n-1}&0&2^{n-1}\\0&a&0\\2^{n-1}&0&a-2^{n-1}\end{vmatrix}=a^2(a-2^n).$$

所以, 应填$a^2(a-2^n)$.

题型三 向量空间

例3.24 下列哪些向量组构成向量空间?

(1) n 维向量的全体$\mathbf{R}^n$;

(2) 集合$V_1=\{(0,x_2,\dots,x_n)^{\mathrm{T}}\mid x_2,\dots,x_n\in\mathbf{R}\}$;

(3) 集合$V_2=\{(1,x_2,\dots,x_n)^{\mathrm{T}}\mid x_2,\dots,x_n\in\mathbf{R}\}$.

解析 由向量空间要求集合对向量的加法和数乘(线性运算)封闭可见, 集合$\mathbf{R}^n$和V_1是向量空间, 集合V_2不是向量空间.

例3.25 设$\boldsymbol{\alpha},\boldsymbol{\beta}$ 为两个已知的n 维向量, 集合

$$L=\{\lambda\boldsymbol{\alpha}+\mu\boldsymbol{\beta}\mid\lambda,\mu\in\mathbf{R}\}$$

是一个向量空间吗?

解 设$\boldsymbol{v}_1,\boldsymbol{v}_2\in L$, $k\in\mathbf{R}$, 令

$$\boldsymbol{v}_1=\lambda_1\boldsymbol{\alpha}+\mu_1\boldsymbol{\beta},\quad \boldsymbol{v}_2=\lambda_2\boldsymbol{\alpha}+\mu_2\boldsymbol{\beta},$$

其中$\lambda_1,\lambda_2,\mu_1,\mu_2\in\mathbf{R}$. 因为

$$\begin{aligned}\boldsymbol{v}_1+\boldsymbol{v}_2&=(\lambda_1+\lambda_2)\boldsymbol{\alpha}+(\mu_1+\mu_2)\boldsymbol{\beta}\in L,\\ k\boldsymbol{v}_1&=k\lambda_1\boldsymbol{\alpha}+k\mu_1\boldsymbol{\beta}\in L,\end{aligned}$$

所以, L 是一个向量空间.

注 $L=\{\lambda\boldsymbol{\alpha}+\mu\boldsymbol{\beta}\mid\lambda,\mu\in\mathbf{R}\}$称为由向量$\boldsymbol{\alpha},\boldsymbol{\beta}$生成的向量空间.

例3.26 证明与向量$(0,0,1)^{\mathrm{T}}$不平行的全体3维向量不构成线性空间.

证明 设V是与向量$(0,0,1)^{\mathrm{T}}$不平行的全体三维向量的集合, 设$\boldsymbol{\alpha}_1=(1,0,0)^{\mathrm{T}},\boldsymbol{\alpha}_2=(-1,0,1)^{\mathrm{T}}$, 则$\boldsymbol{\alpha}_1,\boldsymbol{\alpha}_2\in V$, 但$\boldsymbol{\alpha}_1+\boldsymbol{\alpha}_2=(0,0,1)^{\mathrm{T}}\notin V$, 即$V$不是向量空间.

例3.27 验证$\boldsymbol{\alpha}_1=(1,-1,0)^{\mathrm{T}},\boldsymbol{\alpha}_2=(2,1,3)^{\mathrm{T}},\boldsymbol{\alpha}_3=(3,1,2)^{\mathrm{T}}$为$\mathbf{R}^3$的一个基, 并求$\boldsymbol{\beta}=(5,0,7)^{\mathrm{T}}$在这一基下的坐标.

解 设$\boldsymbol{A}=(\boldsymbol{\alpha}_1\ \boldsymbol{\alpha}_2\ \boldsymbol{\alpha}_3)$, 由

$$\begin{vmatrix}1&2&3\\-1&1&1\\0&3&2\end{vmatrix}=-6\neq 0,$$

所以, $r(\boldsymbol{A})=3$, 故$\boldsymbol{\alpha}_1,\boldsymbol{\alpha}_2,\boldsymbol{\alpha}_3$线性无关, 所以$\boldsymbol{\alpha}_1,\boldsymbol{\alpha}_2,\boldsymbol{\alpha}_3$为$\mathbf{R}^3$的一个基.

设$\boldsymbol{\beta}=x_1\boldsymbol{\alpha}_1+x_2\boldsymbol{\alpha}_2+x_3\boldsymbol{\alpha}_3$, 则

$$\begin{cases}x_1+2x_2+3x_3=5\\-x_1+x_2+x_3=0\\3x_2+2x_3=7\end{cases}$$

解之得, $x_1=2, x_2=3, x_3=-1$, 故坐标为$(2,3,-1)^{\mathrm{T}}$.

例3.28 求向量$\boldsymbol{\alpha}=(2,3,7)^{\mathrm{T}}$ 在$\mathbf{R}^3$的一组基$\boldsymbol{\beta}_1=(1,0,0)^{\mathrm{T}}, \boldsymbol{\beta}_2=(1,1,0)^{\mathrm{T}}, \boldsymbol{\beta}_3=(1,1,1)^{\mathrm{T}}$下的坐标.

解 已知向量$\boldsymbol{\alpha}=(2,5,7)^{\mathrm{T}}$即为自然基$\boldsymbol{\varepsilon}_1=(1,0,0)^{\mathrm{T}}, \boldsymbol{\varepsilon}_2=(0,1,0)^{\mathrm{T}}, \boldsymbol{\varepsilon}_3=(0,0,1)^{\mathrm{T}}$下的坐标, 而自然基构成的矩阵为单位矩阵. 因为

$$\begin{cases}\boldsymbol{\beta}_1=\boldsymbol{\varepsilon}_1,\\ \boldsymbol{\beta}_2=\boldsymbol{\varepsilon}_1+\boldsymbol{\varepsilon}_2,\\ \boldsymbol{\beta}_3=\boldsymbol{\varepsilon}_1+\boldsymbol{\varepsilon}_2+\boldsymbol{\varepsilon}_3,\end{cases}$$

所以由自然基$(\boldsymbol{\varepsilon}_1,\boldsymbol{\varepsilon}_2,\boldsymbol{\varepsilon}_3)$到$(\boldsymbol{\beta}_1,\boldsymbol{\beta}_2,\boldsymbol{\beta}_3)$的过渡矩阵为

$$\boldsymbol{P}=\begin{bmatrix}1&1&1\\0&1&1\\0&0&1\end{bmatrix}.$$

利用坐标变换公式可得, $\boldsymbol{\alpha}=(2,5,7)^{\mathrm{T}}$在基$(\boldsymbol{\beta}_1,\boldsymbol{\beta}_2,\boldsymbol{\beta}_3)$下的坐标为

$$\begin{bmatrix}x_1\\x_2\\x_3\end{bmatrix}=\boldsymbol{P}^{-1}\begin{bmatrix}2\\3\\7\end{bmatrix}.$$

计算可得$\boldsymbol{P}^{-1}=\begin{bmatrix}1&-1&0\\0&1&-1\\0&0&1\end{bmatrix}$, 所以可得坐标为$\begin{bmatrix}x_1\\x_2\\x_3\end{bmatrix}=\boldsymbol{P}^{-1}\begin{bmatrix}2\\5\\7\end{bmatrix}=\begin{bmatrix}-3\\-2\\7\end{bmatrix}$.

题型四　正交矩阵

例3.29 用施密特正交化方法把下列向量组标准正交化:

$$\boldsymbol{\alpha}_1=(1,1,1)^{\mathrm{T}},\ \boldsymbol{\alpha}_2=(1,2,3)^{\mathrm{T}},\ \boldsymbol{\alpha}_3=(1,4,9)^{\mathrm{T}}.$$

解 第一步, 正交化: 令

$$\boldsymbol{\beta}_1=\boldsymbol{\alpha}_1=(1,1,1)^{\mathrm{T}},$$

$$\boldsymbol{\beta}_2=\boldsymbol{\alpha}_2-\frac{(\boldsymbol{\beta}_1,\boldsymbol{\alpha}_2)}{(\boldsymbol{\beta}_1,\boldsymbol{\beta}_1)}\boldsymbol{\beta}_1=(-1,0,1)^{\mathrm{T}},$$

$$\boldsymbol{\beta}_3=\boldsymbol{\alpha}_3-\frac{(\boldsymbol{\alpha}_3,\boldsymbol{\beta}_1)}{(\boldsymbol{\beta}_1,\boldsymbol{\beta}_1)}\boldsymbol{\beta}_1-\frac{(\boldsymbol{\alpha}_3,\boldsymbol{\beta}_2)}{(\boldsymbol{\beta}_2,\boldsymbol{\beta}_2)}\boldsymbol{\beta}_2=\left(\frac{1}{3},-\frac{2}{3},\frac{1}{3}\right)^{\mathrm{T}}.$$

第二步, 单位化: 令

$$\boldsymbol{\eta}_1=\frac{\boldsymbol{\beta}_1}{\|\boldsymbol{\beta}_1\|}=\left(\frac{1}{\sqrt{3}},\frac{1}{\sqrt{3}},\frac{1}{\sqrt{3}}\right)^{\mathrm{T}},$$

$$\boldsymbol{\eta}_2 = \frac{\boldsymbol{\beta}_2}{\|\boldsymbol{\beta}_2\|} = \left(-\frac{1}{\sqrt{2}}, 0, \frac{1}{\sqrt{2}}\right)^{\mathrm{T}},$$

$$\boldsymbol{\eta}_3 = \frac{\boldsymbol{\beta}_3}{\|\boldsymbol{\beta}_3\|} = \left(\frac{1}{\sqrt{6}}, -\frac{2}{\sqrt{6}}, \frac{1}{\sqrt{6}}\right)^{\mathrm{T}}.$$

于是，$\boldsymbol{\eta}_1, \boldsymbol{\eta}_2, \boldsymbol{\eta}_3$即为所求.

例3.30　判断下列矩阵是不是正交矩阵? 并说明理由:

$$(1)\begin{bmatrix} 1 & -\frac{1}{2} & \frac{1}{3} \\ -\frac{1}{2} & 1 & \frac{1}{2} \\ \frac{1}{3} & \frac{1}{2} & -1 \end{bmatrix};\quad (2)\begin{bmatrix} \frac{1}{9} & -\frac{8}{9} & -\frac{4}{9} \\ -\frac{8}{9} & \frac{1}{9} & -\frac{4}{9} \\ -\frac{4}{9} & -\frac{4}{9} & \frac{7}{9} \end{bmatrix}.$$

解　(1) 第一个行向量非单位向量, 故不是正交矩阵.

(2) 该方阵每一个行向量均是单位向量, 且两两正交, 故为正交矩阵.

例3.31　现有标准正交向量

$$\boldsymbol{\alpha}_1 = \left(\frac{1}{3}, \frac{2}{3}, \frac{2}{3}\right)^{\mathrm{T}},\ \boldsymbol{\alpha}_2 = \left(0, \frac{1}{\sqrt{2}}, -\frac{1}{\sqrt{2}}\right)^{\mathrm{T}},$$

求三维向量$\boldsymbol{\alpha}$ 使得矩阵$(\boldsymbol{\alpha}_1\ \boldsymbol{\alpha}_2\ \boldsymbol{\alpha})$为正交矩阵.

解　设$\boldsymbol{\alpha} = (x, y, z)^{\mathrm{T}}$, 且$\boldsymbol{\alpha}_1, \boldsymbol{\alpha}_2, \boldsymbol{\alpha}$为标准正交向量组, 所以

$$(\boldsymbol{\alpha}_1, \boldsymbol{\alpha}) = 0,\ (\boldsymbol{\alpha}_2, \boldsymbol{\alpha}) = 0,\ \|\boldsymbol{\alpha}\| = 1,$$

即

$$\begin{cases} \dfrac{1}{3}(x + 2y + 2z) = 0, \\ \dfrac{1}{\sqrt{2}}(y - z) = 0, \\ x^2 + y^2 + z^2 = 1, \end{cases}$$

解之得, $x = \mp\dfrac{4}{3\sqrt{2}}, y = z = \pm\dfrac{1}{3\sqrt{2}}$, 所以$\boldsymbol{\alpha} = \pm\left(-\dfrac{4}{3\sqrt{2}}, \dfrac{1}{3\sqrt{2}}, \dfrac{1}{3\sqrt{2}}\right)^{\mathrm{T}}$.

例3.32　设$\boldsymbol{X}$为n维列向量$\boldsymbol{X}^{\mathrm{T}}\boldsymbol{X} = 1$, 令$\boldsymbol{A} = \boldsymbol{E} - 2\boldsymbol{X}\boldsymbol{X}^{\mathrm{T}}$, 证明$\boldsymbol{A}$是对称的正交矩阵.

证明　因为

$$\begin{aligned} \boldsymbol{A}^{\mathrm{T}} &= (\boldsymbol{E} - 2\boldsymbol{X}\boldsymbol{X}^{\mathrm{T}})^{\mathrm{T}} = \boldsymbol{E} - 2(\boldsymbol{X}^{\mathrm{T}})^{\mathrm{T}}\boldsymbol{X}^{\mathrm{T}} \\ &= \boldsymbol{E} - 2\boldsymbol{X}\boldsymbol{X}^{\mathrm{T}} = \boldsymbol{A}, \end{aligned}$$

所以$\boldsymbol{A}$是对称矩阵. 因为

$$\begin{aligned} \boldsymbol{A}^{\mathrm{T}}\boldsymbol{A} = \boldsymbol{A}\boldsymbol{A} &= (\boldsymbol{E} - 2\boldsymbol{X}\boldsymbol{X}^{\mathrm{T}})(\boldsymbol{E} - 2\boldsymbol{X}\boldsymbol{X}^{\mathrm{T}}) \\ &= \boldsymbol{E} - 2\boldsymbol{X}\boldsymbol{X}^{\mathrm{T}} - 2\boldsymbol{X}\boldsymbol{X}^{\mathrm{T}} + (2\boldsymbol{X}\boldsymbol{X}^{\mathrm{T}})(2\boldsymbol{X}\boldsymbol{X}^{\mathrm{T}}) \end{aligned}$$

$$
\begin{aligned}
&= \boldsymbol{E} - 4\boldsymbol{X}\boldsymbol{X}^{\mathrm{T}} + 4\boldsymbol{X}(\boldsymbol{X}^{\mathrm{T}}\boldsymbol{X})\boldsymbol{X}^{\mathrm{T}} \\
&= \boldsymbol{E} - 4\boldsymbol{X}\boldsymbol{X}^{\mathrm{T}} + 4\boldsymbol{X}\boldsymbol{X}^{\mathrm{T}} = \boldsymbol{E},
\end{aligned}
$$

所以$\boldsymbol{A}$是正交矩阵.

例3.33 设$\boldsymbol{A}$与$\boldsymbol{B}$都是n 阶正交矩阵, 证明$\boldsymbol{AB}$也是正交矩阵.

证明 因为$\boldsymbol{A}$与$\boldsymbol{B}$都是n 阶正交阵, 故$\boldsymbol{A}^{-1} = \boldsymbol{A}^{\mathrm{T}}$, $\boldsymbol{B}^{-1} = \boldsymbol{B}^{\mathrm{T}}$, 故有

$$
(\boldsymbol{AB})^{\mathrm{T}}(\boldsymbol{AB}) = \boldsymbol{B}^{\mathrm{T}}\boldsymbol{A}^{\mathrm{T}}\boldsymbol{AB} = \boldsymbol{B}^{-1}\boldsymbol{A}^{-1}\boldsymbol{AB} = \boldsymbol{E},
$$

所以$\boldsymbol{AB}$也是正交矩阵.

自测题3

1. 试将向量$\boldsymbol{\beta}=(4,-1)$表成向量$\boldsymbol{\alpha}_1=(1,2)$, $\boldsymbol{\alpha}_2=(2,3)$的线性组合.

2. 试将向量$\boldsymbol{\beta}=(1,2,1,1)$表成向量$\boldsymbol{\alpha}_1=(1,1,1,1)$, $\boldsymbol{\alpha}_2=(1,1,-1,-1)$, $\boldsymbol{\alpha}_3=(1,-1,1,-1)$, $\boldsymbol{\alpha}_4=(1,-1,-1,1)$ 的线性组合.

3. 判断下列各向量组是否线性相关:

(1) $\boldsymbol{\alpha}_1=(3,2), \boldsymbol{\alpha}_2=(6,4)$;

(2) $\boldsymbol{\alpha}_1=(1,2), \boldsymbol{\alpha}_2=(3,2)$;

(3) $\boldsymbol{\alpha}_1=(1,1,1), \boldsymbol{\alpha}_2=(1,1,0), \boldsymbol{\alpha}_3=(1,0,0)$;

(4) $\boldsymbol{\alpha}_1=(2,3,-1,1), \boldsymbol{\alpha}_2=(4,1,0,2), \boldsymbol{\alpha}_3=(-1,1,5,2), \boldsymbol{\alpha}_4=(0,0,0,0)$;

(5) $\boldsymbol{\alpha}_1=(3,1,1,1), \boldsymbol{\alpha}_2=(1,3,1,1), \boldsymbol{\alpha}_3=(1,1,3,1), \boldsymbol{\alpha}_4=(1,1,1,3)$.

4. 已知向量组$\boldsymbol{\beta}_1$, $\boldsymbol{\beta}_2$, $\boldsymbol{\beta}_3$可以被向量组$\boldsymbol{\alpha}_1$, $\boldsymbol{\alpha}_2$, $\boldsymbol{\alpha}_3$线性表示: $\boldsymbol{\beta}_1=\boldsymbol{\alpha}_1-\boldsymbol{\alpha}_2+\boldsymbol{\alpha}_3$, $\boldsymbol{\beta}_2=\boldsymbol{\alpha}_1+\boldsymbol{\alpha}_2-\boldsymbol{\alpha}_3, \boldsymbol{\beta}_3=-\boldsymbol{\alpha}_1+\boldsymbol{\alpha}_2+\boldsymbol{\alpha}_3$. 试将向量组$\boldsymbol{\alpha}_1,\boldsymbol{\alpha}_2,\boldsymbol{\alpha}_3$以向量组$\boldsymbol{\beta}_1,\boldsymbol{\beta}_2,\boldsymbol{\beta}_3$线性表示.

5. 证明以下结论:

(1) 一个向量线性相关的充分必要条件是它为零向量;

(2) 一个向量线性无关的充分必要条件是它为非零向量;

(3) 含有零向量的向量组线性相关;

(4) 含有两个相同向量的向量组线性相关.

6. 判断下列结论是否正确:

(1) 若向量组$\boldsymbol{\alpha}_1,\boldsymbol{\alpha}_2,\ldots,\boldsymbol{\alpha}_r,\ldots,\boldsymbol{\alpha}_m$线性相关, 则向量组$\boldsymbol{\alpha}_1,\boldsymbol{\alpha}_2,\ldots,\boldsymbol{\alpha}_r$线性相关;

(2) 若向量组$\boldsymbol{\alpha}_1,\boldsymbol{\alpha}_2,\ldots,\boldsymbol{\alpha}_s$线性相关, 则其中每个向量都可表为其他向量的线性组合;

(3) 若向量$\boldsymbol{\beta}$可以被向量组$\boldsymbol{\alpha}_1,\boldsymbol{\alpha}_2,\ldots,\boldsymbol{\alpha}_s$线性表示: $\boldsymbol{\beta}=k_1\boldsymbol{\alpha}_1+k_2\boldsymbol{\alpha}_2+\cdots+k_s\boldsymbol{\alpha}_s$, 则表示式唯一;

(4) 若对向量组$\boldsymbol{\alpha}_1,\boldsymbol{\alpha}_2,\ldots,\boldsymbol{\alpha}_s$存在$s$个全为零的数$k_1,k_2,\ldots,k_s$, 使$k_1\boldsymbol{\alpha}_1+k_2\boldsymbol{\alpha}_2+\cdots+k_s\boldsymbol{\alpha}_s=\mathbf{0}$, 则$\boldsymbol{\alpha}_1,\boldsymbol{\alpha}_2,\ldots,\boldsymbol{\alpha}_s$线性无关.

7. 证明: 若向量组$\boldsymbol{\alpha}_1=(a_{11}, a_{12}, \ldots, a_{1n})$, $\boldsymbol{\alpha}_2=(a_{21}, a_{22}, \ldots, a_{2n})$, …, $\boldsymbol{\alpha}_m=(a_{m1}, a_{m2}, \ldots, a_{mn})$ 线性相关, 则去掉每个向量的后r个分量$(1\leqslant r<n)$ 后, 得到的m个$n-r$维向量: $\boldsymbol{\alpha}'_1=(a_{11},a_{12},\ldots,a_{1n-r})$, $\boldsymbol{\alpha}'_2=(a_{21},a_{22},\ldots,a_{2n-r})$, …, $\boldsymbol{\alpha}'_m=(a_{m1},a_{m2},\ldots,a_{mn-r})$ 也线性相关.

8. 若向量$\boldsymbol{\alpha}_1,\boldsymbol{\alpha}_2,\boldsymbol{\alpha}_3$线性无关, 且$\boldsymbol{\beta}_1=\boldsymbol{\alpha}_1+\boldsymbol{\alpha}_2,\boldsymbol{\beta}_2=-\boldsymbol{\alpha}_1+3\boldsymbol{\alpha}_2,\boldsymbol{\beta}_3=2\boldsymbol{\alpha}_1-\boldsymbol{\alpha}_3$, 证明$\boldsymbol{\beta}_1,\boldsymbol{\beta}_2,\boldsymbol{\beta}_3$线性无关.

9. 证明: 如果向量$\boldsymbol{\beta}$可以由向量$\boldsymbol{\alpha}_1,\boldsymbol{\alpha}_2,\ldots,\boldsymbol{\alpha}_r$线性表示, 但不能由向量$\boldsymbol{\alpha}_1,\boldsymbol{\alpha}_2,\ldots,\boldsymbol{\alpha}_{r-1}$线性表示, 则向量$\boldsymbol{\alpha}_r$可以由向量$\boldsymbol{\beta},\boldsymbol{\alpha}_1,\boldsymbol{\alpha}_2,\ldots,\boldsymbol{\alpha}_{r-1}$线性表示.

10. 设$\boldsymbol{\alpha}_1,\boldsymbol{\alpha}_2,\boldsymbol{\alpha}_3$是一组三维向量, 证明$\boldsymbol{\alpha}_1,\boldsymbol{\alpha}_2,\boldsymbol{\alpha}_3$ 线性无关的充分必要条件是任意一个三

维向量都能被它线性表示.

11. 已知向量组$\boldsymbol{\alpha}_1,\boldsymbol{\alpha}_2,\ldots,\boldsymbol{\alpha}_s$的秩为$r$, 证明$\boldsymbol{\alpha}_1$, $\boldsymbol{\alpha}_2$, …, $\boldsymbol{\alpha}_s$中任意r个线性无关的向量都构成一个极大无关组.

12. 设n维向量组$\boldsymbol{\alpha}_1$, $\boldsymbol{\alpha}_2$, …, $\boldsymbol{\alpha}_n$与n维单位向量组$\boldsymbol{\varepsilon}_1,\boldsymbol{\varepsilon}_2,\ldots,\boldsymbol{\varepsilon}_n$等价, 证明$\boldsymbol{\alpha}_1,\boldsymbol{\alpha}_2,\ldots,\boldsymbol{\alpha}_n$线性无关.

13. 已知向量组$\boldsymbol{\alpha}_1,\boldsymbol{\alpha}_2,\ldots,\boldsymbol{\alpha}_r$与$\boldsymbol{\alpha}_1,\boldsymbol{\alpha}_2,\ldots,\boldsymbol{\alpha}_r,\ldots,\boldsymbol{\alpha}_m$有相同的秩, 证明: 两个向量组等价(可以互相线性表示).

14. 用消元法求下列向量组的一个极大无关组:

(1) $\boldsymbol{\alpha}_1=(1,2,-3,-1),\boldsymbol{\alpha}_2=(2,3,1,3),\boldsymbol{\alpha}_3=(-1,-2,4,-5),\boldsymbol{\alpha}_4=(2,3,2,-3)$;

(2) $\boldsymbol{\alpha}_1=(1,1,1,4,-3),\boldsymbol{\alpha}_2=(2,1,3,5,-5),\boldsymbol{\alpha}_3=(1,-1,3,-2,-1),\boldsymbol{\alpha}_4=(3,1,5,6,-7)$.

15. 用消元法求下列向量组的秩:

(1) $\boldsymbol{\alpha}_1=(2,-1,3,-1,1)$, $\boldsymbol{\alpha}_2=(-1,-2,-1,2,-1)$, $\boldsymbol{\alpha}_3=(3,1,4,-3,2)$, $\boldsymbol{\alpha}_4=(1,-3,2,1,0)$;

(2) $\boldsymbol{\alpha}_1=(3,1,2,5),\boldsymbol{\alpha}_2=(1,1,1,2),\boldsymbol{\alpha}_3=(2,0,1,3),\boldsymbol{\alpha}_4=(1,-1,0,1),\boldsymbol{\alpha}_5=(4,2,3,7)$;

(3) $\boldsymbol{\alpha}_1=(1,0,1,0,3),\boldsymbol{\alpha}_2=(0,2,3,1,0),\boldsymbol{\alpha}_3=(3,2,1,0,0),\boldsymbol{\alpha}_4=(1,4,7,2,3)$.

16. 如果在矩阵$\boldsymbol{A}$上添加1列(或1行), 该矩阵的秩可能有什么变化?

17. 求作一个秩为4的4×5矩阵$\boldsymbol{A}$, 已知它的两个行向量是$\boldsymbol{\alpha}_1=(1,0,1,0,0)$, $\boldsymbol{\alpha}_2=(1,-1,0,0,0)$.

18. 若矩阵

$$\boldsymbol{A}=\begin{bmatrix} a_{11} & a_{12} & \cdots & a_{1n}\\ a_{21} & a_{22} & \cdots & a_{2n}\\ \vdots & \vdots & \ddots & \vdots\\ a_{m1} & a_{m2} & \cdots & a_{mn}\end{bmatrix},\qquad \boldsymbol{B}=\begin{bmatrix} b_{11} & b_{12} & \cdots & b_{1s}\\ b_{21} & b_{22} & \cdots & b_{2s}\\ \vdots & \vdots & \ddots & \vdots\\ b_{m1} & b_{m2} & \cdots & b_{ms}\end{bmatrix}$$

的秩分别为$r(\boldsymbol{A})=r_1$和$r(\boldsymbol{B})=r_2$, 则矩阵

$$\boldsymbol{C}=(\boldsymbol{A}\mid\boldsymbol{B})=\begin{bmatrix} a_{11} & a_{12} & \cdots & a_{1n} & b_{11} & b_{12} & \cdots & b_{1s}\\ a_{21} & a_{22} & \cdots & a_{2n} & b_{21} & b_{22} & \cdots & b_{2s}\\ \vdots & \vdots & \ddots & \vdots & \vdots & \vdots & \ddots & \vdots\\ a_{m1} & a_{m2} & \cdots & a_{mn} & b_{m1} & b_{m2} & \cdots & b_{ms}\end{bmatrix}$$

的秩$r(\boldsymbol{C})\leqslant r_1+r_2$.

19. 设$\boldsymbol{A}=(a_{ij})$为n阶方阵, 试证行列式$|\boldsymbol{A}|=0$的充分必要条件是$\boldsymbol{A}$的某一行是其余行的线性组合.

20. 假设$\boldsymbol{A}$为$m\times s$矩阵, $\boldsymbol{B}$为$s\times n$矩阵. 如果$\boldsymbol{AB}=\boldsymbol{0}$. 证明$r(\boldsymbol{A})+r(\boldsymbol{B})\leqslant s$.

21. 证明若$\boldsymbol{A}$是一个m阶可逆方阵, $\boldsymbol{B}$是一个$m\times n$矩阵, 则$r(\boldsymbol{AB})=r(\boldsymbol{B})$.

22. 设由$\boldsymbol{\alpha}_1=(1,1,0,0)^{\mathrm{T}},\boldsymbol{\alpha}_2=(1,0,1,1)^{\mathrm{T}}$所生成的向量空间为$L_1$, 由$\boldsymbol{\beta}_1=(2,-1,3,3)^{\mathrm{T}},\boldsymbol{\beta}_2=(0,1,-1,-1)^{\mathrm{T}}$ 所生成的向量空间记作L_2, 证明$L_1=L_2$.

23. 求向量$\boldsymbol{v}=(3,-4,-5)^{\mathrm{T}}$在$\mathbf{R}^3$的一组基$\boldsymbol{\alpha}_1=(1,-1,0)^{\mathrm{T}},\boldsymbol{\alpha}_2=(2,1,3)^{\mathrm{T}},\boldsymbol{\alpha}_3=(3,1,2)^{\mathrm{T}}$下的坐标.

24. 证明: $\boldsymbol{\alpha}_1=(1,1,1,1)^{\mathrm{T}},\boldsymbol{\alpha}_2=(1,1,-1,-1)^{\mathrm{T}},\boldsymbol{\alpha}_3=(1,-1,1,-1)^{\mathrm{T}},\boldsymbol{\alpha}_4=(1,-1,-1,1)^{\mathrm{T}}$是$\mathbf{R}^4$ 的一组基, 并求$\boldsymbol{\beta}=(1,2,1,1)^{\mathrm{T}}$ 在这组基下的坐标.

25. 已知$\mathbf{R}^3$的两组基分别为$\boldsymbol{\alpha}_1=(1,1,1)^{\mathrm{T}},\boldsymbol{\alpha}_2=(1,0,-1)^{\mathrm{T}},\boldsymbol{\alpha}_3=(1,0,1)^{\mathrm{T}}$ 和$\boldsymbol{\beta}_1=(1,2,1)^{\mathrm{T}},\boldsymbol{\beta}_2=(2,3,4)^{\mathrm{T}},\boldsymbol{\beta}_3=(3,4,3)^{\mathrm{T}}$, 求由基$\boldsymbol{\alpha}_1,\boldsymbol{\alpha}_2,\boldsymbol{\alpha}_3$到基$\boldsymbol{\beta}_1,\boldsymbol{\beta}_2,\boldsymbol{\beta}_3$的过渡矩阵.

26. 用施密特正交化方法将下列向量标准正交化:

$$\boldsymbol{\alpha}_1=(1,0,-1,1)^{\mathrm{T}},\boldsymbol{\alpha}_2=(1,-1,0,1)^{\mathrm{T}},\boldsymbol{\alpha}_3=(-1,1,1,0)^{\mathrm{T}}.$$

27. 求与$(1,1,-1,1)^{\mathrm{T}},(1,-1,-1,1)^{\mathrm{T}},(2,1,1,3)^{\mathrm{T}}$都正交的单位向量.

28. 设$\boldsymbol{\alpha}=(1,-2,1)^{\mathrm{T}}$, $\boldsymbol{A}=\boldsymbol{E}+k\boldsymbol{\alpha}\boldsymbol{\alpha}^{\mathrm{T}}$, 其中$k\neq 0$, 如果$\boldsymbol{A}$是正交矩阵, 求$k$的值.

29. 证明: 若$\boldsymbol{A}$是正交矩阵, 则$\boldsymbol{A}$的伴随矩阵$\boldsymbol{A}^*$ 也是正交矩阵.

30. 证明: (1) 若$|\boldsymbol{A}|=1$, 则$\boldsymbol{A}$为正交矩阵的充分必要条件是$\boldsymbol{A}$ 的每个元素都等于自己的代数余子式;

(2) 若$|\boldsymbol{A}|=-1$, 则$\boldsymbol{A}$为正交矩阵的充分必要条件是$\boldsymbol{A}$ 的每个元素等于自己的代数余子式乘以-1.

第四章　线性方程组

§4.1　知识点概要

4.1.1　线性方程组的消元解法

一、线性方程组的一般形式

线性方程组的一般形式为

$$\begin{cases} a_{11}x_1 + a_{12}x_2 + \cdots + a_{1n}x_n = b_1 \\ a_{21}x_1 + a_{22}x_2 + \cdots + a_{2n}x_n = b_2 \\ \qquad\qquad \vdots \\ a_{m1}x_1 + a_{m2}x_2 + \cdots + a_{mn}x_n = b_m \end{cases}$$

其中$x_1, x_2, \ldots, x_n$表示n个**未知量**, m是方程的个数, a_{ij} $(i = 1, 2, \ldots, m; j = 1, 2, \ldots, n)$称为方程组的**系数**, b_j $(j = 1, 2, \ldots, m)$ 称为**常数项**. 此处m与n未必相等, 也就是说, 方程组中未知量的个数与方程的个数不一定相等. 系数a_{ij}的第一个下标i表示它在第i个方程, 第二个下标j表示它是x_j的系数. 如果线性方程组的所有常数项全为零, 则称它为**齐次线性方程组**, 否则称为**非齐次线性方程组**.

线性方程组的矩阵形式

设

$$\boldsymbol{A} = \begin{bmatrix} a_{11} & a_{12} & \cdots & a_{1n} \\ a_{21} & a_{22} & \cdots & a_{2n} \\ \vdots & \vdots & \ddots & \vdots \\ a_{m1} & a_{m2} & \cdots & a_{mn} \end{bmatrix}, \quad \overline{\boldsymbol{A}} = \begin{bmatrix} a_{11} & a_{12} & \cdots & a_{1n} & b_1 \\ a_{21} & a_{22} & \cdots & a_{2n} & b_2 \\ \vdots & \vdots & \ddots & \vdots & \vdots \\ a_{m1} & a_{m2} & \cdots & a_{mn} & b_m \end{bmatrix},$$

称$\boldsymbol{A}$为线性方程组的系数矩阵, $\overline{\boldsymbol{A}}$为线性方程组的增广矩阵.

设

$$\boldsymbol{X} = \begin{bmatrix} x_1 \\ x_2 \\ \vdots \\ x_n \end{bmatrix}, \qquad \boldsymbol{B} = \begin{bmatrix} b_1 \\ b_2 \\ \vdots \\ b_m \end{bmatrix},$$

于是, 线性方程组可以写成矩阵的形式: $\boldsymbol{AX} = \boldsymbol{B}$.

设 $$\boldsymbol{\alpha}_j = \begin{bmatrix} a_{1j} \\ a_{2j} \\ \vdots \\ a_{mj} \end{bmatrix} \ (j = 1, 2, \ldots, n), \quad \boldsymbol{\beta} = \begin{bmatrix} b_1 \\ b_2 \\ \vdots \\ b_m \end{bmatrix},$$

则线性方程组也可写成向量的形式:

$$x_1\boldsymbol{\alpha}_1+x_2\boldsymbol{\alpha}_2+\cdots+x_n\boldsymbol{\alpha}_n=\boldsymbol{\beta}.$$

线性方程组的解

满足方程组的n元数组$(k_1, k_2, \ldots, k_n)$称为方程组的解, 亦可表示为$(k_1, k_2, \ldots, k_n)^{\mathrm{T}}$的形式.

如果方程组有解, 则称之为**相容的**; 如果方程组无解, 则称它为**不相容的**. 方程组解的全体, 称为它的**解集**. 如果两个方程组有相同的解集, 称它们是**同解的**.

对于线性方程组的讨论, 将围绕以下三个问题进行:

(1) 线性方程组在什么条件下有解(相容)?

(2) 如果方程组有解, 它共有多少解?

(3) 如果方程组有解，如何求出方程组的全部解?

关于前两个问题, 我们的结论是: 当线性方程组系数矩阵的秩$r(\boldsymbol{A})$ 等于增广矩阵的秩$r(\overline{\boldsymbol{A}})$时, 方程组有解. 而且, 如果$r(\boldsymbol{A})=r(\overline{\boldsymbol{A}})=n$ (未知量的个数), 则方程组有唯一解; 如果$r(\boldsymbol{A})=r(\overline{\boldsymbol{A}})<n$, 则方程组有无穷多个解. 关于第3个问题, 我们将首先介绍消元法, 然后再介绍依线性方程组解的结构给出它的解的方法.

二、解线性方程组的消元法

假设线性方程组为

$$\begin{cases} a_{11}x_1+a_{12}x_2+\cdots+a_{1n}x_n=b_1 \\ a_{21}x_1+a_{22}x_2+\cdots+a_{2n}x_n=b_2 \\ \qquad\qquad\vdots \\ a_{m1}x_1+a_{m2}x_2+\cdots+a_{mn}x_n=b_m \end{cases}$$

首先, 将方程组的增广矩阵经过初等行变换（必要时, 可进行两列对调, 但不包括最后一列, 下同）化为阶梯形矩阵:

$$\begin{bmatrix} c_{11} & c_{12} & \cdots & c_{1r} & c_{1,r+1} & \cdots & c_{1n} & d_1 \\ 0 & c_{22} & \cdots & c_{2r} & c_{2,r+1} & \cdots & c_{2n} & d_2 \\ \vdots & \vdots & \ddots & \vdots & \vdots & \ddots & \vdots & \vdots \\ 0 & 0 & \cdots & c_{rr} & c_{r,r+1} & \cdots & c_{rn} & d_r \\ 0 & 0 & \cdots & 0 & 0 & \cdots & 0 & d_{r+1} \\ 0 & 0 & \cdots & 0 & 0 & \cdots & 0 & 0 \\ \vdots & \vdots & \ddots & \vdots & \vdots & \ddots & \vdots & \vdots \\ 0 & 0 & \cdots & 0 & 0 & \cdots & 0 & 0 \end{bmatrix}$$

其中$c_{ii} \neq 0$, $i=1, 2, \ldots, r$, 而$r \leqslant \min\{m,n\}$. 这个阶梯形矩阵对应的线性方程组

$$\begin{cases} c_{11}x_1+c_{12}x_2+\cdots+c_{1r}x_r+c_{1,r+1}x_{r+1}+\cdots+c_{1n}x_n=d_1 \\ \qquad c_{22}x_2+\cdots+c_{2r}x_r+c_{2,r+1}x_{r+1}+\cdots+c_{2n}x_n=d_2 \\ \qquad\qquad \vdots \\ \qquad\qquad c_{rr}x_r+c_{r,r+1}x_{r+1}+\cdots+c_{rn}x_n=d_r \\ \qquad\qquad\qquad 0\cdot x_n=d_{r+1} \end{cases}$$

与原方程组是同解的, 因而它的解就是原线性方程组的解. 方程组的解有以下三种情形:

(1) 如果$d_{r+1} \neq 0$, 则方程组无解.

(2) 如果$d_{r+1}=0$且$r=n$, 则方程组有唯一解. 此时方程组有如下形式:

$$\begin{cases} c_{11}x_1+c_{12}x_2+\cdots+c_{1n}x_n=d_1 \\ \qquad c_{22}x_2+\cdots+c_{2n}x_n=d_2 \\ \qquad\qquad \vdots \\ \qquad\qquad c_{nn}x_n=d_n \end{cases}$$

由第n个方程求出x_n, 将其带入第$n-1$个方程, 得出x_{n-1}, 这样逐个回代即得方程组的唯一解.

(3) 如果$d_{r+1}=0$且$r<n$, 则方程组有无穷多解. 此时方程组有如下形式:

$$\begin{cases} c_{11}x_1+c_{12}x_2+\cdots+c_{1r}x_r+c_{1,r+1}x_{r+1}+\cdots+c_{1n}x_n=d_1 \\ \qquad c_{22}x_2+\cdots+c_{2r}x_r+c_{2,r+1}x_{r+1}+\cdots+c_{2n}x_n=d_2 \\ \qquad\qquad \vdots \\ \qquad\qquad c_{rr}x_r+c_{r,r+1}x_{r+1}+\cdots+c_{rn}x_n=d_r \end{cases}$$

或

$$\begin{cases} c_{11}x_1+c_{12}x_2+\cdots+c_{1r}x_r=d_1-c_{1,r+1}x_{r+1}-\cdots-c_{1n}x_n \\ \qquad c_{22}x_2+\cdots+c_{2r}x_r=d_2-c_{2,r+1}x_{r+1}-\cdots-c_{2n}x_n \\ \qquad\qquad \vdots \\ \qquad\qquad c_{rr}x_r=d_r-c_{r,r+1}x_{r+1}-\cdots-c_{rn}x_n \end{cases}$$

解的求法是: 首先给**自由未知量**x_{r+1}, x_{r+2}, $\ldots$, x_n一组固定值, 然后按照(2) 求出相应的x_1, x_2, $\ldots$, x_r的值, 即得到方程组的一组解. 由于x_{r+1}, x_{r+2}, $\ldots$, x_n可以取任意值, 故由此可以得到方程组的全部解.

4.1.2 线性方程组有解的判定

一、线性方程组有解的判别定理

线性方程组

$$\begin{cases} a_{11}x_1 + a_{12}x_2 + \cdots + a_{1n}x_n = b_1 \\ a_{21}x_1 + a_{22}x_2 + \cdots + a_{2n}x_n = b_2 \\ \qquad \vdots \\ a_{m1}x_1 + a_{m2}x_2 + \cdots + a_{mn}x_n = b_m \end{cases}$$

有解的充分必要条件是, 其系数矩阵$\boldsymbol{A}$的秩与其增广矩阵$\overline{\boldsymbol{A}}$的秩相等, 即$r(\boldsymbol{A}) = r(\overline{\boldsymbol{A}})$, 其中

$$\boldsymbol{A} = \begin{bmatrix} a_{11} & a_{12} & \cdots & a_{1n} \\ a_{21} & a_{22} & \cdots & a_{2n} \\ \vdots & \vdots & \ddots & \vdots \\ a_{m1} & a_{m2} & \cdots & a_{mn} \end{bmatrix}, \quad \overline{\boldsymbol{A}} = \begin{bmatrix} a_{11} & a_{12} & \cdots & a_{1n} & b_1 \\ a_{21} & a_{22} & \cdots & a_{2n} & b_2 \\ \vdots & \vdots & \ddots & \vdots & \vdots \\ a_{m1} & a_{m2} & \cdots & a_{mn} & b_m \end{bmatrix}.$$

当$r(\boldsymbol{A}) = r(\overline{\boldsymbol{A}}) = r$时, 如果$r = n$, 则方程组有唯一解; 如果$r < n$, 则方程组有无穷多解.

二、齐次线性方程组的解

齐次线性方程组

$$\begin{cases} a_{11}x_1 + a_{12}x_2 + \cdots + a_{1n}x_n = 0 \\ a_{21}x_1 + a_{22}x_2 + \cdots + a_{2n}x_n = 0 \\ \qquad \vdots \\ a_{m1}x_1 + a_{m2}x_2 + \cdots + a_{mn}x_n = 0 \end{cases}$$

的矩阵形式为$\boldsymbol{AX} = \mathbf{0}$, 其中

$$\boldsymbol{A} = \begin{bmatrix} a_{11} & a_{12} & \cdots & a_{1n} \\ a_{21} & a_{22} & \cdots & a_{2n} \\ \vdots & \vdots & \ddots & \vdots \\ a_{m1} & a_{m2} & \cdots & a_{mn} \end{bmatrix}, \quad \boldsymbol{X} = \begin{bmatrix} x_1 \\ x_2 \\ \vdots \\ x_n \end{bmatrix}.$$

也可以写成向量的形式: $x_1\boldsymbol{\alpha}_1 + x_2\boldsymbol{\alpha}_2 + \cdots + x_n\boldsymbol{\alpha_n} = \mathbf{0}$, 其中

$$\boldsymbol{\alpha}_j = \begin{bmatrix} a_{1j} \\ a_{2j} \\ \vdots \\ a_{mj} \end{bmatrix}, \qquad (j = 1, 2, \ldots, n).$$

齐次线性方程组解的定理

对于齐次线性方程组$\boldsymbol{AX} = \mathbf{0}$, 有

1. 齐次线性方程组一定有解;

2. 如果齐次线性方程组系数矩阵$\boldsymbol{A}$的秩$r(\boldsymbol{A})$等于未知量的个数n, 即$r(\boldsymbol{A}) = n$, 则它只有零解;

3. 齐次线性方程组$\boldsymbol{AX}=\mathbf{0}$有非零解的充分必要条件是$r(\boldsymbol{A})<n$, 这里$n$是未知量的个数.

4.1.3 线性方程组解的结构

一、齐次线性方程组解的结构

齐次线性方程组解的性质 齐次线性方程组

$$\begin{cases} a_{11}x_1+a_{12}x_2+\cdots+a_{1n}x_n=0 \\ a_{21}x_1+a_{22}x_2+\cdots+a_{2n}x_n=0 \\ \qquad\vdots \\ a_{m1}x_1+a_{m2}x_2+\cdots+a_{mn}x_n=0 \end{cases}$$

的解有下列性质:

1. 如果$\boldsymbol{X}_1$, $\boldsymbol{X}_2$是齐次方程组的两个解, 则$\boldsymbol{X}_1+\boldsymbol{X}_2$也是它的解.

2. 如果$\boldsymbol{X}$是齐次方程组的解, 则$c\boldsymbol{X}$也是它的解, 其中c是任意常数.

3. 如果$\boldsymbol{X}_1$, $\boldsymbol{X}_2$, ..., $\boldsymbol{X}_s$都是齐次方程组的解, 则其线性组合

$$c_1\boldsymbol{X}_1+c_2\boldsymbol{X}_2+\cdots+c_s\boldsymbol{X}_s$$

也是它的解. 其中c_1, c_2, ..., c_s为任意常数.

齐次线性方程组解的基础解系 齐次线性方程组

$$\begin{cases} a_{11}x_1+a_{12}x_2+\cdots+a_{1n}x_n=0 \\ a_{21}x_1+a_{22}x_2+\cdots+a_{2n}x_n=0 \\ \qquad\vdots \\ a_{m1}x_1+a_{m2}x_2+\cdots+a_{mn}x_n=0 \end{cases}$$

如果其系数矩阵

$$\boldsymbol{A}=\begin{bmatrix} a_{11} & a_{12} & \cdots & a_{1n} \\ a_{21} & a_{22} & \cdots & a_{2n} \\ \vdots & \vdots & \ddots & \vdots \\ a_{m1} & a_{m2} & \cdots & a_{mn} \end{bmatrix}$$

的秩$r(\boldsymbol{A})<n$, 则它有无穷多（非零）解, 而且全部解向量的极大无关组恰有$n-r$个线性无关向量. 称此极大无关组为齐次线性方程组的**基础解系**.

如果向量组$\boldsymbol{\xi}_1$, $\boldsymbol{\xi}_2$, ..., $\boldsymbol{\xi}_{n-r}$是齐次线性方程组的一个基础解系, 则该方程组的一般解$\boldsymbol{X}$可以表示为$\boldsymbol{\xi}_1$, $\boldsymbol{\xi}_2$, ..., $\boldsymbol{\xi}_{n-r}$的线性组合, 即

$$\boldsymbol{X}=k_1\boldsymbol{\xi}_1+k_2\boldsymbol{\xi}_2+\cdots+k_{n-r}\boldsymbol{\xi}_{n-r},$$

其中k_1, k_2, ..., k_{n-r}是任意常数.

基础解系的求法

求齐次线性方程组基础解系的一般步骤为:

1. 对系数矩阵施行初等行变换, 使其化为阶梯形矩阵, 求出系数矩阵的秩r.

2. 由未知量的个数n和系数矩阵的秩r确定基础解系所含解向量的个数$n-r$.

3. 由阶梯形矩阵写出与原方程组同解的方程组(它的每个方程都是独立的); 确定自由未知量$x_{r+1}, x_{r+2}, \ldots, x_n$, 并分别给自由未知量定值:

$$\begin{bmatrix} x_{r+1} \\ x_{r+2} \\ \vdots \\ x_n \end{bmatrix} = \begin{bmatrix} 1 \\ 0 \\ \vdots \\ 0 \end{bmatrix}, \quad \begin{bmatrix} x_{r+1} \\ x_{r+2} \\ \vdots \\ x_n \end{bmatrix} = \begin{bmatrix} 0 \\ 1 \\ \vdots \\ 0 \end{bmatrix}, \quad \ldots, \quad \begin{bmatrix} x_{r+1} \\ x_{r+2} \\ \vdots \\ x_n \end{bmatrix} = \begin{bmatrix} 0 \\ 0 \\ \vdots \\ 1 \end{bmatrix}.$$

将它们分别带入方程组, 求出$x_1, x_2, \ldots, x_r$的值从而得出基础解系.

这里需要指出: 自由未知量的选法一般不唯一, 但必须保证非自由未知量的系数行列式（它是r阶行列式）不为零; 自由未知量虽然可以任意取值, 但为使计算简便并保证得到的解向量是线性无关的, 一般按上述方法取值.

二、非齐次线性方程组解的结构

如果将非齐次线性方程组

$$\begin{cases} a_{11}x_1 + a_{12}x_2 + \cdots + a_{1n}x_n = b_1 \\ a_{21}x_1 + a_{22}x_2 + \cdots + a_{2n}x_n = b_2 \\ \qquad \vdots \\ a_{m1}x_1 + a_{m2}x_2 + \cdots + a_{mn}x_n = b_m \end{cases}$$

的常数项换为0, 则所得到的齐次线性方程组

$$\begin{cases} a_{11}x_1 + a_{12}x_2 + \cdots + a_{1n}x_n = 0 \\ a_{21}x_1 + a_{22}x_2 + \cdots + a_{2n}x_n = 0 \\ \qquad \vdots \\ a_{m1}x_1 + a_{m2}x_2 + \cdots + a_{mn}x_n = 0 \end{cases}$$

称为非齐次线性方程组的**导出组**.

非齐次线性方程组解的性质

非齐次线性方程组的解有下列性质:

1. 如果$\boldsymbol{X}_1, \boldsymbol{X}_2$是非齐次线性方程组的两个解, 则$\boldsymbol{X}_1 - \boldsymbol{X}_2$是其导出组的解.

2. 如果$\boldsymbol{X}_0$是非齐次方程组的一个解, $\boldsymbol{X}_1$是其导出组的一个解, 则$\boldsymbol{X}_0 + \boldsymbol{X}_1$ 是非齐次方程组的一个解.

3. 如果$\boldsymbol{\eta}_0$是非齐次线性方程组的一个特解, 而$\boldsymbol{\xi}_1, \boldsymbol{\xi}_2, \ldots, \boldsymbol{\xi}_{n-r}$ 是其导出组的一个基

础解系, 则非齐次线性方程组的全部解可以表示为

$$\boldsymbol{\eta} = \boldsymbol{\eta}_0 + k_1\boldsymbol{\xi}_1 + k_2\boldsymbol{\xi}_2 + \cdots + k_{n-r}\boldsymbol{\xi}_{n-r},$$

其中$k_1, k_2, \ldots, k_{n-r}$是任意常数. 亦称为一般解或通解.

非齐次线性方程组解的求法

求非齐次线性方程组的一般解的步骤为:

1. 写出非齐次线性方程组的增广矩阵$\overline{\boldsymbol{A}}$, 对其施行初等行变换化为阶梯形矩阵;

2. 由阶梯形矩阵写出同解方程组, 求出非齐次方程组的一个特解$\boldsymbol{\eta}_0$;

3. 由阶梯形矩阵写出导出组的同解方程组, 求出导出组的基础解系;

4. 将特解$\boldsymbol{\eta}_0$与导出组的基础解系的线性组合相加, 即得到非齐次线性方程组的一般解$\boldsymbol{\eta}$.

§4.2 基本要求与学习重点

一、基本要求

1. 会用消元法解线性方程组.

2. 理解齐次线性方程组有非零解的充分必要条件及非齐次线性方程组有解的充分必要条件.

3. 理解齐次线性方程组的基础解系、通解; 掌握齐次线性方程组基础解系、通解的求法.

4. 理解非齐次线性方程组解的结构及通解的概念和求法.

二、学习重点

1. 解线性方程组的消元法.

2. 用线性方程组有解的充分必要条件讨论系数含有参数的线性方程组解的各种情形.

3. 线性方程组解的性质及结构解的求法.

§4.3 典型例题解析

题型一 解线性方程组的消元法

例4.1 用消元法解线性方程组

$$\begin{cases} x_1 - x_2 + 2x_3 - 3x_4 = 1 \\ x_1 + 3x_2 + x_4 = 1 \\ x_2 - x_3 + x_4 = -3 \\ x_1 - 4x_2 + 3x_3 + 2x_4 = -2 \end{cases}$$

解 对线性方程组的增广矩阵$\overline{\boldsymbol{A}}$施行初等行变换, 使其化为阶梯形矩阵:

$$\overline{\boldsymbol{A}}=\begin{bmatrix}1&-1&2&-3&1\\1&3&0&1&1\\0&1&-1&1&-3\\1&-4&3&2&-2\end{bmatrix}\to\begin{bmatrix}1&-1&2&-3&1\\0&4&-2&4&0\\0&1&-1&1&-3\\0&-3&1&5&-3\end{bmatrix}\to\begin{bmatrix}1&-1&2&-3&1\\0&1&-\frac{1}{2}&1&0\\0&1&-1&1&-3\\0&-3&1&5&-3\end{bmatrix}$$

$$\to\begin{bmatrix}1&-1&2&-3&1\\0&1&-\frac{1}{2}&1&0\\0&0&-\frac{1}{2}&0&-3\\0&0&-\frac{1}{2}&8&-3\end{bmatrix}\to\begin{bmatrix}1&-1&2&-3&1\\0&1&-\frac{1}{2}&1&0\\0&0&-\frac{1}{2}&0&-3\\0&0&0&8&0\end{bmatrix}.$$

由最后阶梯形矩阵得线性方程组:

$$\begin{cases}x_1-x_2+2x_3-3x_4=1\\ \qquad x_2-\frac{1}{2}x_3+\ x_4=0\\ \qquad\qquad -\frac{1}{2}x_3\qquad =-3\\ \qquad\qquad\qquad 8x_4=0\end{cases}$$

此方程组有四个未知量, 四个独立方程, 故有唯一解. 它与原方程组同解. 由最后一个方程得$x_4=0$, 然后逐个回代, 得方程组的唯一解.

$$x_1=-8,\quad x_2=3,\quad x_3=6,\quad x_4=0.$$

注： 上述回代过程也可以用矩阵的初等行变换表示:

$$\begin{bmatrix}1&-1&2&-3&1\\0&1&-\frac{1}{2}&1&0\\0&0&-\frac{1}{2}&0&-3\\0&0&0&8&0\end{bmatrix}\xrightarrow{r_4/8}\begin{bmatrix}1&-1&2&-3&1\\0&1&-\frac{1}{2}&1&0\\0&0&-\frac{1}{2}&0&-3\\0&0&0&1&0\end{bmatrix}\xrightarrow{r_3\cdot(-2)}\begin{bmatrix}1&-1&2&-3&1\\0&1&-\frac{1}{2}&1&0\\0&0&1&0&6\\0&0&0&1&0\end{bmatrix}$$

$$\xrightarrow[3r_4+r_1]{-r_4+r_2}\begin{bmatrix}1&-1&2&0&1\\0&1&-\frac{1}{2}&0&0\\0&0&1&0&6\\0&0&0&1&0\end{bmatrix}\xrightarrow[-2r_3+r_1]{\frac{1}{2}r_3+r_2}\begin{bmatrix}1&-1&0&0&-11\\0&1&0&0&3\\0&0&1&0&6\\0&0&0&1&0\end{bmatrix}\xrightarrow{r_2+r_1}\begin{bmatrix}1&0&0&0&-8\\0&1&0&0&3\\0&0&1&0&6\\0&0&0&1&0\end{bmatrix},$$

由最后矩阵得唯一解: $x_1=-8$, $x_2=3$, $x_3=6$, $x_4=0$.

例4.2 用消元法解线性方程组

$$\begin{cases}x_1+2x_2\qquad -\ 3x_4+2x_5=1\\ x_1-\ x_2-3x_3+\ \ x_4-3x_5=2\\ 2x_1-3x_2+4x_3-\ 5x_4+2x_5=7\\ 9x_1-9x_2+6x_3-16x_4+2x_5=25\end{cases}$$

解 对增广矩阵$\overline{\boldsymbol{A}}$施行初等行变换:

$$\overline{\boldsymbol{A}}=\begin{bmatrix}1&2&0&-3&2&1\\1&-1&-3&1&-3&2\\2&-3&4&-5&2&7\\9&-9&6&-16&2&25\end{bmatrix}\to\begin{bmatrix}1&2&0&-3&2&1\\0&-3&-3&4&-5&1\\0&-7&4&1&-2&5\\0&-27&6&11&-16&16\end{bmatrix}$$

$$\to\begin{bmatrix}1&2&0&-3&2&1\\0&-3&-3&4&-5&1\\0&0&11&-\frac{25}{3}&\frac{29}{3}&\frac{8}{3}\\0&0&33&-25&29&7\end{bmatrix}\to\begin{bmatrix}1&2&0&-3&2&1\\0&-3&-3&4&-5&1\\0&0&11&-\frac{25}{3}&\frac{29}{3}&\frac{8}{3}\\0&0&0&0&0&-1\end{bmatrix}$$

由最后阶梯形矩阵知线性方程组无解.

例4.3 用消元法解线性方程组

$$\begin{cases}x_1+2x_2+3x_3-x_4=1\\3x_1+2x_2+7x_3-x_4=1\\2x_1+3x_2+x_3+x_4=1\\2x_1+2x_2+2x_3-x_4=1\\5x_1+5x_2+2x_3=2\end{cases}$$

解 对增广矩阵$\overline{\boldsymbol{A}}$施行初等行变换:

$$\overline{\boldsymbol{A}}=\begin{bmatrix}1&2&3&-1&1\\3&2&1&-1&1\\2&3&1&1&1\\2&2&2&-1&1\\5&5&2&0&2\end{bmatrix}\to\begin{bmatrix}1&2&3&-1&1\\0&-4&-8&2&-2\\0&-1&-5&3&-1\\0&-2&-4&1&-1\\0&-5&-13&5&-3\end{bmatrix}\to\begin{bmatrix}1&2&3&-1&1\\0&1&5&-3&1\\0&-4&-8&2&-2\\0&-2&-4&1&-1\\0&-5&-13&5&-3\end{bmatrix}$$

$$\to\begin{bmatrix}1&2&3&-1&1\\0&1&5&-3&1\\0&0&12&-10&2\\0&0&6&-5&1\\0&0&12&-10&2\end{bmatrix}\to\begin{bmatrix}1&2&3&-1&1\\0&1&5&-3&1\\0&0&6&-5&1\\0&0&0&0&0\\0&0&0&0&0\end{bmatrix}.$$

由最后阶梯形矩阵, 得同解方程组

$$\begin{cases}x_1+2x_2+3x_3-x_4=1\\x_2+5x_3-3x_4=1\\6x_3-5x_4=1\end{cases}$$

解之得$x_1=\frac{5}{6}k+\frac{1}{6}$, $x_2=-\frac{7}{6}k+\frac{1}{6}$, $x_3=\frac{5}{6}k+\frac{1}{6}$, $x_4=k$, 其中k 为任意常数.

例4.4 用消元法解线性方程组

$$\begin{cases}3x_1+\ 4x_2-\ 5x_3+\ 7x_4=0\\6x_1+\ 8x_2-10x_3+14x_4=0\\4x_1+11x_2-13x_3+16x_4=0\\3x_1-13x_2+14x_3-13x_4=0\end{cases}$$

解 对增广矩阵$\overline{\boldsymbol{A}}$施行初等行变换:

$$\overline{\boldsymbol{A}}=\begin{bmatrix}3&4&-5&7&0\\6&8&-10&14&0\\4&11&-13&16&0\\3&-13&14&-13&0\end{bmatrix}\to\begin{bmatrix}3&4&-5&7&0\\0&0&0&0&0\\0&\frac{17}{3}&-\frac{19}{3}&\frac{20}{3}&0\\0&-17&19&-20&0\end{bmatrix}\to\begin{bmatrix}3&4&-5&7&0\\0&17&-19&20&0\\0&0&0&0&0\\0&0&0&0&0\end{bmatrix}.$$

由最后阶梯形矩阵, 得线性方程组:

$$\begin{cases}3x_1+4x_2-5x_3+\ 7x_4=0\\ \qquad 17x_2-19x_3+20x_4=0\end{cases}$$

解之, 得$x_1=\frac{3}{17}x_3-\frac{3}{17}x_4$, $x_2=\frac{19}{17}x_3-\frac{20}{17}x_4$, 其中$x_3$, x_4 任意.

例4.5 试证方程组

$$\begin{cases}x_1-x_2=a_1\\x_2-x_3=a_2\\x_3-x_4=a_3\\x_4-x_5=a_4\\x_5-x_1=a_5\end{cases}$$

有解的充分必要条件是$\sum\limits_{i=1}^{5}a_i=0$, 并在有解条件下, 求出其解.

证明 对增广矩阵$\overline{\boldsymbol{A}}$施行初等行变换:

$$\overline{\boldsymbol{A}}=\begin{bmatrix}1&-1&0&0&0&a_1\\0&1&-1&0&0&a_2\\0&0&1&-1&0&a_3\\0&0&0&1&-1&a_4\\-1&0&0&0&1&a_5\end{bmatrix}\to\begin{bmatrix}1&-1&0&0&0&a_1\\0&1&-1&0&0&a_2\\0&0&1&-1&0&a_3\\0&0&0&1&-1&a_4\\0&0&0&0&0&\sum\limits_{i=1}^{5}a_i\end{bmatrix}$$

由阶梯形矩阵知, $r(\boldsymbol{A})=r(\overline{\boldsymbol{A}})$ 的充分必要条件是$\sum\limits_{i=1}^{5}a_i=0$, 所以方程组有解的充分必要条件为$\sum\limits_{i=1}^{5}a_i=0$.

当$\sum\limits_{i=1}^{5} a_i = 0$时, 求方程组的解: 由阶梯形矩阵得同解线性方程组

$$\begin{cases} x_1 - x_2 = a_1 \\ x_2 - x_3 = a_2 \\ x_3 - x_4 = a_3 \\ x_4 - x_5 = a_4 \end{cases}$$

其一般解为$x_1 = x_5 + \sum\limits_{i=1}^{4} a_i$, $x_2 = x_5 + \sum\limits_{i=2}^{4} a_i$, $x_3 = x_5 + \sum\limits_{i=3}^{4} a_i$, $x_4 = x_5 + a_4$, 其中x_5任意.

题型二　线性方程组解的存在性

例4.6　a, b取什么值时, 方程组

$$\begin{cases} x_1 + x_2 + x_3 + x_4 + x_5 = 1 \\ 3x_1 + 2x_2 + x_3 + x_4 - 3x_5 = a \\ x_2 + 2x_3 + 2x_4 + 6x_5 = 3 \\ 5x_1 + 4x_2 + 3x_3 + 3x_4 - x_5 = b \end{cases}$$

有解, 无解. 在有解时, 求出其解.

解　对增广矩阵$\overline{\boldsymbol{A}}$施行初等行变换:

$$\overline{\boldsymbol{A}} = \begin{bmatrix} 1 & 1 & 1 & 1 & 1 & 1 \\ 3 & 2 & 1 & 1 & -3 & a \\ 0 & 1 & 2 & 2 & 6 & 3 \\ 5 & 4 & 3 & 3 & -1 & b \end{bmatrix} \to \begin{bmatrix} 1 & 1 & 1 & 1 & 1 & 1 \\ 0 & -1 & -2 & -2 & -6 & a-3 \\ 0 & 1 & 2 & 2 & 6 & 3 \\ 0 & -1 & -2 & -2 & -6 & b-5 \end{bmatrix}$$

$$\to \begin{bmatrix} 1 & 1 & 1 & 1 & 1 & 1 \\ 0 & 1 & 2 & 2 & 6 & 3 \\ 0 & -1 & -2 & -2 & -6 & a-3 \\ 0 & -1 & -2 & -2 & -6 & b-5 \end{bmatrix} \to \begin{bmatrix} 1 & 1 & 1 & 1 & 1 & 1 \\ 0 & 1 & 2 & 2 & 6 & 3 \\ 0 & 0 & 0 & 0 & 0 & a \\ 0 & 0 & 0 & 0 & 0 & b-2 \end{bmatrix}.$$

由最后阶梯形矩阵知, 当$a = 0$, $b = 2$时方程组有解; 当$a \neq 0$或$b \neq 2$时方程组无解.

当$a = 0$, $b = 2$时, 有

$$\begin{bmatrix} 1 & 1 & 1 & 1 & 1 & 1 \\ 0 & 1 & 2 & 2 & 6 & 3 \\ 0 & 0 & 0 & 0 & 0 & 0 \\ 0 & 0 & 0 & 0 & 0 & 0 \end{bmatrix} \to \begin{bmatrix} 1 & 0 & -1 & -1 & -5 & -2 \\ 0 & 1 & 2 & 2 & 6 & 3 \\ 0 & 0 & 0 & 0 & 0 & 0 \\ 0 & 0 & 0 & 0 & 0 & 0 \end{bmatrix}.$$

于是线性方程组有解: $x_1 = x_3 + x_4 + 5x_5 - 2$, $x_2 = -2x_3 - 2x_4 - 6x_5 + 3$, 其中$x_3$, x_4, x_5可任意取值.

例4.7 判断a, b取何值时, 线性方程组

$$\begin{cases} ax_1 + \quad x_2 + x_3 = 4 \\ x_1 + \ bx_2 + x_3 = 3 \\ x_1 + 2bx_2 + x_3 = 4 \end{cases}$$

有解; a, b取何值时无解; 并在有解的情况下求出其解.

解 原线性方程组的系数行列式为

$$D = \begin{vmatrix} a & 1 & 1 \\ 1 & b & 1 \\ 1 & 2b & 1 \end{vmatrix} = -b(a-1).$$

当$D \neq 0$时, 即$a \neq 1$且$b \neq 0$时, 方程组有唯一解. 它是

$$x_1 = \frac{2b-1}{b(a-1)}, \quad x_2 = \frac{1}{b}, \quad x_3 = \frac{1+2ab-4b}{b(a-1)}.$$

当$D = 0$时, 有两种情况:

(1) 如果$b = 0$, 那么系数矩阵的秩为2, 而增广矩阵的秩为3, 所以方程组无解.

(2) 如果$a = 1$, 对增广矩阵$\overline{\boldsymbol{A}}$施行初等行变换:

$$\overline{\boldsymbol{A}} = \begin{bmatrix} 1 & 1 & 1 & 4 \\ 1 & b & 1 & 3 \\ 1 & 2b & 1 & 4 \end{bmatrix} \to \begin{bmatrix} 1 & 1 & 1 & 4 \\ 0 & b-1 & 0 & -1 \\ 0 & 2b-1 & 0 & 0 \end{bmatrix}.$$

由阶梯形矩阵可见, 当$b \neq \dfrac{1}{2}$时, $\overline{\boldsymbol{A}}$的秩为3, 而$\boldsymbol{A}$的秩为2, 所以方程组无解; 当$b = \dfrac{1}{2}$时, 方程组有无穷多解: $x_1 = 2 - k$, $x_2 = 2$, $x_3 = k$, 其中k为任意常数.

例4.8 证明一个线性方程组的增广矩阵的秩比系数矩阵的秩最多大1.

证明 设线性方程组的系数矩阵和增广矩阵分别为:

$$\boldsymbol{A} = \begin{bmatrix} a_{11} & a_{12} & \cdots & a_{1n} \\ a_{21} & a_{22} & \cdots & a_{2n} \\ \vdots & \vdots & \ddots & \vdots \\ a_{m1} & a_{m2} & \cdots & a_{mn} \end{bmatrix}, \quad \overline{\boldsymbol{A}} = \begin{bmatrix} a_{11} & a_{12} & \cdots & a_{1n} & b_1 \\ a_{21} & a_{22} & \cdots & a_{2n} & b_2 \\ \vdots & \vdots & \ddots & \vdots & \vdots \\ a_{m1} & a_{m2} & \cdots & a_{mn} & b_m \end{bmatrix}.$$

假设$r(\boldsymbol{A}) = r$, 故$\boldsymbol{A}$的全部$r+1$阶子式均为零. 对于$\overline{\boldsymbol{A}}$的$r+2$阶子式$K$（如果存在的话）, 若$K$不包含$\overline{\boldsymbol{A}}$的最后一列的元素, 则$K$是$\boldsymbol{A}$的$r+2$阶子式, 显然$K=0$; 若$K$包含$\overline{\boldsymbol{A}}$的最后一列元素, 则将$K$按这一列展开, 其$r+1$阶子式均是$\boldsymbol{A}$的$r+1$阶子式, 故$K=0$. 所以$r(\overline{\boldsymbol{A}}) \leqslant r+1$, 但$r(\boldsymbol{A}) \leqslant r(\overline{\boldsymbol{A}})$. 故$r(\boldsymbol{A}) \leqslant r(\overline{\boldsymbol{A}}) \leqslant r+1$, 结论成立.

例4.9 假设线性方程组

$$\begin{cases} a_{11}x_1 + a_{12}x_2 + \cdots + a_{1n}x_n = b_1 \\ a_{21}x_1 + a_{22}x_2 + \cdots + a_{2n}x_n = b_2 \\ \qquad\qquad \vdots \\ a_{m1}x_1 + a_{m2}x_2 + \cdots + a_{mn}x_n = b_m \end{cases}$$

的系数矩阵$\boldsymbol{A}$的秩等于矩阵$\boldsymbol{B}$的秩:

$$\boldsymbol{B} = \begin{bmatrix} a_{11} & a_{12} & \cdots & a_{1n} & b_1 \\ a_{21} & a_{22} & \cdots & a_{2n} & b_2 \\ \vdots & \vdots & \ddots & \vdots & \vdots \\ a_{m1} & a_{m2} & \cdots & a_{mn} & b_m \\ b_1 & b_2 & \cdots & b_n & 0 \end{bmatrix}.$$

试证这个线性方程组有解.

证明 因为系数矩阵的秩, 不超过增广矩阵的秩, 即$r(\boldsymbol{A}) \leqslant r(\overline{\boldsymbol{A}})$. 而矩阵$\boldsymbol{B}$比$\overline{\boldsymbol{A}}$多一行, 故$r(\overline{\boldsymbol{A}}) \leqslant r(\boldsymbol{B})$, 再由假设$r(\boldsymbol{A}) = r(\boldsymbol{B})$, 得$r(\boldsymbol{A}) = r(\overline{\boldsymbol{A}})$. 所以方程组有解.

例4.10 设$\boldsymbol{A}$是n阶方阵, 如果对于任一n维列向量$\boldsymbol{X} = (x_1, x_2, \ldots, x_n)^{\mathrm{T}}$ 都有$\boldsymbol{AX} = \boldsymbol{0}$, 证明$\boldsymbol{A} = \boldsymbol{0}$.

证明 假设

$$\boldsymbol{A} = \begin{bmatrix} a_{11} & a_{12} & \cdots & a_{1n} \\ a_{21} & a_{22} & \cdots & a_{2n} \\ \vdots & \vdots & \ddots & \vdots \\ a_{n1} & a_{n2} & \cdots & a_{nn} \end{bmatrix}.$$

特别地, 取n个单位列向量:

$$\boldsymbol{X}_1 = \begin{bmatrix} 1 \\ 0 \\ \vdots \\ 0 \end{bmatrix}, \quad \boldsymbol{X}_2 = \begin{bmatrix} 0 \\ 1 \\ \vdots \\ 0 \end{bmatrix}, \quad \ldots, \boldsymbol{X}_n = \begin{bmatrix} 0 \\ 0 \\ \vdots \\ 1 \end{bmatrix},$$

有$\boldsymbol{AX}_j = \boldsymbol{0}$ $(j = 1, 2, \ldots, n)$. 于是,

$$\begin{bmatrix} a_{11} \\ a_{21} \\ \vdots \\ a_{n1} \end{bmatrix} = \begin{bmatrix} 0 \\ 0 \\ \vdots \\ 0 \end{bmatrix}, \begin{bmatrix} a_{12} \\ a_{22} \\ \vdots \\ a_{n2} \end{bmatrix} = \begin{bmatrix} 0 \\ 0 \\ \vdots \\ 0 \end{bmatrix}, \ldots, \begin{bmatrix} a_{1n} \\ a_{2n} \\ \vdots \\ a_{nn} \end{bmatrix} = \begin{bmatrix} 0 \\ 0 \\ \vdots \\ 0 \end{bmatrix},$$

所以, $a_{ij}=0\ (i,\ j=1,2,\ldots,n)$, 即$\boldsymbol{A}=\mathbf{0}$.

例4.11 λ取何值时, 方程组

$$\begin{cases}2x_1+\lambda x_2-\ \ x_3=1\\ \lambda x_1-\ \ x_2+\ \ x_3=2\\ 4x_1+5x_2-5x_3=-1\end{cases}$$

无解、有唯一解或有无穷多解? 并且在有无穷多解时写出方程组的通解.

解法1 设原方程组的系数矩阵为$\boldsymbol{A}$, 则系数行列式

$$|\boldsymbol{A}|=\begin{vmatrix}2 & \lambda & -1\\ \lambda & -1 & 1\\ 4 & 5 & -5\end{vmatrix}=5\lambda^2-\lambda-4=(\lambda-1)(5\lambda+4).$$

所以, 当$\lambda\neq 1$且$\lambda\neq-\dfrac{4}{5}$时, $|\boldsymbol{A}|\neq 0$, 故方程组有唯一解.

当$\lambda=1$时, 原方程组为

$$\begin{cases}2x_1+\ \ x_2-\ \ x_3=1\\ \ \ x_1-\ \ x_2+\ \ x_3=2\\ 4x_1+5x_2-5x_3=-1\end{cases}$$

对其增广矩阵$\overline{\boldsymbol{A}}$施行初等行变换:

$$\overline{\boldsymbol{A}}=\begin{bmatrix}2 & 1 & -1 & 1\\ 1 & -1 & 1 & 2\\ 4 & 5 & -5 & -1\end{bmatrix}\to\begin{bmatrix}0 & 3 & -3 & -3\\ 1 & -1 & 1 & 2\\ 0 & 9 & -9 & -9\end{bmatrix}\to\begin{bmatrix}1 & -1 & 1 & 2\\ 0 & 1 & -1 & -1\\ 0 & 0 & 0 & 0\end{bmatrix}.$$

因此, 当$\lambda=1$时, 原方程组有无穷多解, 其通解为

$$\begin{cases}x_1=1,\\ x_2=-1+k,\quad (\text{其中}k\text{为任意常数}),\\ x_3=k,\end{cases}$$

或 $(x_1,x_2,x_3)^{\mathrm{T}}=(1,-1,0)^{\mathrm{T}}+k(0,1,1)^{\mathrm{T}}$, ($k$为任意常数).

当$\lambda=-\frac{4}{5}$ 时, 原方程组的同解方程组为

$$\begin{cases}10x_1-4x_2-5x_3=5\\ \ \ 4x_1+5x_2-5x_3=-10\\ \ \ 4x_1+5x_2-5x_3=-1\end{cases}$$

对其增广矩阵施行初等变换:

$$\begin{bmatrix}10 & -4 & -5 & 5\\ 4 & 5 & -5 & -10\\ 4 & 5 & -5 & -1\end{bmatrix}\to\begin{bmatrix}10 & -4 & -5 & 5\\ 4 & 5 & -5 & -10\\ 0 & 0 & 0 & 9\end{bmatrix},$$

可见$r(\boldsymbol{A}) \neq r(\overline{A})$, 故当$\lambda=-\frac{4}{5}$时, 原方程组无解.

解法2 对原方程组的增广矩阵施行初等行变换:

$$\overline{\boldsymbol{A}}=\begin{bmatrix}2 & \lambda & -1 & 1\\ \lambda & -1 & 1 & 2\\ 4 & 5 & -5 & -1\end{bmatrix}\to\begin{bmatrix}2 & \lambda & -1 & 1\\ \lambda+2 & \lambda-1 & 0 & 3\\ -6 & -5\lambda+5 & 0 & -6\end{bmatrix}\to\begin{bmatrix}2 & \lambda & -1 & 1\\ \lambda+2 & \lambda-1 & 0 & 3\\ 5\lambda+4 & 0 & 0 & 9\end{bmatrix}$$

于是, 当$\lambda=-\frac{4}{5}$时, 原方程组无解.

当$\lambda \neq 1$且$\lambda \neq -\frac{4}{5}$时, 原方程组有唯一解.

当$\lambda=1$时, 原方程组有无穷多解, 其通解为

$$\begin{cases}x_1=1,\\ x_2=-1+k, \quad \text{(其中}k\text{为任意常数)},\\ x_3=k,\end{cases}$$

或 $(x_1,\ x_2,\ x_3)^{\mathrm{T}}=(1,\ -1,\ 0)^{\mathrm{T}}+k(0,\ 1,\ 1)^{\mathrm{T}}$, ($k$为任意常数).

说明 此类线性方程组的问题, 对方程个数与未知量个数相等的情形, 采用解法1, 一般比较简单, 采用解法2 亦可. 但是, 对于方程个数与未知量个数不等的情形, 只能用解法2 而不能用解法1 求解.

例4.12 (选择题) 非齐次线性方程组$\boldsymbol{AX}=\boldsymbol{b}$中未知数的个数为$n$, 方程个数为$m$, 系数矩阵$\boldsymbol{A}$的秩为$r$, 则 ( )

(A) $r=m$时, 方程组$\boldsymbol{AX}=\boldsymbol{b}$ 有解

(B) $r=n$时, 方程组$\boldsymbol{AX}=\boldsymbol{b}$ 有唯一解

(C) $m=n$时, 方程组$\boldsymbol{AX}=\boldsymbol{b}$ 唯一解

(D) $r<n$时, 方程组$\boldsymbol{AX}=\boldsymbol{b}$ 有无穷多解

解析 依题意知, 矩阵$\boldsymbol{A}$为$m\times n$矩阵, 且$r(\boldsymbol{A})=r$, 若$r=m$, 则$\boldsymbol{A}$的m个行向量线性无关, 增广矩阵$\overline{\boldsymbol{A}}$的$m$个行向量也是线性无关的, 因为线性无关的向量组增加维数后仍线性无关, 故$r(\overline{\boldsymbol{A}})=r(\boldsymbol{A})=m$, 所以方程组$\boldsymbol{AX}=b$有解. 而(B), (C), (D)均不能保证$r(\boldsymbol{A})=r(\overline{\boldsymbol{A}})$, 所以(B), (C), (D)均不成立, 故应选择(A).

例4.13 设向量组$\boldsymbol{\alpha}_1=(a,\ 2,\ 10)^{\mathrm{T}}$, $\boldsymbol{\alpha}_2=(-2,\ 1,\ 5)^{\mathrm{T}}$, $\boldsymbol{\alpha}_3=(-1,\ 1,\ 4)^{\mathrm{T}}$, $\boldsymbol{\beta}=(1,\ b,\ c)^{\mathrm{T}}$. 试问. 当$a, b, c$满足什么条件时

(1) $\boldsymbol{\beta}$可由$\boldsymbol{\alpha}_1$, $\boldsymbol{\alpha}_2$, $\boldsymbol{\alpha}_3$线性表示, 且表示唯一?

(2) $\boldsymbol{\beta}$不能由$\boldsymbol{\alpha}_1$, $\boldsymbol{\alpha}_2$, $\boldsymbol{\alpha}_3$线性表示?

(3) $\boldsymbol{\beta}$可由$\boldsymbol{\alpha}_1$, $\boldsymbol{\alpha}_2$, $\boldsymbol{\alpha}_3$线性表示, 但表示式不唯一? 并求出一般表达式.

解法1 考察等式

$$k_1\boldsymbol{\alpha}_1+k_2\boldsymbol{\alpha}_2+k_3\boldsymbol{\alpha}_3=\boldsymbol{\beta}, \tag{4.3.1}$$

即线性方程组

$$\begin{cases} ak_1-2k_2-\ k_3=1 \\ 2k_1+\ k_2+\ k_3=b \\ 10k_1+5k_2+4k_3=c \end{cases} \tag{4.3.2}$$

$\boldsymbol{\beta}$能否被$\boldsymbol{\alpha}_1,\boldsymbol{\alpha}_2,\boldsymbol{\alpha}_3$线性表示的问题, 转化为线性方程组(4.3.2)是否有解的问题. 为此, 计算方程组(4.3.2)的系数行列式

$$|\boldsymbol{A}|=\begin{vmatrix} a & -2 & -1 \\ 2 & 1 & 1 \\ 10 & 5 & 4 \end{vmatrix}=-a-4$$

(1) 当$a\neq-4$时, $|\boldsymbol{A}|\neq0$, 方程组(4.3.2)有唯一解, $\boldsymbol{\beta}$可由$\boldsymbol{\alpha}_1,\boldsymbol{\alpha}_2,\boldsymbol{\alpha}_3$线性表示, 且表示式唯一.

(2) 当$a=-4$时, 对增广矩阵$\overline{\boldsymbol{A}}$作初等行变换, 有

$$\overline{\boldsymbol{A}}=\begin{bmatrix} -4 & -2 & -1 & 1 \\ 2 & 1 & 1 & b \\ 10 & 5 & 4 & c \end{bmatrix}\rightarrow\begin{bmatrix} 2 & 1 & 0 & -b-1 \\ 0 & 0 & 1 & 2b+1 \\ 0 & 0 & 0 & 3b-c-1 \end{bmatrix}$$

若$3b-c\neq1$, 则$r(\boldsymbol{A})\neq r(\overline{\boldsymbol{A}})$, 方程组无解, $\boldsymbol{\beta}$不能由$\boldsymbol{\alpha}_1,\boldsymbol{\alpha}_2,\boldsymbol{\alpha}_3$线性表示.

(3) $a=-4$ 且$3b-c=1$时, $r(\boldsymbol{A})=r(\overline{\boldsymbol{A}})=2<3$, 方程组有无穷多组解, $\boldsymbol{\beta}$可由$\boldsymbol{\alpha}_1,\boldsymbol{\alpha}_2,\boldsymbol{\alpha}_3$线性表示, 且表示式不唯一, 解得

$$\begin{cases} k_1=t, \\ k_2=-2t-b-1, \\ k_3=2b+1, \end{cases} \quad (\text{其中}t\text{为任意常数})$$

因此, 有

$$\boldsymbol{\beta}=t\boldsymbol{\alpha}_1-(2t+b+1)\boldsymbol{\alpha}_2+(2b+1)\boldsymbol{\alpha}_3.$$

解法2 考察等式

$$k_1\boldsymbol{\alpha}_1+k_2\boldsymbol{\alpha}_2+k_3\boldsymbol{\alpha}_3=\boldsymbol{\beta}$$

即线性方程组(4.3.2), 对它的增广矩阵$\overline{\boldsymbol{A}}$施行初等行变换, 有

$$\overline{\boldsymbol{A}}=\begin{bmatrix} a & -2 & -1 & 1 \\ 2 & 1 & 1 & b \\ 10 & 5 & 4 & c \end{bmatrix}\rightarrow\begin{bmatrix} 2 & 1 & 1 & b \\ 0 & -2-\dfrac{a}{2} & -1-\dfrac{a}{2} & 1-\dfrac{ab}{2} \\ 0 & 0 & -1 & c-5b \end{bmatrix}$$

(1) 当$-2-\frac{a}{2}\neq0$, 即$a\neq-4$时, $r(\boldsymbol{A})=r(\overline{\boldsymbol{A}})=3$, 方程组有唯一解, $\boldsymbol{\beta}$可由$\boldsymbol{\alpha}_1$, $\boldsymbol{\alpha}_2$, $\boldsymbol{\alpha}_3$线性表示, 且表示式唯一.

(2) 当$-2-\dfrac{a}{2}=0$, 即$a=-4$时, 对增广矩阵$\overline{\boldsymbol{A}}$施行行的初等变换, 有

$$\overline{\boldsymbol{A}}=\begin{bmatrix}2 & 1 & 0 & -b-1\\ 0 & 0 & 1 & 1+2b\\ 0 & 0 & 0 & 1-3b+c\end{bmatrix}$$

当$3b-c\neq 1$, 则$r(\boldsymbol{A})\neq r(\overline{\boldsymbol{A}})$, 方程组无解, $\boldsymbol{\beta}$不能由$\boldsymbol{\alpha}_1$, $\boldsymbol{\alpha}_2$, $\boldsymbol{\alpha}_3$线性表示.

(3) 与解法1 的(3)相同.

题型三 线性方程组的基础解系

例4.14 求下列齐次线性方程组的一个基础解系:

(1) $\begin{cases}x_1+x_2+x_3+x_4+x_5=0\\ 3x_1+2x_2+x_3+x_4-3x_5=0\\ x_2+2x_3+2x_4+6x_5=0\\ 5x_1+4x_2+3x_3+3x_4-x_5=0\end{cases}$ (2) $\begin{cases}x_1+2x_2+3x_3+x_4=0\\ x_1+4x_2+5x_3+2x_4=0\\ 2x_1+9x_2+8x_3+3x_4=0\\ 3x_1+7x_2+7x_3+2x_4=0\end{cases}$

(3) $\begin{cases}2x_1+3x_2-x_3+5x_4=0\\ 3x_1-x_2+2x_3-7x_4=0\\ 4x_1+x_2-3x_3+6x_4=0\\ x_1-2x_2+4x_3-7x_4=0\end{cases}$

解 (1) 对系数矩阵$\boldsymbol{A}$施行初等行变换:

$$\boldsymbol{A}=\begin{bmatrix}1 & 1 & 1 & 1 & 1\\ 3 & 2 & 1 & 1 & -3\\ 0 & 1 & 2 & 2 & 6\\ 5 & 4 & 3 & 3 & -1\end{bmatrix}\rightarrow\begin{bmatrix}1 & 1 & 1 & 1 & 1\\ 0 & -1 & -2 & -2 & -6\\ 0 & 1 & 2 & 2 & 6\\ 0 & -1 & -2 & -2 & -6\end{bmatrix}\rightarrow\begin{bmatrix}1 & 1 & 1 & 1 & 1\\ 0 & 1 & 2 & 2 & 6\\ 0 & 0 & 0 & 0 & 0\\ 0 & 0 & 0 & 0 & 0\end{bmatrix},$$

可见$r(\boldsymbol{A})=r=2$, 而$n=5$, $n-r=3$, 故齐次线性方程组有无穷多解, 其基础解系含3个线性无关的解向量. 由最后阶梯形矩阵得同解方程组:

$$\begin{cases}x_1+x_2+x_3+x_4+x_5=0\\ x_2+2x_3+2x_4+6x_5=0\end{cases}\quad 或\quad\begin{cases}x_1+x_2=-x_3-x_4-x_5\\ x_2=-2x_3-2x_4-6x_5\end{cases}$$

分别令

$$\begin{bmatrix}x_3\\ x_4\\ x_5\end{bmatrix}=\begin{bmatrix}1\\ 0\\ 0\end{bmatrix},\ \begin{bmatrix}0\\ 1\\ 0\end{bmatrix},\ \begin{bmatrix}0\\ 0\\ 1\end{bmatrix},$$

代入方程组, 可得$\boldsymbol{\eta}_1=(1,\ -2,\ 1,\ 0,\ 0)^{\mathrm{T}}$, $\boldsymbol{\eta}_2=(1,\ -2,\ 0,\ 1,\ 0)^{\mathrm{T}}$, $\boldsymbol{\eta}_3=(5,\ -6,\ 0,\ 0,\ 1)^{\mathrm{T}}$, 则解向量$\boldsymbol{\eta}_1$, $\boldsymbol{\eta}_2$, $\boldsymbol{\eta}_3$就是它的一个基础解系.

(2) 对系数矩阵$\boldsymbol{A}$施行初等行变换:

$$\boldsymbol{A}=\begin{bmatrix}1 & 2 & 3 & 1\\ 1 & 4 & 5 & 2\\ 2 & 9 & 8 & 3\\ 3 & 7 & 7 & 2\end{bmatrix}\rightarrow\begin{bmatrix}1 & 2 & 3 & 1\\ 0 & 2 & 2 & 1\\ 0 & 5 & 2 & 1\\ 0 & 1 & -2 & -1\end{bmatrix}\rightarrow\begin{bmatrix}1 & 2 & 3 & 1\\ 0 & 1 & -2 & -1\\ 0 & 2 & 2 & 1\\ 0 & 5 & 2 & 1\end{bmatrix}$$

$$\to\begin{bmatrix}1&2&3&1\\0&1&-2&-1\\0&0&6&3\\0&0&12&6\end{bmatrix}\to\begin{bmatrix}1&2&3&1\\0&1&-2&-1\\0&0&2&1\\0&0&0&0\end{bmatrix},$$

由最后阶梯形矩阵可见$r(\boldsymbol{A})=3$, 而$n=4$, $n-r=1$. 故基础解系含一个解向量. 由阶梯形矩阵得同解方程组

$$\begin{cases}x_1+2x_2+3x_3+x_4=0\\ x_2-2x_3-x_4=0\\ 2x_3+x_4=0\end{cases}\quad 或\quad\begin{cases}x_1+2x_2+3x_3=-x_4\\ x_2-2x_3=x_4\\ 2x_3=-x_4\end{cases}$$

令$x_4=1$, 代入方程组可得$\boldsymbol{\eta}_1=\left(\frac{1}{2},0,-\frac{1}{2},1\right)^{\mathrm{T}}$, 则$\boldsymbol{\eta}_1$就是它的一个基础解系.

(3) 对系数矩阵$\boldsymbol{A}$施行初等行变换:

$$\boldsymbol{A}=\begin{bmatrix}2&3&-1&5\\3&-1&2&-7\\4&1&-3&6\\1&2&4&-7\end{bmatrix}\to\begin{bmatrix}1&2&4&-7\\0&-7&-10&14\\0&-7&-19&34\\0&-1&-9&19\end{bmatrix}$$

$$\to\begin{bmatrix}1&2&4&-7\\0&-1&-9&19\\0&0&44&-99\\0&0&53&-119\end{bmatrix}\to\begin{bmatrix}1&2&4&-7\\0&-1&-9&19\\0&0&4&-9\\0&0&0&\frac{1}{4}\end{bmatrix},$$

由最后阶梯形矩阵知$r(\boldsymbol{A})=4$. 故齐次线性方程组只有零解.

例4.15 求下列非齐次线性方程组的一个特解及对应齐次方程组（导出组）的一个基础解系, 并写出一般解.

$$(1)\begin{cases}x_1+x_2-3x_3-x_4=1\\3x_1-x_2-3x_3+4x_4=4\\x_1+5x_2-9x_3-8x_4=0\end{cases}\qquad(2)\begin{cases}4x_1+x_2-2x_3+x_4=3\\x_1-2x_2-x_3+2x_4=2\\2x_1+5x_2-x_4=-1\\3x_1+3x_2-x_3-3x_4=1\end{cases}$$

解 (1) 首先对其增广矩阵$\overline{\boldsymbol{A}}$施行初等行变换:

$$\boldsymbol{A}=\begin{bmatrix}1&1&-3&-1&1\\3&-1&-3&4&4\\1&5&-9&-8&0\end{bmatrix}\to\begin{bmatrix}1&1&-3&-1&1\\0&-4&6&7&1\\0&4&-6&-7&-1\end{bmatrix}\to\begin{bmatrix}1&1&-3&-1&1\\0&4&-6&-7&-1\\0&0&0&0&0\end{bmatrix},$$

由最后阶梯形矩阵知$r(\overline{\boldsymbol{A}})=r(\boldsymbol{A})=2$, 所以非齐次方程组有解. 还可得出同解方程组:

$$\begin{cases}x_1+x_2-3x_3-x_4=1\\ 4x_2-6x_3-7x_4=-1\end{cases}\quad 或\quad\begin{cases}x_1+x_2=1+3x_3+x_4\\ 4x_2=-1+6x_3+7x_4\end{cases}$$

其中x_3, x_4是自由未知量（可取任意值）. 令$x_3=x_4=0$, 可解出$x_1=\dfrac{5}{4}$, $x_2=-\dfrac{1}{4}$. 于是得非齐次方程组一个特解$\boldsymbol{\eta}_0=(\frac{5}{4},\ -\frac{1}{4},\ 0,\ 0)^{\mathrm{T}}$.

再求导出组

$$\begin{cases} x_1+x_2-3x_3-x_4=0 \\ 3x_1-x_2-3x_3+4x_4=0 \\ x_1+5x_2-9x_3-8x_4=0 \end{cases}$$

的一个基础解系; 由上面得到的阶梯形矩阵知, 导出组有同解方程组

$$\begin{cases} x_1+x_2-3x_3-x_4=0 \\ 4x_2-6x_3-7x_4=0 \end{cases} \quad \text{或} \quad \begin{cases} x_1+x_2=3x_3+x_4 \\ 4x_2=6x_3+7x_4 \end{cases}$$

可见$n-r(\boldsymbol{A})=4-2=2$, 基础解系中含有两个线性无关的解向量. 令$\begin{bmatrix} x_3 \\ x_4 \end{bmatrix}=\begin{bmatrix} 1 \\ 0 \end{bmatrix}$解得$x_1=\frac{3}{2}$, $x_2=\frac{3}{2}$, 于是得$\boldsymbol{\xi}_1=\left(\frac{3}{2},\ \frac{3}{2},\ 1,\ 0\right)^{\mathrm{T}}$. 令$\begin{bmatrix} x_3 \\ x_4 \end{bmatrix}=\begin{bmatrix} 0 \\ 1 \end{bmatrix}$, 解得$x_1=-\frac{3}{4}$, $x_2=\frac{7}{4}$, 于是得$\boldsymbol{\xi}_2=\left(-\frac{3}{4},\frac{7}{4},0,1\right)^{\mathrm{T}}$. 则$\boldsymbol{\xi}_1$, $\boldsymbol{\xi}_2$是导出组的基础解系. 因而非齐次线性方程组的一般解是$\boldsymbol{\eta}=\boldsymbol{\eta}_0+k_1\boldsymbol{\xi}_1+k_2\boldsymbol{\xi}_2$. 其中$k_1$, k_2 是任意常数.

(2) 对增广矩阵$\overline{\boldsymbol{A}}$施行初等行变换:

$$\overline{\boldsymbol{A}}=\begin{bmatrix} 4 & 1 & -2 & 1 & 3 \\ 1 & -2 & -1 & 2 & 2 \\ 2 & 5 & 0 & -1 & -1 \\ 3 & 3 & -1 & -3 & 1 \end{bmatrix} \to \begin{bmatrix} 1 & -2 & -1 & 2 & 2 \\ 0 & 9 & 2 & -7 & -5 \\ 0 & 9 & 2 & -5 & -5 \\ 0 & 9 & 2 & -9 & -5 \end{bmatrix}$$

$$\to \begin{bmatrix} 1 & -2 & -1 & 2 & 2 \\ 0 & 9 & 2 & -7 & -5 \\ 0 & 0 & 0 & 2 & 0 \\ 0 & 0 & 0 & -2 & 0 \end{bmatrix} \to \begin{bmatrix} 1 & -2 & -1 & 2 & 2 \\ 0 & 9 & 2 & -7 & -5 \\ 0 & 0 & 0 & 2 & 0 \\ 0 & 0 & 0 & 0 & 0 \end{bmatrix}.$$

于是, 有同解方程组:

$$\begin{cases} x_1-2x_2-x_3-2x_4=2 \\ 9x_2+2x_3-7x_4=-5 \\ 2x_4=0 \end{cases} \quad \text{或} \quad \begin{cases} x_1-2x_2+2x_4=2+x_3 \\ 9x_2-7x_4=-5-2x_3 \\ 2x_4=0 \end{cases}$$

其中x_3为自由未知量. 令$x_3=0$, 解出$x_1=\frac{8}{9}$, $x_2=-\frac{5}{9}$, $x_4=0$, 得非齐次方程组的一个特解$\boldsymbol{\eta}_0=\left(\frac{8}{9},-\frac{5}{9},0,0\right)^{\mathrm{T}}$.

求导出组的基础解系: 同解方程组为

$$\begin{cases} x_1 - 2x_2 + 2x_4 = x_3 \\ 9x_2 - 7x_4 = -2x_3 \\ 2x_4 = 0 \end{cases}$$

而$n - r(\boldsymbol{A}) = 4 - 3 = 1$, x_3为自由未知量, 令$x_3 = 1$, 解出$x_1 = \frac{5}{9}$, $x_2 = -\frac{2}{9}$, $x_4 = 0$, 即得基础解系$\boldsymbol{\xi} = \left(\frac{5}{9}, -\frac{2}{9}, 1, 0\right)^{\mathrm{T}}$. 因而非齐次线性方程组的一般解是$\boldsymbol{\eta} = \boldsymbol{\eta}_0 + k\boldsymbol{\xi}$, 其中$k$为任意常数.

例4.16 设向量$\boldsymbol{\alpha}_i = (a_{i1}, a_{i2}, \ldots, a_{in})$, $i = 1, 2, \ldots, m$, $\boldsymbol{\beta} = (b_1, b_2, \ldots, b_n)$. 证明: 如果线性方程组

$$\begin{cases} a_{11}x_1 + a_{12}x_2 + \cdots + a_{1n}x_n = 0 \\ a_{21}x_1 + a_{22}x_2 + \cdots + a_{2n}x_n = 0 \\ \qquad \vdots \\ a_{m1}x_1 + a_{m2}x_2 + \cdots + a_{mn}x_n = 0 \end{cases} \tag{4.3.3}$$

的一切解都是方程

$$b_1x_1 + b_2x_2 + \cdots + b_nx_n = 0 \tag{4.3.4}$$

的解, 那么向量$\boldsymbol{\beta}$可以由向量$\boldsymbol{\alpha}_1, \boldsymbol{\alpha}_2, \ldots, \boldsymbol{\alpha}_n$ 线性表示.

证明 作方程组

$$\begin{cases} a_{11}x_1 + a_{12}x_2 + \cdots + a_{1n}x_n = 0 \\ a_{21}x_1 + a_{22}x_2 + \cdots + a_{2n}x_n = 0 \\ \qquad \vdots \\ a_{m1}x_1 + a_{m2}x_2 + \cdots + a_{mn}x_n = 0 \\ b_1x_1 + b_2x_2 + \cdots + b_nx_n = 0 \end{cases} \tag{4.3.5}$$

方程组(4.3.5)的解显然是原方程组(4.3.3)的解; 由假设, 方程组(4.3.3)的解都是方程(4.3.4)的解, 可见(4.3.3)的解也都是(4.3.5)的解, 所以(4.3.3)与(4.3.5)是同解方程组. 于是它们具有相同的基础解系, 基础解系中线性无关的解向量个数相同, 即

$$n - r(\boldsymbol{A}) = n - r(\boldsymbol{B})$$

即

$$r(\boldsymbol{A}) = r(\boldsymbol{B}),$$

其中$\boldsymbol{A}, \boldsymbol{B}$分别是方程组(4.3.3)与(4.3.5)的系数矩阵. 由于$r(\boldsymbol{A}) = r(\boldsymbol{B})$, 则矩阵$\boldsymbol{B}$的第$m+1$个行向量$\boldsymbol{\beta}$, 一定可以由前$m$个行向量$\boldsymbol{\alpha}_i$ $(i = 1, 2, \ldots, m)$ 线性表示.

例4.17 已知线性方程组

$$(\mathrm{I}) \begin{cases} a_{11}x_1 + a_{12}x_2 + \cdots + a_{1,2n}x_{2n} = 0 \\ a_{21}x_1 + a_{22}x_2 + \cdots + a_{2,2n}x_{2n} = 0 \\ \qquad \vdots \\ a_{n1}x_1 + a_{n2}x_2 + \cdots + a_{n,2n}x_{2n} = 0 \end{cases}$$

的一个基础解系$(b_{11}, b_{12}, \dots, b_{1,2n})^{\mathrm{T}}$, $(b_{21}, b_{22}, \dots, b_{2,2n})^{\mathrm{T}}$, …, $(b_{n1}, b_{n2}, \dots, b_{n,2n})^{\mathrm{T}}$. 试写出线性方程组

$$(\mathrm{II})\begin{cases} b_{11}y_1 + b_{12}y_2 + \cdots + b_{1,2n}y_{2n} = 0 \\ b_{21}y_1 + b_{22}y_2 + \cdots + b_{2,2n}y_{2n} = 0 \\ \qquad\qquad\vdots \\ b_{n1}y_1 + b_{n2}y_2 + \cdots + b_{n,2n}y_{2n} = 0 \end{cases}$$

的通解, 并说明理由.

解 (II)的通解为

$$\boldsymbol{y} = c_1(a_{11}, a_{12}, \dots, a_{1,2n})^{\mathrm{T}} + c_2(a_{21}, a_{22}, \dots, a_{2,2n})^{\mathrm{T}} + \cdots + c_n(a_{n1}, a_{n2}, \dots, a_{n,2n})^{\mathrm{T}},$$

其中$c_1, c_2, \dots, c_n$为任意常数. 理由如下:

将方程组(I), (II)写成矩阵的形式:

$$\boldsymbol{AX} = \boldsymbol{0}, \qquad \boldsymbol{BY} = \boldsymbol{0},$$

其中$\boldsymbol{A}$, $\boldsymbol{B}$分别是(I), (II)的系数矩阵, 而

$$\boldsymbol{X} = (x_1, x_2, \dots, x_{2n})^{\mathrm{T}}, \qquad \boldsymbol{Y} = (y_1, y_2, \dots, y_{2n})^{\mathrm{T}},$$

则由(I)的已知基础解系数可知$\boldsymbol{AB}^{\mathrm{T}} = \boldsymbol{0}$, 于是$\boldsymbol{BA}^{\mathrm{T}} = (\boldsymbol{AB}^{\mathrm{T}})^{\mathrm{T}} = \boldsymbol{0}$, 因此可知$\boldsymbol{A}$的$n$个行向量的转置向量为(II)的$n$个解向量.

由于$\boldsymbol{B}$的秩为n, 故(II)的解空间维数为$2n - n = n$. 又$\boldsymbol{A}$的秩是$2n$与(I) 的解空间维数之差等于n, 故$\boldsymbol{A}$的n个行向量线性无关, 从而它们的转置向量构成(II) 的一个基础解系, 于是得到(II)的上述通解.

说明 此题亦可直接用线性方程组的形式来解, 或者将方程组写成向量等式再求解.

例4.18 齐次线性方程组

$$\begin{cases} a_{11}x_1 + a_{12}x_2 + \cdots + a_{1n}x_n = 0 \\ a_{21}x_1 + a_{22}x_2 + \cdots + a_{2n}x_n = 0 \\ \qquad\qquad\vdots \\ a_{n-1,1}x_1 + a_{n-1,2}x_2 + \cdots + a_{n-1,n}x_n = 0 \end{cases}$$

的系数矩阵为$\boldsymbol{A}_{(n-1)\times n}$, $\boldsymbol{M}_i$ $(i = 1, 2, \dots, n)$是在矩阵$\boldsymbol{A}$中划去第i 列所得的$n-1$阶子式, 证明

(1) $(M_1, -M_2, \dots, (-1)^{n-1}M_n)^{\mathrm{T}}$是该方程组的一个解;

(2) 若$\boldsymbol{A}$的秩为$n-1$, 求该方程组的通解.

证明 (1) 直接将$(M_1, -M_2, \dots, (-1)^{n-1}M_n)^{\mathrm{T}}$代入方程组进行验证, 由$M_i$的取法可知, 若$\boldsymbol{A}$上添加一行作第一行得$\boldsymbol{B}$, 则$M_i$将是第一行元素的余子式. 验证即是将$\boldsymbol{B}$的第一

行元素的代数余子式代入第i个方程, 其值即为将方程系数作为新添第一行元素的行列式的值, 因为行列式中有两行相同, 故值为0. 具体地, 将$(M_1, -M_2, \ldots, (-1)^{n-1}M_n)$代入第$i$个方程$(i = 1, 2, \ldots, n-1)$, 得

$$a_{i1}M_1 - a_{i2}M_2 + \cdots + a_{in}(-1)^{n-1}M_n = \begin{vmatrix} a_{i1} & a_{i2} & \cdots & a_{in} \\ a_{11} & a_{12} & \cdots & a_{1n} \\ \vdots & \vdots & \ddots & \vdots \\ a_{i1} & a_{i2} & \cdots & a_{in} \\ \vdots & \vdots & \ddots & \vdots \\ a_{i1} & a_{i2} & \cdots & a_{in} \end{vmatrix}_{n\times n} = 0.$$

故知$(M_1, -M_2, \ldots, (-1)^{n-1}M_n)$满足第$i$ $(i = 1, 2, \ldots, n-1)$个方程, 所以它是方程组的解.

(2) 因$r(\boldsymbol{A}) = n-1$, 知方程组的解空间的维数为$n-(n-1) = 1$, 即方程组的基础解系由一个非零解向量组成, 又知$\boldsymbol{A}$中至少含有一个$n-1$阶子式不为零, 即$M_1, M_2, \ldots, M_n$不全为零, 由(1)知$(M_1, -M_2, \ldots, (-1)^{n-1}M_n)$是方程组的一个非零解, 所以它是方程组的一个基础解系, 于是方程组的通解为

$$k(M_1, -M_2, \ldots, (-1)^{n-1}M_n),$$

其中k为任意常数.

例4.19 已知线性方程组

$$\begin{cases} x_1 + x_2 + x_3 = 0 \\ ax_1 + bx_2 + cx_3 = 0 \\ a^2x_1 + b^2x_2 + c^2x_3 = 0 \end{cases}$$

(1) a, b, c满足何种关系时, 方程组仅有零解;

(2) a, b, c满足何种关系式时, 方程组有无穷多组解, 并用基础解系表示全部解.

解 系数行列式

$$D = \begin{vmatrix} 1 & 1 & 1 \\ a & b & c \\ a^2 & b^2 & c^2 \end{vmatrix}$$

是三阶范德蒙行列式, 故$D = (b-a)(c-b)(c-a)$.

(1) 当$a \neq b, b \neq c, c \neq a$时, $D \neq 0$, 方程组仅有零解, $x_1 = x_2 = x_3 = 0$.

(2) 下面分四种情况:

① 当$a = b \neq c$时, 同解方程组为

$$\begin{cases} x_1 + x_2 + x_3 = 0 \\ \qquad\qquad\quad x_3 = 0 \end{cases}$$

方程组有无穷多组解, 全部解为

$$k_1(1,\ -1,\ 0)^{\mathrm{T}},\quad (k_1\text{为任意常数}).$$

② 当$a=c\neq b$时, 同解方程组为

$$\begin{cases} x_1+x_2+x_3=0\\ \qquad x_2\qquad\ =0\end{cases}$$

方程组有无穷多组解, 全部解为

$$k_2(1,\ 0,\ -1)^{\mathrm{T}},\quad (k_2\text{为任意常数}).$$

③ 当$b=c\neq a$时, 同解方程组为

$$\begin{cases} x_1+x_2+x_3=0\\ x_1\qquad\qquad\ =0\end{cases}$$

方程组有无穷多组解, 全部解为

$$k_3(0,\ 1,\ -1)^{\mathrm{T}},\quad (k_3\text{为任意常数}).$$

④ 当$a=b=c$时, 同解方程组为

$$x_1+x_2+x_3=0,$$

方程组有无穷多组解, 全部解为

$$k_4(-1,1,0)^{\mathrm{T}}+k_5(-1,0,1)^{\mathrm{T}},\qquad (k_4,\ k_5\text{为任意常数}).$$

题型四　综合题

例4.20　已知$\boldsymbol{\alpha}_1=(1,\ 4,\ 0,\ 2)^{\mathrm{T}}$, $\boldsymbol{\alpha}_2=(2,\ 7,\ 1,\ 3)^{\mathrm{T}}$, $\boldsymbol{\alpha}_3=(0,\ 1,\ -1,\ a)^{\mathrm{T}}$, $\boldsymbol{\beta}=(3,\ 10,\ b,\ 4)^{\mathrm{T}}$, 问

(1) a, b取何值时, $\boldsymbol{\beta}$不能由$\boldsymbol{\alpha}_1,\boldsymbol{\alpha}_2,\boldsymbol{\alpha}_3$线性表示?

(2) a, b取何值时, $\boldsymbol{\beta}$可由$\boldsymbol{\alpha}_1,\boldsymbol{\alpha}_2,\boldsymbol{\alpha}_3$线性表示? 并写出此表达式.

解　此问题按线性表示的概念, 化为考查等式$x_1\boldsymbol{\alpha}_1+x_2\boldsymbol{\alpha}_2+x_3\boldsymbol{\alpha}_3=\boldsymbol{\beta}$, 即方程组

$$\begin{cases} x_1+2x_2\qquad\quad =3\\ 4x_1+7x_2+\ x_3=10\\ \qquad\ x_2-\ x_3=b\\ 2x_1+3x_2+ax_3=4\end{cases}\tag{4.3.6}$$

是否有解的问题, 因为其增广矩阵满足

$$\begin{bmatrix}1&2&0&3\\4&7&1&10\\0&1&-1&b\\2&3&a&4\end{bmatrix}\to\begin{bmatrix}1&2&0&3\\0&-1&1&-2\\0&1&-1&b\\0&-1&a&-2\end{bmatrix}\to\begin{bmatrix}1&2&0&3\\0&-1&1&-2\\0&0&a-1&0\\0&0&0&b-2\end{bmatrix},$$

所以

(1) 当$b \neq 2$时, 线性方程组(4.3.6)无解, 此时$\boldsymbol{\beta}$不能由$\boldsymbol{\alpha}_1$, $\boldsymbol{\alpha}_2$, $\boldsymbol{\alpha}_3$线性表示;

(2) 当$b = 2$, $a \neq 1$时, 线性方程组(4.3.6)有唯一解:

$$(x_1, x_2, x_3)^{\mathrm{T}} = (-1, 2, 0)^{\mathrm{T}},$$

于是$\boldsymbol{\beta}$可唯一表示为$\boldsymbol{\beta} = -\boldsymbol{\alpha}_1 + 2\boldsymbol{\alpha}_2$.

(3) 当$b = 2$, $a = 1$时, 线性方程组(4.3.6)有无穷多个解:

$$(x_1, x_2, x_3)^{\mathrm{T}} = k(-2, 1, 1)^{\mathrm{T}} + (-1, 2, 0)^{\mathrm{T}},$$

其中k为任意常数, 这时$\boldsymbol{\beta}$可由$\boldsymbol{\alpha}_1$, $\boldsymbol{\alpha}_2$, $\boldsymbol{\alpha}_3$线性表示为

$$\boldsymbol{\beta} = -(2k+1)\boldsymbol{\alpha}_1 + (k+2)\boldsymbol{\alpha}_2 + k\boldsymbol{\alpha}_3.$$

例4.21 (选择题) 齐次线性方程组

$$\begin{cases} \lambda x_1 + x_2 + \lambda^2 x_3 = 0 \\ x_1 + \lambda x_2 + x_3 = 0 \\ x_1 + x_2 + \lambda x_3 = 0 \end{cases}$$

的系数矩阵记为$\boldsymbol{A}$. 若存在三阶矩阵$\boldsymbol{B} \neq \boldsymbol{0}$使得$\boldsymbol{AB} = \boldsymbol{0}$, 则 (　　)

(A) $\lambda = -2$且$|\boldsymbol{B}| = 0$　　(B) $\lambda = -2$且$|\boldsymbol{B}| \neq 0$

(C) $\lambda = 1$且$|\boldsymbol{B}| = 0$　　(D) $\lambda=1$且$|\boldsymbol{B}| \neq 0$

解 由题设条件: $\boldsymbol{AB} = \boldsymbol{0}$, 且$\boldsymbol{B} \neq \boldsymbol{0}$, 知方程组$\boldsymbol{AX} = \boldsymbol{0}$存在非零解, 于是$|\boldsymbol{A}|=0$, 即

$$\begin{vmatrix} \lambda & 1 & \lambda^2 \\ 1 & \lambda & 1 \\ 1 & 1 & \lambda \end{vmatrix} = 0,$$

解得$\lambda=1$, 故

$$\boldsymbol{A} = \begin{bmatrix} 1 & 1 & 1 \\ 1 & 1 & 1 \\ 1 & 1 & 1 \end{bmatrix}$$

由$\boldsymbol{AB} = \boldsymbol{0}$. 知$\boldsymbol{B}^{\mathrm{T}}\boldsymbol{A}^{\mathrm{T}} = \boldsymbol{0}$, 故方程组$\boldsymbol{B}^{\mathrm{T}}\boldsymbol{X} = \boldsymbol{0}$ 存在非零解, 于是$|\boldsymbol{B}| = |\boldsymbol{B}^{\mathrm{T}}| = \boldsymbol{0}$, 所以应该选择(C).

例4.22 设$\boldsymbol{\alpha} = (1, 2, 1)^{\mathrm{T}}$, $\boldsymbol{\beta} = (1, \frac{1}{2}, 0)^{\mathrm{T}}$, $\boldsymbol{\gamma} = (0, 0, 8)^{\mathrm{T}}$. $\boldsymbol{A} = \boldsymbol{\alpha}\boldsymbol{\beta}^{\mathrm{T}}$, $\boldsymbol{B} = \boldsymbol{\beta}^{\mathrm{T}}\boldsymbol{\alpha}$, 其中$\boldsymbol{\beta}^{\mathrm{T}}$是$\boldsymbol{\beta}$的转置, 求解方程 $2\boldsymbol{B}^2\boldsymbol{A}^2\boldsymbol{X} = \boldsymbol{A}^4\boldsymbol{X} + \boldsymbol{B}^4\boldsymbol{X} + \boldsymbol{\gamma}$.

解 由题设得

$$\boldsymbol{A}=\begin{bmatrix}1\\2\\1\end{bmatrix}\left(1,\ \frac{1}{2},\ 0\right)=\begin{bmatrix}1&\frac{1}{2}&0\\2&1&0\\1&\frac{1}{2}&0\end{bmatrix},\qquad \boldsymbol{B}=\left(1,\ \frac{1}{2},\ 0\right)\begin{bmatrix}1\\2\\1\end{bmatrix}=2.$$

又 $$\boldsymbol{A}^2=\boldsymbol{\alpha}\boldsymbol{\beta}^{\mathrm{T}}\boldsymbol{\alpha}\boldsymbol{\beta}^{\mathrm{T}}=\boldsymbol{\alpha}(\boldsymbol{\beta}^{\mathrm{T}}\boldsymbol{\alpha})\boldsymbol{\beta}^{\mathrm{T}}=2\boldsymbol{A},\qquad \boldsymbol{A}^4=8\boldsymbol{A},$$

代入原方程, 得

$$16\boldsymbol{AX}=8\boldsymbol{AX}+16\boldsymbol{X}+\boldsymbol{\gamma}$$

即$8(\boldsymbol{A}-2\boldsymbol{E})\boldsymbol{X}=\boldsymbol{\gamma}$（其中$\boldsymbol{E}$是三阶单位矩阵）. 令$\boldsymbol{X}=(x_1,\ x_2,\ x_3)^{\mathrm{T}}$, 代入上式, 得到非齐次线性方程组

$$\begin{cases}-x_1+\frac{1}{2}x_2 &=0\\ 2x_1-\ x_2 &=0\\ x_1+\frac{1}{2}x_2-2x_3=1\end{cases}$$

解其对应的齐次方程组, 得通解$\boldsymbol{\xi}=k(1,\ 2,\ 1)^{\mathrm{T}}$, k为任意常数. 显然, 非齐次方程组的一个特解为$\boldsymbol{\eta}_0=(0,\ 0,\ -\frac{1}{2})^{\mathrm{T}}$. 于是, 所求方程的解为$\boldsymbol{X}=\boldsymbol{\xi}+\boldsymbol{\eta}_0$.

例4.23 已知向量组$\boldsymbol{\beta}_1=(0,\ 1,\ -1)^{\mathrm{T}}$, $\boldsymbol{\beta}_2=(a,\ 2,\ 1)^{\mathrm{T}}$, $\boldsymbol{\beta}_3=(b,\ 1,\ 0)^{\mathrm{T}}$, 与向量组$\boldsymbol{\alpha}_1=(1,2,-3)^{\mathrm{T}}$, $\boldsymbol{\alpha}_2=(3,0,1)^{\mathrm{T}}$, $\boldsymbol{\alpha}_3=(9,6,-7)^{\mathrm{T}}$ 具有相同的秩, 且$\boldsymbol{\beta}_3$可由$\boldsymbol{\alpha}_1$, $\boldsymbol{\alpha}_2$, $\boldsymbol{\alpha}_3$线性表示, 求a,b的值.

解法1 $\boldsymbol{\alpha}_1$和$\boldsymbol{\alpha}_2$线性无关, $\boldsymbol{\alpha}_3=3\boldsymbol{\alpha}_1+2\boldsymbol{\alpha}_2$, 所以向量组$\boldsymbol{\alpha}_1$, $\boldsymbol{\alpha}_2$, $\boldsymbol{\alpha}_3$ 线性相关, 且秩为2. $\boldsymbol{\alpha}_1$, $\boldsymbol{\alpha}_2$是它的一个极大无关组.

由于向量组$\boldsymbol{\beta}_1$, $\boldsymbol{\beta}_2$, $\boldsymbol{\beta}_3$与$\boldsymbol{\alpha}_1$, $\boldsymbol{\alpha}_2$, $\boldsymbol{\alpha}_3$具有相同的秩, 故$\boldsymbol{\beta}_1$, $\boldsymbol{\beta}_2$, $\boldsymbol{\beta}_3$线性相关, 从而

$$\begin{vmatrix}0&a&b\\1&2&1\\-1&1&0\end{vmatrix}=0,$$

解得$a=3b$.

又$\boldsymbol{\beta}_3$可由$\boldsymbol{\alpha}_1$, $\boldsymbol{\alpha}_2$, $\boldsymbol{\alpha}_3$线性表示, 从而可由$\boldsymbol{\alpha}_1$, $\boldsymbol{\alpha}_2$线性表示, 所以$\boldsymbol{\alpha}_1$, $\boldsymbol{\alpha}_2$, $\boldsymbol{\beta}_3$线性相关, 从而

$$\begin{vmatrix}1&3&b\\2&0&1\\-3&1&0\end{vmatrix}=0,$$

解得$2b-10=0$, 于是$a=15$, $b=5$.

解法2 因$\boldsymbol{\beta}_3$可由$\boldsymbol{\alpha}_1$, $\boldsymbol{\alpha}_2$, $\boldsymbol{\alpha}_3$线性表示, 故线性方程组

$$\begin{bmatrix}1&3&9\\2&0&6\\-3&1&-7\end{bmatrix}\begin{bmatrix}x_1\\x_2\\x_3\end{bmatrix}=\begin{bmatrix}b\\1\\0\end{bmatrix}$$

有解. 对增广矩阵实行初等行变换:

$$\begin{bmatrix}1&3&9&b\\2&0&6&1\\-3&1&-7&0\end{bmatrix}\to\begin{bmatrix}1&3&9&b\\0&-6&-12&1-2b\\0&10&20&3b\end{bmatrix}$$

$$\to\begin{bmatrix}1&3&9&b\\0&1&2&\frac{2b-1}{6}\\0&1&2&\frac{3b}{10}\end{bmatrix}\to\begin{bmatrix}1&3&9&b\\0&1&2&\frac{2b-1}{6}\\0&0&0&\frac{3b}{10}-\frac{2b-1}{6}\end{bmatrix}.$$

由非齐次线性方程组有解的充分必要条件是系数矩阵的秩与增广矩阵的秩相等, 故$\dfrac{3b}{10}-\dfrac{2b-1}{6}=0$, 于是得$b=5$.

又$\boldsymbol{\alpha}_1$和$\boldsymbol{\alpha}_2$线性无关, $\boldsymbol{\alpha}_3=3\boldsymbol{\alpha}_1+2\boldsymbol{\alpha}_3$, 所以向量组$\boldsymbol{\alpha}_1, \boldsymbol{\alpha}_2, \boldsymbol{\alpha}_3$ 的秩为2.

由题设知向量组$\boldsymbol{\beta}_1, \boldsymbol{\beta}_2, \boldsymbol{\beta}_3$的秩也是2, 从而$\begin{vmatrix}0&a&5\\1&2&1\\-1&1&0\end{vmatrix}=0$, 解出$a=15$.

例4.24 (选择题) 设$\boldsymbol{\alpha}_1, \boldsymbol{\alpha}_2, \boldsymbol{\alpha}_3$是四元非齐次线性方程组$\boldsymbol{AX}=\boldsymbol{b}$ 的三个解向量, 且$r(\boldsymbol{A})=3$, $\boldsymbol{\alpha}_1=(1, 2, 3, 4)^{\mathrm{T}}$, $\boldsymbol{\alpha}_2+\boldsymbol{\alpha}_3=(0, 1, 2, 3)^{\mathrm{T}}$, c 表示任意常数, 则线性方程组$\boldsymbol{AX}=\boldsymbol{b}$ 的通解$\boldsymbol{X}$ 等于 ( )

(A) $(1, 2, 3, 4)^{\mathrm{T}}+c(1, 1, 1, 1)^{\mathrm{T}}$ (B) $(1, 2, 3, 4)^{\mathrm{T}}+c(0, 1, 2, 3)^{\mathrm{T}}$

(C) $(1, 2, 3, 4)^{\mathrm{T}}+c(2, 3, 4, 5)^{\mathrm{T}}$ (D) $(1, 2, 3, 4)^{\mathrm{T}}+c(3, 4, 5, 6)^{\mathrm{T}}$

解 因为$r(\boldsymbol{A})=3$, 所以线性方程组$\boldsymbol{AX}=\boldsymbol{0}$的解空间的维数为$4-r(\boldsymbol{A})=1$. 因为

$$\boldsymbol{A\alpha}_1=\boldsymbol{b},\qquad \boldsymbol{A\alpha}_2=\boldsymbol{b},\qquad \boldsymbol{A\alpha}_3=\boldsymbol{b},$$

所以

$$\boldsymbol{A}\left(\boldsymbol{\alpha}_1-\frac{\boldsymbol{\alpha}_2+\boldsymbol{\alpha}_3}{2}\right)=\boldsymbol{A\alpha_1}-\frac{\boldsymbol{A\alpha_2}+\boldsymbol{A\alpha_3}}{2}=\boldsymbol{A\alpha_1}-\frac{\boldsymbol{A\alpha_2}+\boldsymbol{A\alpha_3}}{2}=\boldsymbol{b}-\frac{\boldsymbol{b}+\boldsymbol{b}}{2}=0.$$

所以$2\left(\boldsymbol{\alpha}_1-\dfrac{\boldsymbol{\alpha}_2+\boldsymbol{\alpha}_3}{2}\right)=(2, 3, 4, 5)^{\mathrm{T}}$是齐次方程组的$\boldsymbol{AX}=\boldsymbol{0}$的解. 根据$\boldsymbol{AX}=\boldsymbol{b}$的解的结构定理, 知$(1, 2, 3, 4)^{\mathrm{T}}+c(2, 3, 4, 5)^{\mathrm{T}}$为$\boldsymbol{AX}=\boldsymbol{b}$的通解, 所以应该选(C).

例4.25 (选择题) 设$\boldsymbol{A}$为n阶实矩阵, $\boldsymbol{A}^{\mathrm{T}}$为$\boldsymbol{A}$的转置矩阵, 则对于线性方程组(Ⅰ): $\boldsymbol{AX}=\boldsymbol{0}$和(Ⅱ): $\boldsymbol{A}^{\mathrm{T}}\boldsymbol{AX}=\boldsymbol{0}$必有 ( )

(A) (Ⅱ)的解是(Ⅰ)的解, (Ⅰ)的解也是(Ⅱ)的解;

(B) (Ⅱ)的解是(Ⅰ)的解, 但(Ⅰ)的解不是(Ⅱ)的解;

(C) (Ⅰ)的解不是(Ⅱ)的解, (Ⅱ)的解也不是(Ⅰ)的解;

(D) (Ⅰ)的解是(Ⅱ)的解, 但(Ⅱ)的解不是(Ⅰ)的解.

解 若$\boldsymbol{\alpha}$是齐次方程组$\boldsymbol{AX}=\mathbf{0}$的解, 则显然$\boldsymbol{A}^{\mathrm{T}}\boldsymbol{A\alpha}=\mathbf{0}$, 若$\boldsymbol{\alpha}$是$\boldsymbol{A}^{\mathrm{T}}\boldsymbol{AX}=\mathbf{0}$的解, 则$\boldsymbol{\alpha}^{\mathrm{T}}\boldsymbol{A}^{\mathrm{T}}\boldsymbol{A\alpha}=\mathbf{0}$, 即$(\boldsymbol{A\alpha})^{\mathrm{T}}(\boldsymbol{A\alpha})=\mathbf{0}$. 若$\boldsymbol{A\alpha}\neq\mathbf{0}$, 不妨设$\boldsymbol{A\alpha}=(b_1, b_2, \ldots, b_n)^{\mathrm{T}}$, $b_1>0$, 则

$$(\boldsymbol{A\alpha})^{\mathrm{T}}(\boldsymbol{A\alpha})=b_1^2+\sum_{i=2}^{n}b_i^2>0,$$

与$(\boldsymbol{A\alpha})^{\mathrm{T}}(\boldsymbol{A\alpha})=\mathbf{0}$矛盾. 因而$\boldsymbol{A\alpha}=\mathbf{0}$. 可见线性方程(Ⅰ)和(Ⅱ)是同解的, 所以应该选择(A).

例4.26 设$\boldsymbol{A}$是$m\times n$矩阵, $\boldsymbol{B}$是$n\times s$矩阵, 且$r(\boldsymbol{B})=n$, 若$\boldsymbol{AB}=\mathbf{0}$, 证明$\boldsymbol{A}=\mathbf{0}$.

证明 因为$\boldsymbol{AB}=\mathbf{0}$, 所以$(\boldsymbol{AB})^{\mathrm{T}}=\mathbf{0}$, 即$\boldsymbol{B}^{\mathrm{T}}\boldsymbol{A}^{\mathrm{T}}=\mathbf{0}$. 因为$\boldsymbol{B}^{\mathrm{T}}$是$s\times n$ 矩阵, 所以$\boldsymbol{B}^{\mathrm{T}}\boldsymbol{X}=\mathbf{0}$有$n$个未知数, 且$\boldsymbol{A}^{\mathrm{T}}$的所有列向量, 即$\boldsymbol{A}$的行向量都为$\boldsymbol{B}^{\mathrm{T}}\boldsymbol{X}=\mathbf{0}$的解向量. 又因为$r(\boldsymbol{B}^{\mathrm{T}})=r(\boldsymbol{B})=n$, 故$\boldsymbol{B}^{\mathrm{T}}\boldsymbol{X}=\mathbf{0}$只有零解, 所以$\boldsymbol{A}=\boldsymbol{A}^{\mathrm{T}}=\mathbf{0}$.

例4.27 设四元线性方程组$\boldsymbol{AX}=\boldsymbol{\beta}$的系数矩阵的秩为3, $\boldsymbol{X}_1,\boldsymbol{X}_2,\boldsymbol{X}_3$是其3个解向量, 且$\boldsymbol{X}_1=(2,0,0,8)^{\mathrm{T}}$, $\boldsymbol{X}_2+\boldsymbol{X}_3=(1,2,3,4)^{\mathrm{T}}$, 求其全部解.

解 由已知条件可知$r(\boldsymbol{A})=3$, 所以导出组$\boldsymbol{AX}=\mathbf{0}$的基础解系中包含的向量的个数为$n-r(\boldsymbol{A})=4-3=1$. 另外, 显然$\boldsymbol{X}_1$为原方程组的特解, 且有

$$\boldsymbol{A}(2\boldsymbol{X}_1-\boldsymbol{X}_2-\boldsymbol{X}_3)=2\boldsymbol{AX}_1-\boldsymbol{A}(\boldsymbol{X}_2+\boldsymbol{X}_3)=\mathbf{0},$$

所以$\boldsymbol{\eta}_1=2\boldsymbol{X}_1-\boldsymbol{X}_2-\boldsymbol{X}_3=(4,0,0,16)^{\mathrm{T}}-(1,2,3,4)^{\mathrm{T}}=(3,-2,-3,12)^{\mathrm{T}}$ 为导出组$\boldsymbol{AX}=\mathbf{0}$的基础解系, 所以原线性方程组的通解为

$$\boldsymbol{\eta}=\boldsymbol{X}_1+k\boldsymbol{\eta}_1=\begin{bmatrix}2\\0\\0\\8\end{bmatrix}+k\begin{bmatrix}3\\-2\\-3\\12\end{bmatrix},$$

其中k为任意常数.

例4.28 设n阶矩阵$\boldsymbol{A}$的各行元素之和为零, 且$\boldsymbol{A}$的秩为$n-1$, 求线性方程组$\boldsymbol{AX}=\mathbf{0}$的通解.

解 容易验证, 行和为零等价于$\boldsymbol{A}(1,1,\ldots,1)^{\mathrm{T}}=\mathbf{0}$, 即$(1,1,\ldots,1)^{\mathrm{T}}$为$\boldsymbol{AX}=\mathbf{0}$的一个解, 而且由$r(\boldsymbol{A})=n-1$可知, $\boldsymbol{AX}=\mathbf{0}$的基础解系中包含向量的个数为$n-r(\boldsymbol{A})=1$. 故其通解为$k(1,1,\ldots,1)^{\mathrm{T}}$, 其中$k$ 为任意常数.

例4.29 设$\boldsymbol{A}$是$n\times m$矩阵, $\boldsymbol{B}$是$m\times n$矩阵, 其中$n<m$, $\boldsymbol{E}$是n阶单位矩阵, 若$\boldsymbol{AB}-\boldsymbol{E}$, 证明$\boldsymbol{B}$的列向量组线性无关.

证明 因为$r(\boldsymbol{AB})\leqslant\min\{r(\boldsymbol{A}),r(\boldsymbol{B})\}$, 所以$r(\boldsymbol{B})\geqslant r(\boldsymbol{AB})=r(\boldsymbol{E})=n$. 又因为$\boldsymbol{B}$为$m\times n$矩阵, 所以$r(\boldsymbol{B})\leqslant n$, 故$r(\boldsymbol{B})=n$, 所以$\boldsymbol{B}$的列向量线性无关.

例4.30 已知三阶矩阵$\boldsymbol{A}$与3维列向量$\boldsymbol{X}$, 有向量组$\boldsymbol{X},\boldsymbol{AX},\boldsymbol{A}^2\boldsymbol{X}$线性无关, 且满足$\boldsymbol{A}^3\boldsymbol{X}=3\boldsymbol{AX}-2\boldsymbol{A}^2\boldsymbol{X}$.

(1) 记$\boldsymbol{P}=(\boldsymbol{X},\boldsymbol{AX},\boldsymbol{A}^2\boldsymbol{X})$, 求3阶矩阵$\boldsymbol{B}$, 使$\boldsymbol{A}=\boldsymbol{PBP}^{-1}$.

(2) 计算行列式$|\boldsymbol{A}+\boldsymbol{E}|$.

解 (1) 由题意可知

$$\boldsymbol{AP}=\boldsymbol{A}(\boldsymbol{X},\boldsymbol{AX},\boldsymbol{A}^2\boldsymbol{X})=(\boldsymbol{AX},\boldsymbol{A}^2\boldsymbol{X},\boldsymbol{A}^3\boldsymbol{X})=(\boldsymbol{AX},\boldsymbol{A}^2\boldsymbol{X},3\boldsymbol{AX}-2\boldsymbol{A}^2\boldsymbol{X})$$

$$=(\boldsymbol{X},\boldsymbol{AX},\boldsymbol{A}^2\boldsymbol{X})\begin{bmatrix}0&0&0\\1&0&3\\0&1&-2\end{bmatrix}=\boldsymbol{PB},$$

即$\boldsymbol{A}=\boldsymbol{PBP}^{-1}$. 所求矩阵为$\boldsymbol{B}=\begin{bmatrix}0&0&0\\1&0&3\\0&1&-2\end{bmatrix}$.

(2) 行列式为

$$|\boldsymbol{A}+\boldsymbol{E}|=|\boldsymbol{PBP}^{-1}+\boldsymbol{E}|=|\boldsymbol{P}(\boldsymbol{B}+\boldsymbol{E})\boldsymbol{P}^{-1}|=|\boldsymbol{P}|\cdot|\boldsymbol{B}+\boldsymbol{E}|\cdot|\boldsymbol{P}^{-1}|$$

$$=|\boldsymbol{B}+\boldsymbol{E}|=\begin{vmatrix}1&0&0\\1&1&3\\0&1&-1\end{vmatrix}=-4.$$

自测题4

1. 用消元法解下列线性方程组:

(1) $\begin{cases} 2x_1+2x_2-x_3=6 \\ x_1-2x_2+4x_3=3 \\ 5x_1+7x_2+x_3=28 \end{cases}$

(2) $\begin{cases} x_1+x_2+2x_3+3x_4=1 \\ 2x_1+3x_2+5x_3+2x_4=-3 \\ 3x_1-x_2-x_3-2x_4=-4 \\ 3x_1+5x_2+2x_3-2x_4=-10 \end{cases}$

(3) $\begin{cases} x_1+3x_2+5x_3-4x_4=1 \\ x_1+3x_2+2x_3-2x_4+x_5=-1 \\ x_1-2x_2+x_3-x_4-x_5=3 \\ x_1-4x_2+x_3+x_4-x_5=3 \\ x_1+2x_2+x_3-x_4+x_5=-1 \end{cases}$

(4) $\begin{cases} 2x_1+x_2-x_3+x_4=1 \\ 3x_1-2x_2+2x_3-3x_4=2 \\ 5x_1+x_2-x_3+2x_4=-1 \\ 2x_1-x_2+x_3-3x_4=4 \end{cases}$

(5) $\begin{cases} x_1-2x_2+3x_3-4x_4+2x_5=-2 \\ x_1+2x_2-x_3-x_5=-3 \\ x_1-x_2+2x_3-3x_4=10 \\ x_2-x_3+x_4-2x_5=-5 \\ 2x_1+3x_2-x_3+x_4+4x_5=1 \end{cases}$

(6) $\begin{cases} x_1-2x_2+x_3+x_4-x_5=1 \\ 2x_1+x_2-x_3-x_4-x_5=2 \\ 4x_1+7x_2-5x_3-5x_4-7x_5=3 \\ 3x_1-x_2-3x_3+x_4-x_5=0 \\ x_1+8x_2-5x_3-5x_4-5x_5=0 \end{cases}$

(7) $\begin{cases} 2x_1+2x_2+x_3=0 \\ -3x_1+12x_2+3x_3=0 \\ 8x_1-2x_2+x_3=0 \\ 2x_1+12x_2+4x_3=0 \end{cases}$

(8) $\begin{cases} x_1+x_2-3x_4-x_5=0 \\ x_1-x_2+2x_3-x_4=0 \\ 4x_1-2x_2+6x_3+3x_4-4x_5=0 \\ 2x_1+4x_2-2x_3+4x_4-7x_5=0 \end{cases}$

2. λ取什么值时, 线性方程组

$$\begin{cases} \lambda x_1+x_2+x_3=1 \\ x_1+\lambda x_2+x_3=\lambda \\ x_1+x_2+\lambda x_3=\lambda^2 \end{cases}$$

有唯一解, 无穷多解, 无解. 在有解的情况下, 求出其解.

3. 讨论λ取何值时, 下列方程组无解, 有解. 在有解的情况下求其解.

$$\begin{cases} x_1+2x_2-x_3-2x_4=0 \\ 2x_1-x_2-x_3+x_4=1 \\ 3x_1+x_2-2x_3 \quad x_4=\lambda \end{cases}$$

4. a, b, c取什么值时, 线性方程组

$$\begin{cases} x_1+x_2-x_3+x_4=3 \\ x_1+2x_2-x_3+2x_4-x_5=5 \\ x_1-x_2-x_3-x_4+2x_5=a \\ -3x_1+2x_2+3x_3+2x_4-5x_5=b \\ -x_1+3x_2+x_3+3x_4-4x_5=c \end{cases}$$

无解, 有解. 在有解的情况下, 求出其解.

5. λ取何值时, 下列齐次线性方程组有非零解:

$$\begin{cases} \lambda x_1 + x_2 + x_3 = 0 \\ x_1 + \lambda x_2 + x_3 = 0 \\ x_1 + x_2 + \lambda x_3 = 0 \end{cases}$$

6. λ取何值时, 下列齐次线性方程组有非零解:

$$\begin{cases} 8x_1 + 2x_2 + (3\lambda+3)x_3 = 0 \\ (3\lambda+3)x_1 + (\lambda+2)x_2 + 7x_3 = 0 \\ 7x_1 + x_2 + 4\lambda x_3 = 0 \end{cases}$$

7. 假设线性方程组

$$\begin{cases} x_1 + x_2 = a_1 \\ x_3 + x_4 = a_2 \\ x_1 + x_3 = b_1 \\ x_2 + x_4 = b_2 \end{cases}$$

其中$a_1 + a_2 = b_1 + b_2$, 试证此线性方程组有解.

8. 求下列齐次线性方程组的一个基础解系:

(1) $\begin{cases} x_1 + 3x_2 + 2x_3 = 0 \\ x_1 + 5x_2 + x_3 = 0 \\ 3x_1 + 5x_2 + 8x_3 = 0 \end{cases}$　(2) $\begin{cases} x_1 + 2x_2 - 3x_3 = 0 \\ 2x_1 + 5x_2 + 2x_3 = 0 \\ 3x_1 - x_2 - 4x_3 = 0 \end{cases}$

(3) $\begin{cases} x_1 + x_2 - 3x_3 - x_4 = 0 \\ 3x_1 - x_2 - 3x_3 + 4x_4 = 0 \\ x_1 + 5x_2 - 9x_3 - 8x_4 = 0 \end{cases}$　(4) $\begin{cases} x_1 - 2x_2 + x_3 + x_4 - x_5 = 0 \\ 2x_1 + x_2 - x_3 - x_4 + x_5 = 0 \\ x_1 + 7x_2 - 5x_3 - 5x_4 + 5x_5 = 0 \\ 3x_1 - x_2 - 2x_3 + x_4 - x_5 = 0 \end{cases}$

(5) $\begin{cases} x_1 - 2x_2 + x_3 - x_4 + x_5 = 0 \\ 2x_1 + x_2 - x_3 + 2x_4 - 3x_5 = 0 \\ 3x_1 - 2x_2 - x_3 + x_4 - 2x_5 = 0 \\ 2x_1 - 5x_2 + x_3 - 2x_4 + 2x_5 = 0 \end{cases}$

9. 求下列非齐次线性方程组的一个特解, 及对应齐次方程组（导出组）的一个基础解系, 并写出一般解.

(1) $\begin{cases} x_1 - 2x_2 + 3x_3 - 4x_4 = 4 \\ x_2 - x_3 + x_4 = -3 \\ x_1 + 3x_2 - 3x_4 = 1 \\ -7x_2 + 3x_3 + x_4 = -3 \end{cases}$　(2) $\begin{cases} x_1 + 3x_2 + 5x_3 - 4x_4 = 1 \\ x_1 + 3x_2 + 2x_3 - 2x_4 + x_5 = -1 \\ x_1 + 2x_2 + x_3 - x_4 - x_5 = 3 \\ x_1 - 4x_2 + x_3 + x_4 - x_5 = 3 \\ x_1 + 2x_2 + x_3 - x_4 + x_5 = -1 \end{cases}$

(3) $\begin{cases} 2x_1 + x_2 - x_3 + x_4 = 1 \\ 3x_1 - 2x_2 + 2x_3 - 3x_4 = 2 \\ 5x_1 + x_2 - x_3 + 2x_4 = -1 \\ 2x_1 - x_2 + x_3 - 3x_4 = 4 \end{cases}$

10. 在下列线性方程组中λ, μ取何值时, 有唯一解, 有无穷多解, 无解. 有解时求出其解.

$$\begin{cases} x_1 + x_2 + x_3 + x_4 = 1 \\ x_1 + x_2 + \lambda x_3 + x_4 = 1 \\ x_1 + \lambda x_2 + x_3 + x_4 = 1 \\ \lambda x_1 + x_2 + x_3 + x_4 = \mu \end{cases}$$

11. a取何值时下列线性方程组有唯一解, 有无穷多解, 无解. 在有解的情况下求出其解.

$$\begin{cases} 3ax_1 + (2a+1)x_2 + (a+1)x_3 = a \\ (2a-1)x_1 + (2a-1)x_2 + (a-2)x_3 = a+1 \\ (4a-1)x_1 + 3ax_2 + 2ax_3 = 1 \end{cases}$$

第五章 矩阵的特征值和特征向量

§5.1 知识点概要

5.1.1 矩阵的特征值和特征向量

一、矩阵特征值与特征向量 假设$\boldsymbol{A}$是n阶方阵, λ是一数. 如果有非零列向量$\boldsymbol{\alpha}$, 使得$\boldsymbol{A\alpha}=\lambda\boldsymbol{\alpha}$, 则称$\lambda$为$\boldsymbol{A}$的特征值, 而称$\boldsymbol{\alpha}$为$\boldsymbol{A}$的属于特征值$\lambda$的特征向量.

特征多项式与特征方程 将方程$\boldsymbol{A\alpha}=\lambda\boldsymbol{\alpha}$写作$(\lambda\boldsymbol{E}-\boldsymbol{A})\ \boldsymbol{\alpha}=0$. 对于

$$\boldsymbol{A}=\begin{bmatrix} a_{11} & a_{12} & \cdots & a_{1n} \\ a_{21} & a_{22} & \cdots & a_{2n} \\ \vdots & \vdots & \ddots & \vdots \\ a_{n1} & a_{n2} & \cdots & a_{nn} \end{bmatrix},\quad \boldsymbol{\alpha}=\begin{bmatrix} x_1 \\ x_2 \\ \vdots \\ x_n \end{bmatrix},$$

行列式

$$\left|\lambda\boldsymbol{E}-\boldsymbol{A}\right|=\begin{vmatrix} \lambda-a_{11} & -a_{12} & \cdots & -a_{1n} \\ -a_{21} & \lambda-a_{22} & \cdots & -a_{2n} \\ \vdots & \vdots & \ddots & \vdots \\ -a_{n1} & -a_{n2} & \cdots & \lambda-a_{nn} \end{vmatrix}$$

是λ的n次多项式, 称为矩阵$\boldsymbol{A}$的特征多项式. 它是齐次线性方程组

$$\begin{bmatrix} \lambda-a_{11} & -a_{12} & \cdots & -a_{1n} \\ -a_{21} & \lambda-a_{22} & \cdots & -a_{2n} \\ \vdots & \vdots & \ddots & \vdots \\ -a_{n1} & -a_{n2} & \cdots & \lambda-a_{nn} \end{bmatrix}\begin{bmatrix} x_1 \\ x_2 \\ \vdots \\ x_n \end{bmatrix}=\begin{bmatrix} 0 \\ 0 \\ \vdots \\ 0 \end{bmatrix}$$

的系数行列式. 称方程$|\lambda\boldsymbol{E}-\boldsymbol{A}|=0$为矩阵$\boldsymbol{A}$的**特征方程**.

如果λ是$\boldsymbol{A}$的一个特征值, 则它一定是特征方程$|\lambda\boldsymbol{E}-\boldsymbol{A}|=0$的根, 反之亦然. 因此, $\boldsymbol{A}$的特征值亦称**特征根**. 同样, 特征根亦称特征值.

二、矩阵特征值与特征向量的求法

按照以下步骤计算n阶方阵$\boldsymbol{A}=(a_{ij})$的特征值与特征向量.

1. 计算$\boldsymbol{A}$的特征多项式$|\lambda\boldsymbol{E}-\boldsymbol{A}|$.

2. 解特征方程$|\lambda\boldsymbol{E}-\boldsymbol{A}|=0$, 求出全部根$\lambda_1$, λ_2, …, λ_m (其中也可能有复数根), 即$\boldsymbol{A}$的所有特征值.

3. 对于每个特征值λ_i $(i=1,2,\ldots,m)$, 求对应的齐次线性方程组$(\lambda_i\boldsymbol{E}-\boldsymbol{A})\ \boldsymbol{X}=\boldsymbol{0}$的一个基础解系. 它是$\boldsymbol{A}$的属于特征值$\lambda_i$的所有特征向量的一个极大无关组. 因此, 基础解系的任意一个线性组合(只要不为零), 就是属于λ_i的一个特征向量.

三、相似矩阵、特征值与特征向量的性质

相似矩阵 如果存在n阶可逆矩阵$\boldsymbol{P}$, 使得$\boldsymbol{B}=\boldsymbol{P}^{-1}\boldsymbol{A}\boldsymbol{P}$成立, 称$n$阶方阵$\boldsymbol{A}$与$\boldsymbol{B}$相似, 记为$\boldsymbol{A}\sim\boldsymbol{B}$.

特征值、特征向量性质

1. 方阵$\boldsymbol{A}$与它的转置矩阵$\boldsymbol{A}^{\mathrm{T}}$有相同的特征值.

2. 属于矩阵$\boldsymbol{A}$不同特征值的特征向量是线性无关的.

3. 相似矩阵有相同的特征值.

4. 设n阶矩阵$\boldsymbol{A}$的全部特征值为$\lambda_1,\lambda_2,\ldots,\lambda_n$（可能有重根）, 则有

(1) $\lambda_1+\lambda_2+\ldots+\lambda_n=\mathrm{tr}(\boldsymbol{A})$, 其中$\mathrm{tr}(\boldsymbol{A})$为矩阵$\boldsymbol{A}$的迹, 即矩阵$\boldsymbol{A}$主对角线元素的和.

(2) $\lambda_1\lambda_2\cdots\lambda_n=|\boldsymbol{A}|$.

5. n阶方阵$\boldsymbol{A}$与n阶对角阵$\begin{bmatrix}\lambda_1 & & & \\ & \lambda_2 & & \\ & & \ddots & \\ & & & \lambda_n\end{bmatrix}$相似的充分必要条件是, 矩阵$\boldsymbol{A}$有$n$个线性无关的特征向量.

6. 如果n阶方阵$\boldsymbol{A}$有n个互异的特征值$\lambda_1,\lambda_2,\ldots,\lambda_n$, 则$\boldsymbol{A}$与对角阵$\begin{bmatrix}\lambda_1 & & & \\ & \lambda_2 & & \\ & & \ddots & \\ & & & \lambda_n\end{bmatrix}$相似.

注意 1. 若n阶矩阵$\boldsymbol{A}$与对角矩阵相似, 亦称$\boldsymbol{A}$可对角化.

2. $\boldsymbol{A}$有n个互异特征值, 只是$\boldsymbol{A}$相似于对角矩阵的充分条件而不是必要条件.

5.1.2 实对称矩阵的特征值与特征向量

一、实对称矩阵的特征值与特征向量的性质

实数域$\mathbf{R}$上的对称矩阵称为实对称矩阵.

1. 实对称矩阵$\boldsymbol{A}=(a_{ij})$的特征值必为实数.

2. 若$\boldsymbol{X}_1,\boldsymbol{X}_2$分别是属于实对称矩阵$\boldsymbol{A}$的两个不同特征值$\lambda_1,\lambda_2$的特征向量, 则$\boldsymbol{X}_1$与$\boldsymbol{X}_2$正交.

三、实对称矩阵的对角化

对于任意一个n阶实对称矩阵$\boldsymbol{A}$, 必存在一个n阶正交矩阵$\boldsymbol{Q}$, 使得

$$\boldsymbol{Q}^{-1}\boldsymbol{A}\boldsymbol{Q}=\boldsymbol{Q}^{\mathrm{T}}\boldsymbol{A}\boldsymbol{Q}=\begin{bmatrix}\lambda_1 & & & \\ & \lambda_2 & & \\ & & \ddots & \\ & & & \lambda_n\end{bmatrix},$$

其中$\lambda_1, \lambda_2, \ldots, \lambda_n$是$\boldsymbol{A}$的全部特征值.

由此可见, 实对称矩阵一定可以与一个对角矩阵相似, 即实对称矩阵一定可以对角化. 其具体步骤如下:

1. 求出实对称矩阵$\boldsymbol{A}$的全部特征值$\lambda_1, \lambda_2, \ldots, \lambda_n$ (可能有相同的根) .

2. 求出矩阵$\boldsymbol{A}$的属于每一个特征值的线性无关的特征向量（总个数为n）.

3. 因为属于不同特征值的特征向量是相互正交的, 所以对于每个重数为1的那些特征值的线性无关的特征向量只需将其单位化. 对于每个重数为r $(r > 1)$的特征值, 先求出r个线性无关的特征向量, 然后应用**施密特正交化方法**, 得到属于这r重特征值的r个相互正交的单位特征向量.

4. 把这n个相互正交的单位特征向量作为列构造矩阵, 得到一个n阶正交矩阵$\boldsymbol{Q}$, 则有

$$\boldsymbol{Q}^{-1}\boldsymbol{AT} = \boldsymbol{Q}^{\mathrm{T}}\boldsymbol{AQ} = \begin{bmatrix} \lambda_1 & & & \\ & \lambda_2 & & \\ & & \ddots & \\ & & & \lambda_n \end{bmatrix}.$$

§5.2 基本要求与学习重点

一、基本要求

1. 理解矩阵的特征值、特征向量的概念, 掌握矩阵特征值的性质, 掌握求矩阵特征值和特征向量的方法.

2. 理解矩阵相似的概念, 掌握相似矩阵的性质, 掌握矩阵可对角化的充分必要条件, 掌握将矩阵化为相似对角矩阵的方法.

3. 掌握实对称矩阵的特征值和特征向量的性质. 对于实对称矩阵$\boldsymbol{A}$, 会求正交矩阵$\boldsymbol{Q}$, 使得$\boldsymbol{Q}^{-1}\boldsymbol{AQ} = \boldsymbol{Q}^{\mathrm{T}}\boldsymbol{AT}$为对角矩阵.

二、学习重点

1. 矩阵的特征值和特征向量的概念、性质及矩阵与对角矩阵相似的充分必要条件.

2. 矩阵特征值与特征向量的计算方法及矩阵化为相似对角矩阵的方法.

3. 实对称矩阵特征值与特征向量的性质.

§5.3 典型例题解析

题型一 矩阵的特征值与特征向量

例5.1 求下列矩阵的全部特征值和特征向量.

(1) $\boldsymbol{A}=\begin{bmatrix} 2 & -3 \\ -3 & 1 \end{bmatrix}$; (2) $\boldsymbol{A}=\begin{bmatrix} 2 & -2 & 0 \\ -2 & 1 & -2 \\ 0 & -2 & 0 \end{bmatrix}$.

解 (1) 第一步, 计算矩阵$\boldsymbol{A}$的特征多项式:

$$\left|\lambda\boldsymbol{E}-\boldsymbol{A}\right|=\begin{vmatrix} \lambda-2 & 3 \\ 3 & \lambda-1 \end{vmatrix}=(\lambda-2)(\lambda-1)-9=\lambda^2-3\lambda-7.$$

第二步, 解特征方程$\lambda^2-3\lambda-7=0$, 得到两个特征值:

$$\lambda_1=\frac{3+\sqrt{37}}{2},\qquad \lambda_2=\frac{3-\sqrt{37}}{2}.$$

第三步, 求属于每个特征值的特征向量: 对于$\lambda_1=\dfrac{3+\sqrt{37}}{2}$, 求齐次线性方程组$(\lambda_1\boldsymbol{E}-\boldsymbol{A})\boldsymbol{X}=\boldsymbol{0}$ 的一个基础解系. 为此, 对系数矩阵$\lambda_1\boldsymbol{E}-\boldsymbol{A}$施行初等行变换:

$$\lambda_1\boldsymbol{E}-\boldsymbol{A}=\begin{bmatrix} -\frac{1}{2}+\frac{\sqrt{37}}{2} & 3 \\ 3 & \frac{1}{2}+\frac{\sqrt{37}}{2} \end{bmatrix}\rightarrow\begin{bmatrix} -\frac{1}{2}+\frac{\sqrt{37}}{2} & 3 \\ 0 & 0 \end{bmatrix}$$

由此得$(\lambda_1\boldsymbol{E}-\boldsymbol{A})\boldsymbol{X}=\boldsymbol{0}$ 的同解方程

$$\left(-\frac{1}{2}+\frac{\sqrt{37}}{2}\right)x_1+3x_2=0$$

或$(1-\sqrt{37})\ x_1=6x_2$, 令$x_2=1$, 得基础解系$\boldsymbol{\eta}_1=\left(-\dfrac{1+\sqrt{37}}{6},1\right)^{\mathrm{T}}$, 故$k_1\boldsymbol{\eta}_1$就是$\boldsymbol{A}$的属于特征值$\lambda_1=\dfrac{3+\sqrt{37}}{2}$的全部特征向量, 其中$k_1$为任意的非零常数.

求$\lambda_2=\dfrac{3-\sqrt{37}}{2}$的特征向量. 对齐次线性方程组$(\lambda_2\boldsymbol{E}-\boldsymbol{A})\boldsymbol{X}=\boldsymbol{0}$ 的系数矩阵施行初等行变换:

$$\lambda_2\boldsymbol{E}-\boldsymbol{A}=\begin{bmatrix} -\frac{1}{2}-\frac{\sqrt{37}}{2} & 3 \\ 3 & \frac{1}{2}-\frac{\sqrt{37}}{2} \end{bmatrix}\rightarrow\begin{bmatrix} -\frac{1}{2}-\frac{\sqrt{37}}{2} & 3 \\ 0 & 0 \end{bmatrix}$$

得同解方程

$$(-\frac{1}{2}-\frac{\sqrt{37}}{2})x_1+3x_2=0$$

或$(1+\sqrt{37})\ x_1=6x_2$, 令$x_2=1$, 得基础解系$\boldsymbol{\eta}_2=\left(-\dfrac{1-\sqrt{37}}{6},1\right)^{\mathrm{T}}$, 故$k_2\boldsymbol{\eta}_2$是$\boldsymbol{A}$的属于特征值$\lambda_2=\dfrac{3-\sqrt{37}}{2}$的全部特征向量, 其中$k_2$是任意非零常数.

(2) 第一步, 计算$\boldsymbol{A}$的特征多项式:

$$|\lambda\boldsymbol{E}-\boldsymbol{A}|=\begin{vmatrix} \lambda-2 & 2 & 0 \\ 2 & \lambda-1 & 2 \\ 0 & 2 & \lambda \end{vmatrix}=\lambda^3-3\lambda^2-6\lambda+8.$$

第二步, 解特征方程$\lambda^3-3\lambda^2-6\lambda+8=0$,

$$(\lambda-1)(\lambda+2)(\lambda-4)=0,$$

得特征值$\lambda_1=1$, $\lambda_2=4$, $\lambda_3=-2$.

第三步, 求属于每个特征值的特征向量: 对于$\lambda_1=1$, 求齐次线性方程组$(\lambda_1\boldsymbol{E}-\boldsymbol{A})\boldsymbol{X}=\boldsymbol{0}$的一个基础解系. 为此, 对系数矩阵$\lambda_1\boldsymbol{E}-\boldsymbol{A}$施行初等行变换, 有

$$\lambda_1\boldsymbol{E}-\boldsymbol{A}=\begin{bmatrix}-1&2&0\\2&0&2\\0&2&1\end{bmatrix}\to\begin{bmatrix}-1&2&0\\0&4&2\\0&2&1\end{bmatrix}\to\begin{bmatrix}1&-2&0\\0&2&1\\0&0&0\end{bmatrix}.$$

于是得$(\lambda_1\boldsymbol{E}-\boldsymbol{A})\boldsymbol{X}=\boldsymbol{0}$的同解方程组

$$\begin{cases}x_1-2x_2\qquad=0,\\\qquad 2x_2+x_3=0,\end{cases}\quad\text{或}\quad\begin{cases}x_1-2x_2=0,\\\quad 2x_2=-x_3.\end{cases}$$

令$x_3=1$, 得基础解系$\boldsymbol{\eta}_1=(-1,-\frac{1}{2},1)^{\mathrm{T}}$. 故$k_1\boldsymbol{\eta}_1$就是$\boldsymbol{A}$的属于特征值$\lambda_1=1$的全部特征向量, 其中$k_1$为任意非零常数.

求$\lambda_2=4$的特征向量. 有齐次线性方程组$(\lambda_2\boldsymbol{E}-\boldsymbol{A})\ \boldsymbol{X}=\boldsymbol{0}$. 由

$$\lambda_2\boldsymbol{E}-\boldsymbol{A}=\begin{bmatrix}2&2&0\\2&3&2\\0&2&4\end{bmatrix}\to\begin{bmatrix}2&2&0\\0&1&2\\0&2&4\end{bmatrix}\to\begin{bmatrix}2&2&0\\0&1&2\\0&0&0\end{bmatrix},$$

得同解方程组

$$\begin{cases}x_1+x_2\qquad=0\\\qquad x_2+2x_3=0\end{cases}\quad\text{或}\quad\begin{cases}x_1+x_2=0\\\quad x_2=-2x_3\end{cases}$$

令$x_3=1$, 得基础解系$\boldsymbol{\eta}_2=(2,\ -2,1)^{\mathrm{T}}$. 故$k_2\boldsymbol{\eta}_2$是$\boldsymbol{A}$的属于特征值$\lambda_2=4$的全部特征向量, 其中为$k_2$任意非零常数.

求$\lambda_3=-2$的特征向量. 有齐次线性方程组$(\lambda_3\boldsymbol{E}-\boldsymbol{A})\boldsymbol{X}=\boldsymbol{0}$, 由

$$\lambda_3\boldsymbol{E}-\boldsymbol{A}=\begin{bmatrix}-4&2&0\\2&-3&2\\0&2&-2\end{bmatrix}\to\begin{bmatrix}-4&2&0\\0&-2&2\\0&2&-2\end{bmatrix}\to\begin{bmatrix}2&-1&0\\0&1&-1\\0&0&0\end{bmatrix}$$

得同解方程组

$$\begin{cases}2x_1-x_2\qquad=0\\\qquad x_2-x_3=0\end{cases}\quad\text{或}\quad\begin{cases}2x_1-x_2=0\\\quad x_2=x_3\end{cases}$$

令x_3=1, 得基础解系$\boldsymbol{\eta}_3$=$(\frac{1}{2},1,1)^{\mathrm{T}}$, 故$k_3\boldsymbol{\eta}_3$是$\boldsymbol{A}$的属于特征值$\lambda_3=-2$的全部特征向量, 其中$k_3$ 是任意非零常数.

例5.2 (1) 齐次线性方程组$(\lambda_0\boldsymbol{E}-\boldsymbol{A})\boldsymbol{X}=\boldsymbol{0}$ 的解向量, 是否都是矩阵$\boldsymbol{A}$属于λ_0的特征向量?

(2) 如果$\boldsymbol{X}_1$, $\boldsymbol{X}_2$, …, $\boldsymbol{X}_m$都是$\boldsymbol{A}$属于λ_0的特征向量, 问$\boldsymbol{X}_1$, $\boldsymbol{X}_2$, …, $\boldsymbol{X}_m$的任意线性组合是否都是矩阵$\boldsymbol{A}$属于λ_0的特征向量?

解 (1) 不一定是, 因为$\boldsymbol{X}=(0,0,\ldots,0)^{\mathrm{T}}$是$(\lambda_0\boldsymbol{E}-\boldsymbol{A})\boldsymbol{X}=\boldsymbol{0}$的解向量, 但不是$\boldsymbol{A}$的特征向量. $(\lambda_0\boldsymbol{E}-\boldsymbol{A})\boldsymbol{X}=\boldsymbol{0}$的非零解向量才是$\boldsymbol{A}$属于$\lambda_0$的特征向量.

(2) 由于$\boldsymbol{X}_1$, $\boldsymbol{X}_2$, …, $\boldsymbol{X}_m$都是$\boldsymbol{A}$属于λ_0的特征向量, 即$(\lambda_0\boldsymbol{E}-\boldsymbol{A})\boldsymbol{X_i}=\boldsymbol{0}$, $i=1,2,\ldots,m$, 故有

$$(\lambda_0\boldsymbol{E}-\boldsymbol{A})(\sum_{i=1}^{m}k_i\boldsymbol{X}_i)=\sum_{i=1}^{m}k_i(\lambda_0\boldsymbol{E}-\boldsymbol{A})\boldsymbol{X}_i=\boldsymbol{0}.$$

因此, 若$\sum\limits_{i=1}^{m}k_i\boldsymbol{X}_i$不是零向量, 则它是$\boldsymbol{A}$属于$\lambda_0$的特征向量.

题型二 矩阵的对角化

例5.3 求下列矩阵的特征值与特征向量, 判断它们是否与对角矩阵相似, 如相似则将其化为对角矩阵.

$$(1)\ \boldsymbol{A}=\begin{bmatrix}4&6&0\\-3&-5&0\\-3&-6&1\end{bmatrix};\qquad (2)\ \boldsymbol{A}=\begin{bmatrix}3&-1&1\\2&0&1\\1&-1&2\end{bmatrix}.$$

解 (1) 首先求特征多项式

$$\left|\lambda\boldsymbol{E}-\boldsymbol{A}\right|=\begin{vmatrix}\lambda-4&-6&0\\3&\lambda+5&0\\3&6&\lambda-1\end{vmatrix}=(\lambda-1)^2(\lambda+2),$$

所以矩阵$\boldsymbol{A}$有特征值λ_1=λ_2=1, $\lambda_3=-2$.

对于特征值λ_1=λ_2=1求特征向量. 此时有线性方程组$(\lambda_1\boldsymbol{E}-\boldsymbol{A})\boldsymbol{X}=\boldsymbol{0}$, 对系数$\lambda_1\boldsymbol{E}-\boldsymbol{A}$作初等行变换

$$\lambda_1\boldsymbol{E}-\boldsymbol{A}=\begin{bmatrix}-3&-6&0\\3&6&0\\3&6&0\end{bmatrix}\to\begin{bmatrix}-3&-6&0\\0&0&0\\0&0&0\end{bmatrix}\to\begin{bmatrix}1&2&0\\0&0&0\\0&0&0\end{bmatrix},$$

由此得同解方程组x_1+2x_2=0. 分别令$(x_2,x_3)^{\mathrm{T}}$=$(1,0)^{\mathrm{T}}$ 和$(x_2,x_3)^{\mathrm{T}}$ =$(0,1)^{\mathrm{T}}$, 得一个基础解系$\boldsymbol{\eta}_1=(-2,1,0)^{\mathrm{T}}$, $\boldsymbol{\eta}_2$=$(0,0,1)^{\mathrm{T}}$.

对于特征值$\lambda_3=-2$求特征向量. 有齐次线性方程组$(\lambda_3\boldsymbol{E}-\boldsymbol{A})\boldsymbol{X}=\boldsymbol{0}$, 由

$$\lambda_3\boldsymbol{E}-\boldsymbol{A}=\begin{bmatrix}-6&-6&0\\3&3&0\\3&6&-3\end{bmatrix}\to\begin{bmatrix}1&1&0\\0&0&0\\0&1&-1\end{bmatrix}\to\begin{bmatrix}1&1&0\\0&1&-1\\0&0&0\end{bmatrix}$$

得同解方程组

$$\begin{cases}x_1+x_2 \quad\;\; =0\\ \quad\;\; x_2-x_3=0\end{cases} \text{或} \begin{cases}x_1+x_2=0\\ x_2=x_3\end{cases}$$

令$x_3=1$, 得基础解系$\boldsymbol{\eta}_3=(-1,1,1)^{\mathrm{T}}$.

因为$\boldsymbol{\eta}_1=(-2,1,0)^{\mathrm{T}}$, $\boldsymbol{\eta}_2=(0,0,1)^{\mathrm{T}}$, $\boldsymbol{\eta}_3=(-1,1,1)^{\mathrm{T}}$ 线性无关, 故$\boldsymbol{A}$有三个线性无关的特征向量, 所以$\boldsymbol{A}$与对角矩阵相似.

把三个特征向量作为列向量, 作矩阵

$$\boldsymbol{P}=\begin{bmatrix}-2&0&-1\\1&0&1\\0&1&1\end{bmatrix},$$

可以得到$\boldsymbol{P}^{-1}\boldsymbol{A}\boldsymbol{P}=\begin{bmatrix}1&&\\&1&\\&&-2\end{bmatrix}$. 即$\boldsymbol{A}\sim\begin{bmatrix}1&&\\&1&\\&&-2\end{bmatrix}$, 这里对角矩阵$\boldsymbol{P}^{-1}\boldsymbol{A}\boldsymbol{P}$的主对角线上的元素是$\boldsymbol{A}$的特征值.

容易验证上述结果的正确性: 先求出

$$\boldsymbol{P}^{-1}=\begin{bmatrix}-1&-1&0\\-1&-2&1\\1&2&0\end{bmatrix},$$

然后再计算

$$\begin{aligned}\boldsymbol{P}^{-1}\boldsymbol{A}\boldsymbol{P}&=\begin{bmatrix}-1&-1&0\\-1&-2&1\\1&2&0\end{bmatrix}\begin{bmatrix}4&6&0\\-3&-5&0\\-3&-6&1\end{bmatrix}\begin{bmatrix}-2&0&-1\\1&0&1\\0&1&1\end{bmatrix}\\&=\begin{bmatrix}-1&-1&0\\-1&-2&1\\-2&-4&0\end{bmatrix}\begin{bmatrix}-2&0&-1\\1&0&1\\0&1&1\end{bmatrix}=\begin{bmatrix}1&0&0\\0&1&0\\0&0&-2\end{bmatrix}.\end{aligned}$$

(2) 首先求特征多项式

$$\left|\lambda\boldsymbol{E}-\boldsymbol{A}\right|=\begin{vmatrix}\lambda-3&1&-1\\-2&\lambda&-1\\-1&1&\lambda-2\end{vmatrix}=(\lambda-2)^2(\lambda-1),$$

所以矩阵$\boldsymbol{A}$有特征值$\lambda_1=\lambda_2=2$, $\lambda_3=1$.

对于特征值$\lambda_1=\lambda_2=2$求特征向量. 此时有线性方程组$(\lambda_1\boldsymbol{E}-\boldsymbol{A})\boldsymbol{X}=\boldsymbol{0}$, 对系数矩阵$\lambda_1\boldsymbol{E}-\boldsymbol{A}$作初等行变换

$$\lambda_1\boldsymbol{E}-\boldsymbol{A}=\begin{bmatrix}-1&1&-1\\-2&2&-1\\-1&1&0\end{bmatrix}\to\begin{bmatrix}1&-1&1\\0&0&1\\0&0&-1\end{bmatrix}\to\begin{bmatrix}1&-1&1\\0&0&1\\0&0&0\end{bmatrix},$$

由此得同解方程组

$$\begin{cases}x_1-x_2+x_3=0\\ x_3=0\end{cases}\ \text{或}\ \begin{cases}x_1+x_3=x_2\\ x_3=0\end{cases}$$

令$x_2=1$, 得一个基础解系$\boldsymbol{\eta}_1=(1,1,0)^{\mathrm{T}}$, 故$k_1\boldsymbol{\eta}_1$就是$\boldsymbol{A}$的属于特征值$\lambda_1=\lambda_2=2$的全部特征向量, 其中$k_1$为任意非零常数.

对于特征值$\lambda_3=1$求特征向量. 由

$$\lambda_3\boldsymbol{E}-\boldsymbol{A}=\begin{bmatrix}-2&1&-1\\-2&1&-1\\-1&1&-1\end{bmatrix}\to\begin{bmatrix}1&-1&1\\0&-1&1\\-0&0&0\end{bmatrix}\to\begin{bmatrix}1&-1&1\\0&1&-1\\0&0&0\end{bmatrix}\to\begin{bmatrix}1&0&0\\0&1&-1\\0&0&0\end{bmatrix}$$

得同解方程组

$$\begin{cases}x_1-x_2+x_3=0\\ x_2-x_3=0\end{cases}\ \text{或}\ \begin{cases}x_1=0\\ x_2=x_3\end{cases}$$

令$x_2=1$, 得基础解系$\boldsymbol{\eta}_2=(0,1,1)^{\mathrm{T}}$. 故$k_2\boldsymbol{\eta}_2$就是$\boldsymbol{A}$的属于特征值$\lambda_3=1$的全部特征向量, 其中$k_2$为任意非零常数.

因为$\boldsymbol{A}$只有2个线性无关的特征向量$\boldsymbol{\eta}_1$与$\boldsymbol{\eta}_2$, 而$n=3$, 故矩阵$\boldsymbol{A}$不能与对角矩阵相似.

例5.4 假设

$$\boldsymbol{A}=\begin{bmatrix}4&6&0\\-3&-5&0\\-3&-6&1\end{bmatrix}$$

试计算$\boldsymbol{A}^{10}$.

解 由例5.3 (1) 知$\boldsymbol{P}^{-1}\boldsymbol{A}\boldsymbol{P}=\begin{bmatrix}1&&\\&1&\\&&-2\end{bmatrix}$, 故

$$\boldsymbol{A}=\boldsymbol{P}\begin{bmatrix}1&&\\&1&\\&&-2\end{bmatrix}\boldsymbol{P}^{-1},$$

其中
$$P=\begin{bmatrix}-2&0&-1\\1&0&1\\0&1&1\end{bmatrix},\quad P^{-1}=\begin{bmatrix}-1&-1&0\\-1&-2&1\\1&2&0\end{bmatrix}.$$

于是

$$A^2=P\begin{bmatrix}1&&\\&1&\\&&-2\end{bmatrix}P^{-1}P\begin{bmatrix}1&&\\&1&\\&&-2\end{bmatrix}P^{-1}$$
$$=P\begin{bmatrix}1&&\\&1&\\&&-2\end{bmatrix}^2P^{-1}.$$

易知

$$A^{10}=P\begin{bmatrix}1&&\\&1&\\&&-2\end{bmatrix}^{10}P^{-1}=P\begin{bmatrix}1&&\\&1&\\&&2^{10}\end{bmatrix}P^{-1}=P\begin{bmatrix}1&&\\&1&\\&&1024\end{bmatrix}P^{-1}$$
$$=\begin{bmatrix}-2&0&-1\\1&0&1\\0&1&1\end{bmatrix}\begin{bmatrix}1&0&0\\0&1&0\\0&0&1024\end{bmatrix}\begin{bmatrix}-1&-1&0\\-1&-2&1\\1&2&0\end{bmatrix}$$
$$=\begin{bmatrix}-2&0&-1024\\1&0&1024\\0&1&1024\end{bmatrix}\begin{bmatrix}-1&-1&0\\-1&-2&1\\1&2&0\end{bmatrix}=\begin{bmatrix}-1022&-2046&0\\1023&2047&0\\1023&2046&1\end{bmatrix}.$$

例5.5　设A为实对称矩阵, 求正交矩阵Q, 使$Q^{-1}AQ$为对角形矩阵.

(1) $A=\begin{bmatrix}2&-2&0\\-2&1&-2\\0&-2&0\end{bmatrix}$;　(2) $A=\begin{bmatrix}1&-2&2\\-2&-2&4\\2&4&-2\end{bmatrix}$.

解　(1) 首先求A的特征值

$$\left|\lambda E-A\right|=\begin{bmatrix}\lambda-2&2&0\\2&\lambda-1&2\\0&2&\lambda\end{bmatrix}=(\lambda-1)(\lambda-4)(\lambda+2),$$

得A的特征值$\lambda_1=1$, $\lambda_2=4$, $\lambda_3=-2$.

然后求出分别属于λ_1, λ_2, λ_3的线性无关的特征向量

$$\alpha_1=(-2,-1,2)^{\mathrm{T}},\quad \alpha_2=(2,-2,1)^{\mathrm{T}},\quad \alpha_3=(1,2,2)^{\mathrm{T}},$$

$\boldsymbol{\alpha}_1,\boldsymbol{\alpha}_2,\boldsymbol{\alpha}_3$是正交的, 将$\boldsymbol{\alpha}_1,\boldsymbol{\alpha}_2,\boldsymbol{\alpha}_3$单位化, 得

$$\boldsymbol{\eta}_1=\left(-\frac{2}{3},-\frac{1}{3},\frac{2}{3}\right)^{\mathrm{T}},\qquad \boldsymbol{\eta}_2=\left(\frac{2}{3},-\frac{2}{3},\frac{1}{3}\right)^{\mathrm{T}},\qquad \boldsymbol{\eta}_3=\left(\frac{1}{3},\frac{2}{3},\frac{2}{3}\right)^{\mathrm{T}}.$$

以$\boldsymbol{\eta}_1,\boldsymbol{\eta}_2,\boldsymbol{\eta}_3$作为列, 构成正交矩阵$\boldsymbol{Q}$, 即

$$\boldsymbol{Q}=(\boldsymbol{\eta}_1,\boldsymbol{\eta}_2,\boldsymbol{\eta}_3)=\frac{1}{3}\begin{bmatrix}-2&2&1\\-1&-2&2\\2&1&2\end{bmatrix},$$

于是

$$\boldsymbol{Q}^{-1}\boldsymbol{A}\boldsymbol{Q}=\frac{1}{9}\begin{bmatrix}-2&-1&2\\2&-2&1\\1&2&2\end{bmatrix}\begin{bmatrix}2&-2&0\\-2&1&-2\\0&-2&0\end{bmatrix}\begin{bmatrix}-2&2&1\\-1&-2&2\\2&1&2\end{bmatrix}$$

$$=\begin{bmatrix}1&&\\&4&\\&&-2\end{bmatrix}.$$

(2) 首先求$\boldsymbol{A}$的特征值

$$|\lambda\boldsymbol{E}-\boldsymbol{A}|=\begin{vmatrix}\lambda-1&2&-2\\2&\lambda+2&-4\\-2&-4&\lambda+2\end{vmatrix}=(\lambda+7)(\lambda-2)^2,$$

得$\boldsymbol{A}$的特征值$\lambda_1=-7$, $\lambda_2=\lambda_3=2$.

然后求出属于特征值$\lambda_1=-7$的特征向量$\boldsymbol{\alpha}_1=(1,2,-2)^{\mathrm{T}}$, 属于特征值$\lambda_2=\lambda_3=2$的线性无关的特征向量$\boldsymbol{\alpha}_2=(-2,1,0)^{\mathrm{T}}$, $\boldsymbol{\alpha}_3=(2,0,1)^{\mathrm{T}}$. 再用施密特正交化方法将$\boldsymbol{\alpha}_2,\boldsymbol{\alpha}_3$正交化得$\boldsymbol{\beta}_2=(-2,1,0)^{\mathrm{T}}$, $\boldsymbol{\beta}_3=(\frac{2}{5},\ \frac{4}{5},1)^{\mathrm{T}}$. 于是$\boldsymbol{\alpha}_1,\boldsymbol{\beta}_2,\boldsymbol{\beta}_3$正交, 再将其单位化得

$$\boldsymbol{\eta}_1=\left(\frac{1}{3},\frac{2}{3},-\frac{2}{3}\right)^{\mathrm{T}},\qquad \boldsymbol{\eta}_2=\left(-\frac{2}{\sqrt{5}},\frac{1}{\sqrt{5}},0\right)^{\mathrm{T}},\qquad \boldsymbol{\eta}_3=\left(\frac{2}{3\sqrt{5}},\frac{4}{3\sqrt{5}},\frac{5}{3\sqrt{5}}\right)^{\mathrm{T}}.$$

令

$$\boldsymbol{Q}=\begin{bmatrix}\frac{1}{3}&-\frac{2}{\sqrt{5}}&\frac{2}{3\sqrt{5}}\\\frac{2}{3}&\frac{1}{\sqrt{5}}&\frac{4}{3\sqrt{5}}\\-\frac{2}{3}&0&\frac{5}{3\sqrt{5}}\end{bmatrix}.$$

则

$$\boldsymbol{Q}^{\mathrm{T}}\boldsymbol{A}\boldsymbol{Q}=\begin{bmatrix}-7&&\\&2&\\&&2\end{bmatrix}.$$

例5.6 已知$\boldsymbol{\xi}=(1,1,-1)^{\mathrm{T}}$ 是$\boldsymbol{A}=\begin{bmatrix} 2 & -1 & 2 \\ 5 & a & 3 \\ -1 & b & -2 \end{bmatrix}$的一个特征向量.

(1) 试确定参数a,b及特征向量$\boldsymbol{\xi}$所对应的特征值.

(2) 问$\boldsymbol{A}$能否相似于对角阵?说明理由.

解 (1) 设特征向量$\boldsymbol{\xi}$所对应的特征值λ, 则

$$(\lambda \boldsymbol{E}-\boldsymbol{A})\boldsymbol{\xi}=\mathbf{0},$$

即
$$\begin{cases} \lambda-2+1+2=0, \\ -5+\lambda-a+3=0, \\ 1-b-\lambda-2=0. \end{cases}$$

解之, 得$a=-3, b=0, \lambda=-1$.

(2) 由(1) 知矩阵

$$\boldsymbol{A}=\begin{bmatrix} 2 & -1 & 2 \\ 5 & -3 & 3 \\ -1 & 0 & -2 \end{bmatrix},$$

所以
$$|\lambda \boldsymbol{E}-\boldsymbol{A}|=\begin{vmatrix} \lambda-2 & 1 & -2 \\ -5 & \lambda+3 & -3 \\ 1 & 0 & \lambda+2 \end{vmatrix}=(\lambda+1)^3.$$

故$\lambda=-1$是$\boldsymbol{A}$的三重特征值. 而矩阵

$$-\boldsymbol{E}-\boldsymbol{A}=\begin{bmatrix} -3 & 1 & -2 \\ -5 & 2 & -3 \\ 1 & 0 & 1 \end{bmatrix} \rightarrow \begin{bmatrix} 1 & 0 & 1 \\ -5 & 2 & -3 \\ -3 & 1 & -2 \end{bmatrix} \rightarrow \begin{bmatrix} 1 & 0 & 1 \\ 0 & 2 & 2 \\ 0 & 1 & 1 \end{bmatrix} \rightarrow \begin{bmatrix} 1 & 0 & 1 \\ 0 & 1 & 1 \\ 0 & 0 & 0 \end{bmatrix},$$

所以$-\boldsymbol{E}-\boldsymbol{A}$的秩等于2. 从而$\lambda=-1$对应的线性无关的特征向量只有1个, 故$\boldsymbol{A}$不能与对角矩阵相似.

例5.7 设3阶实对称矩阵$\boldsymbol{A}$的特征值是1, 2, 3; 矩阵$\boldsymbol{A}$的属于特征值1, 2 的特征向量分别是$\boldsymbol{\alpha}_1=(-1,-1,1)^{\mathrm{T}}, \boldsymbol{\alpha}_2=(1,-2,-1)^{\mathrm{T}}$.

(1) 求$\boldsymbol{A}$的属于特征值3的特征向量;

(2) 求矩阵$\boldsymbol{A}$.

解 (1) 设$\boldsymbol{A}$的属于特征值3的特征向量为$\boldsymbol{\alpha}_3=(x_1,x_2,x_3)^{\mathrm{T}}$, 因$\boldsymbol{\alpha}_1,\boldsymbol{\alpha}_2,\boldsymbol{\alpha}_3$是实对称矩阵$\boldsymbol{A}$的属于不同的特征值的特征向量, 所以$\boldsymbol{\alpha}_1,\boldsymbol{\alpha}_2,\boldsymbol{\alpha}_3$两两正交, 故

$$(\boldsymbol{\alpha_1},\boldsymbol{\alpha_3})=\boldsymbol{\alpha}_1^{\mathrm{T}}\boldsymbol{\alpha_3}=0, \quad (\boldsymbol{\alpha}_2,\boldsymbol{\alpha}_3)=\boldsymbol{\alpha}_2^{\mathrm{T}}\boldsymbol{\alpha}_3=0,$$

即x_1,x_2,x_3是齐次线性方程组

$$\begin{cases} -x_1-x_2+x_3=0 \\ x_1-2x_2-x_3=0 \end{cases} \tag{5.3.1}$$

的非零解. 解齐次线性方程组(5.3.1), 得基础解系为$(1,0,1)^{\mathrm{T}}$.

于是, $\boldsymbol{A}$的属于特征值3的特征向量为$k(1,0,1)^{\mathrm{T}}$, k为任意非零实数.

(2) 令矩阵

$$\boldsymbol{P}=(\boldsymbol{\alpha}_1,\boldsymbol{\alpha}_2,\boldsymbol{\alpha}_3)=\begin{bmatrix} -1 & 1 & 1 \\ -1 & -2 & 0 \\ 1 & -1 & 1 \end{bmatrix},$$

则有$\boldsymbol{P}^{-1}\boldsymbol{A}\boldsymbol{P}=\begin{bmatrix} 1 & & \\ & 2 & \\ & & 3 \end{bmatrix}$, 故$\boldsymbol{A}=\boldsymbol{P}\begin{bmatrix} 1 & & \\ & 2 & \\ & & 3 \end{bmatrix}\boldsymbol{P}^{-1}$. 而

$$\boldsymbol{P}^{-1}=\begin{bmatrix} -\frac{1}{3} & -\frac{1}{3} & \frac{1}{3} \\ \frac{1}{6} & -\frac{1}{3} & -\frac{1}{6} \\ \frac{1}{2} & 0 & \frac{1}{2} \end{bmatrix},$$

所以

$$\boldsymbol{A}=\begin{bmatrix} -1 & 1 & 1 \\ -1 & -2 & 0 \\ 1 & -1 & 1 \end{bmatrix}\begin{bmatrix} 1 & 0 & 0 \\ 0 & 2 & 0 \\ 0 & 0 & 3 \end{bmatrix}\begin{bmatrix} -\frac{1}{3} & -\frac{1}{3} & \frac{1}{3} \\ \frac{1}{6} & -\frac{1}{3} & -\frac{1}{6} \\ \frac{1}{2} & 0 & \frac{1}{2} \end{bmatrix}=\frac{1}{6}\begin{bmatrix} 13 & -2 & 5 \\ -2 & 10 & 2 \\ 5 & 2 & 13 \end{bmatrix}.$$

例5.8 设矩阵

$$\boldsymbol{A}=\begin{bmatrix} 1 & -1 & 1 \\ x & 4 & y \\ -3 & -3 & 5 \end{bmatrix},$$

已知$\boldsymbol{A}$有三个线性无关的特征向量, λ=2是$\boldsymbol{A}$的二重特征值, 试求可逆矩阵$\boldsymbol{P}$, 使得$\boldsymbol{P}^{-1}\boldsymbol{A}\boldsymbol{P}$为对角矩阵.

解 因为$\boldsymbol{A}$有3个线性无关的特征向量, $\lambda=2$是$\boldsymbol{A}$的二重特征值, 所以$\boldsymbol{A}$的对应于$\lambda=2$的线性无关的特征向量有两个, 故齐次线性方程组$(2\boldsymbol{E}-\boldsymbol{A})\boldsymbol{X}=\boldsymbol{0}$的系数矩阵$2\boldsymbol{E}-\boldsymbol{A}$的秩应等于1. 对$2\boldsymbol{E}-\boldsymbol{A}$施行初等行变换, 有

$$2\boldsymbol{E}-\boldsymbol{A}=\begin{bmatrix} 1 & 1 & -1 \\ -x & -2 & -y \\ 3 & 3 & -3 \end{bmatrix}\to\begin{bmatrix} 1 & 1 & -1 \\ 0 & x-2 & -x-y \\ 0 & 0 & 0 \end{bmatrix},$$

于是, 解得$x=2$, $y=-2$. 因此矩阵$\boldsymbol{A}$的特征多项式

$$|\lambda \boldsymbol{E}-\boldsymbol{A}|=\begin{vmatrix} \lambda-1 & 1 & -1 \\ -2 & \lambda-4 & 2 \\ 3 & 3 & \lambda-5 \end{vmatrix}=(\lambda-2)^2(\lambda-6),$$

由此得特征值$\lambda_1=\lambda_2=2$, $\lambda_3=6$.

对于特征值$\lambda_1=\lambda_2=2$, 解齐次线性方程组$(2\boldsymbol{E}-\boldsymbol{A})\boldsymbol{X}=\boldsymbol{0}$, 有

$$\lambda_1 \boldsymbol{E}-\boldsymbol{A}=\begin{bmatrix} 1 & 1 & -1 \\ -2 & -2 & 2 \\ 3 & 3 & -3 \end{bmatrix} \rightarrow \begin{bmatrix} 1 & 1 & -1 \\ 0 & 0 & 0 \\ 0 & 0 & 0 \end{bmatrix},$$

对应特征向量为$\boldsymbol{\alpha_1}=(1,-1,0)^{\mathrm{T}}$, $\boldsymbol{\alpha_2}=(1,0,1)^{\mathrm{T}}$.

对于特征值$\lambda_2=6$, 解齐次线性方程组$(6\boldsymbol{E}-\boldsymbol{A})\boldsymbol{X}=\boldsymbol{0}$, 有

$$\lambda_3 \boldsymbol{E}-\boldsymbol{A}=\begin{bmatrix} 5 & 1 & -1 \\ -2 & 2 & 2 \\ 3 & 3 & 1 \end{bmatrix} \rightarrow \begin{bmatrix} 1 & 0 & -\frac{1}{3} \\ 0 & 1 & \frac{2}{3} \\ 0 & 0 & 0 \end{bmatrix},$$

对应的特征向量为$\boldsymbol{\alpha_3}=(1,-2,3)^{\mathrm{T}}$, 令

$$\boldsymbol{P}=\begin{bmatrix} 1 & 1 & 1 \\ -1 & 0 & -2 \\ 0 & 1 & 3 \end{bmatrix}$$

则

$$\boldsymbol{P}^{-1}\boldsymbol{A}\boldsymbol{P}=\begin{bmatrix} 2 & 0 & 0 \\ 0 & 2 & 0 \\ 0 & 0 & 6 \end{bmatrix}.$$

题型三 矩阵的特征值与特征向量的性质

例5.9 如果矩阵$\boldsymbol{A}$可逆, 试证$\boldsymbol{AB}$, $\boldsymbol{BA}$ 的特征值相同.

证明 因为矩阵$\boldsymbol{A}$可逆, 即$\boldsymbol{A}$的逆矩阵$\boldsymbol{A}^{-1}$存在, 于是

$$\boldsymbol{A}^{-1}(\boldsymbol{AB})\boldsymbol{A}=(\boldsymbol{A}^{-1}\boldsymbol{A})(\boldsymbol{BA})=\boldsymbol{BA}.$$

由相似矩阵定义知$\boldsymbol{AB}\sim\boldsymbol{BA}$. 由于相似矩阵特征值相同, 所以矩阵$\boldsymbol{AB}$与$\boldsymbol{BA}$有相同的特征值.

例5.10 证明矩阵$\boldsymbol{A}$与它的转置矩阵$\boldsymbol{A}^{\mathrm{T}}$的特征值相同.

证明 因为矩阵

$$(\lambda \boldsymbol{E}-\boldsymbol{A})^{\mathrm{T}}=(\lambda \boldsymbol{E})^{\mathrm{T}}-\boldsymbol{A}^{\mathrm{T}}=\lambda \boldsymbol{E}-\boldsymbol{A}^{\mathrm{T}},$$

而

$$|\lambda \boldsymbol{E}-\boldsymbol{A}^{\mathrm{T}}|=|(\lambda \boldsymbol{E}-\boldsymbol{A})^{\mathrm{T}}|=|\lambda \boldsymbol{E}-\boldsymbol{A}|,$$

所以矩阵$\boldsymbol{A}$与$\boldsymbol{A}^{\mathrm{T}}$的特征多项式相同, 故它们的特征值相同.

例5.11 如果λ_0是矩阵$\boldsymbol{A}$的一个特征值, 试证λ_0^2是$\boldsymbol{A}^2$的一个特征值.

证明 因为λ_0是矩阵$\boldsymbol{A}$的特征值, 根据定义知, 存在非零列向量$\boldsymbol{\alpha}$, 使得$\boldsymbol{A}\boldsymbol{\alpha}=\lambda_0\boldsymbol{\alpha}$. 等式两侧左乘$\boldsymbol{A}$, 有

$$\boldsymbol{A}(\boldsymbol{A}\boldsymbol{\alpha})=\boldsymbol{A}(\lambda_0\boldsymbol{\alpha}),$$

即$\boldsymbol{A}^2\boldsymbol{\alpha}=\lambda_0(\boldsymbol{A}\boldsymbol{\alpha})$, 而$\lambda_0(\boldsymbol{A}\boldsymbol{\alpha})=\lambda_0(\lambda_0\boldsymbol{\alpha})=\lambda_0^2\boldsymbol{\alpha}$. 所以$\boldsymbol{A}^2\boldsymbol{\alpha}=\lambda_0^2\boldsymbol{\alpha}$, 由定义知$\lambda_0^2$是$\boldsymbol{A}^2$的一个特征值.

例5.12 如果$\boldsymbol{A}^2=\boldsymbol{E}$, 证明$\boldsymbol{A}$的特征根只能是$\pm1$.

证明 假设λ是$\boldsymbol{A}$的特征根, $\boldsymbol{\alpha}$是$\boldsymbol{A}$的属于特征值λ的特征向量, 有$\boldsymbol{A}\boldsymbol{\alpha}=\lambda\boldsymbol{\alpha}$. 由此推出$\boldsymbol{A}^2\boldsymbol{\alpha}=\boldsymbol{A}(\lambda\boldsymbol{\alpha})=\lambda(\boldsymbol{A}\boldsymbol{\alpha})=\lambda^2\boldsymbol{\alpha}$. 已知$\boldsymbol{A}^2=\boldsymbol{E}$, 故$\boldsymbol{E}\boldsymbol{\alpha}=\lambda^2\boldsymbol{\alpha}$, 即$(\lambda^2-1)\boldsymbol{\alpha}=0$. 由于$\boldsymbol{\alpha}\neq\boldsymbol{0}$, 所以$\lambda^2-1=0$, 故$\lambda=\pm1$, 即$\boldsymbol{A}$的特征值只能是$\pm1$.

例5.13 设λ_1,λ_2是矩阵$\boldsymbol{A}$的两个不同特征值, $\boldsymbol{\alpha}_1,\boldsymbol{\alpha}_2$是分别属于$\lambda_1,\lambda_2$的特征向量. 试证: $\boldsymbol{\alpha}_1+\boldsymbol{\alpha}_2$不是$\boldsymbol{A}$的特征向量.

证明 因为$\boldsymbol{A}\boldsymbol{\alpha}_1=\lambda_1\boldsymbol{\alpha}_1$, $\boldsymbol{A}\boldsymbol{\alpha}_2=\lambda_2\boldsymbol{\alpha}_2$, $\lambda_1\neq\lambda_2$, 所以

$$\boldsymbol{A}(\boldsymbol{\alpha}_1+\boldsymbol{\alpha}_2)=\boldsymbol{A}\boldsymbol{\alpha}_1+\boldsymbol{A}\boldsymbol{\alpha}_2=\lambda_1\boldsymbol{\alpha}_1+\lambda_2\boldsymbol{\alpha}_2.$$

用反证法: 假设$\boldsymbol{\alpha}_1+\boldsymbol{\alpha}_2$是$\boldsymbol{A}$的特征向量, 即

$$\boldsymbol{A}(\boldsymbol{\alpha}_1+\boldsymbol{\alpha}_2)=\lambda(\boldsymbol{\alpha}_1+\boldsymbol{\alpha}_2),$$

则

$$\lambda_1\boldsymbol{\alpha}_1+\lambda_2\boldsymbol{\alpha}_2=\lambda(\boldsymbol{\alpha}_1+\boldsymbol{\alpha}_2).$$

得

$$(\lambda_1-\lambda)\boldsymbol{\alpha}_1+(\lambda_2-\lambda)\boldsymbol{\alpha}_2=\boldsymbol{0}.$$

由于$\boldsymbol{\alpha}_1,\boldsymbol{\alpha}_2$线性无关, 所以$\lambda_1-\lambda=0$, $\lambda_2-\lambda=0$, 于是$\lambda_1=\lambda_2$, 与已知条件矛盾. 故$\boldsymbol{\alpha}_1+\boldsymbol{\alpha}_2$不是$\boldsymbol{A}$的特征向量.

例5.14 (1) 已知矩阵

$$\boldsymbol{A}=\begin{bmatrix}7&4&-1\\4&7&-1\\-4&-4&x\end{bmatrix},$$

有特征值$\lambda_1 = 3$（二重）, $\lambda_2 = 12$, 试确定参数x.

(2) 已知矩阵

$$B = \begin{bmatrix} 3 & 2 & -1 \\ a & -2 & 2 \\ 3 & b & -1 \end{bmatrix}$$

有一个特征向量$\boldsymbol{\alpha_1} = (1, -2, 3)^{\mathrm{T}}$. 试确定参数$a, b$及$\boldsymbol{\alpha_1}$所对应的特征值.

(3) 已知矩阵

$$C = \begin{bmatrix} 2 & 0 & 0 \\ 0 & 0 & 1 \\ 0 & 1 & x \end{bmatrix} \text{和} \ D = \begin{bmatrix} 2 & 0 & 0 \\ 0 & 3 & 4 \\ 0 & -2 & y \end{bmatrix}$$

相似, 试确定参数x, y.

解 (1) **方法1** 因为矩阵的全部特征值之和等于其主对角线元素之和, 故

$$\lambda_1 + \lambda_1 + \lambda_2 = 7 + 7 + x$$

解得$x = 4$.

方法2 因为矩阵的全部特征值的乘积应等于其行列式, 故

$$\begin{vmatrix} 7 & 4 & -1 \\ 4 & 7 & -1 \\ -4 & -4 & x \end{vmatrix} = \lambda_1\lambda_1\lambda_2,$$

解之, 得$x = 4$.

方法3 因为λ_2=12是$\boldsymbol{A}$的特征值, 所以$|\lambda \boldsymbol{E} - \boldsymbol{A}|$=0, 即

$$\begin{vmatrix} \lambda_2 - 7 & -4 & 1 \\ -4 & \lambda_2 - 7 & 1 \\ 4 & 4 & \lambda_2 - x \end{vmatrix} = \begin{vmatrix} 5 & -4 & 1 \\ -4 & 5 & 1 \\ 4 & 4 & 12 - x \end{vmatrix}$$

$$= \begin{vmatrix} 5 & -4 & 1 \\ 1 & 1 & 2 \\ 4 & 4 & 12 - x \end{vmatrix} = \begin{vmatrix} 5 & -4 & 1 \\ 1 & 1 & 2 \\ 0 & 0 & 4 - x \end{vmatrix} = 9(4 - x) = 0,$$

得$x = 4$.

说明 若将$\lambda = 3$ (二重根) 代入特征方程$|\lambda \boldsymbol{E} - \boldsymbol{A}| = 0$中, 则不能确定$x$. 此时应将$\lambda = 12$ 带入计算. 因为特征多项式

$$\begin{vmatrix} \lambda - 7 & -4 & 1 \\ -4 & \lambda - 7 & 1 \\ 4 & 4 & \lambda - 4 \end{vmatrix} = (\lambda - 3)^2(\lambda - 12)$$

将等式两边都展开成λ的3次多项式, 利用两边多项式对应系数相等, 亦可求出x.

(2) 设$\boldsymbol{B}$的特征向量$\boldsymbol{\alpha}_1$所对应的特征值为λ, 则有$(\lambda\boldsymbol{E}-\boldsymbol{B})\boldsymbol{\alpha}_1=\boldsymbol{0}$, 故

$$\begin{cases}(\lambda-3)+4+3=0\\-a-2(\lambda+2)-6=0\\-3+2b+3(\lambda+1)=0\end{cases}$$

可解得$\lambda=-4, a=-2, b=6$.

(3) 因为相似矩阵有相同的特征多项式, 所以

$$|\lambda\boldsymbol{E}-\boldsymbol{C}|=|\lambda\boldsymbol{E}-\boldsymbol{D}|,$$

即
$$\begin{vmatrix}\lambda-2&0&0\\0&\lambda&-1\\0&-1&\lambda-x\end{vmatrix}=\begin{vmatrix}\lambda-2&0&0\\0&\lambda-3&-4\\0&2&\lambda-y\end{vmatrix}.$$

即
$$(\lambda-2)(\lambda^2-x\lambda-1)=(\lambda-2)\big(\lambda^2-(3+y)\lambda+3y+8\big).$$

等式两端λ同次幂的系数应该相等, 得

$$\begin{cases}x=3+y\\-1=3y+8\end{cases}$$

解之, 得$x=0, y=-3$.

例5.15 (填空题) 设$\boldsymbol{A}$为n阶矩阵, $|\boldsymbol{A}|\neq 0$, $\boldsymbol{A}^*$为$\boldsymbol{A}$的伴随矩阵, $\boldsymbol{E}$为n阶单位矩阵. 若$\boldsymbol{A}$有特征值λ, 则$(\boldsymbol{A}^*)^2+\boldsymbol{E}$必有特征值__________

解析 因为$\boldsymbol{A}$有特征值λ, 而$|\boldsymbol{A}|\neq 0$, 故$\boldsymbol{A}$是可逆矩阵, 所以$\lambda\neq 0$, 于是$\boldsymbol{A}^{-1}$有特征值$\dfrac{1}{\lambda}$. 设$\boldsymbol{\alpha}$是$\boldsymbol{A}$的属于特征值λ的特征向量, 故$\boldsymbol{A}^{-1}\boldsymbol{\alpha}=\dfrac{1}{\lambda}\boldsymbol{\alpha}$. 因为$\boldsymbol{A}^{-1}=\dfrac{\boldsymbol{A}^*}{|\boldsymbol{A}|}$, 则有$\dfrac{1}{|\boldsymbol{A}|}\boldsymbol{A}^*\boldsymbol{\alpha}=\dfrac{1}{\lambda}\boldsymbol{\alpha}$, $\boldsymbol{A}^*\boldsymbol{\alpha}=\dfrac{|\boldsymbol{A}|}{\lambda}\boldsymbol{\alpha}$. 所以$\dfrac{|\boldsymbol{A}|}{\lambda}$是$\boldsymbol{A}^*$的一个特征值, 故$(\boldsymbol{A}^*)^2$必有特征值$(\dfrac{|\boldsymbol{A}|}{\lambda})^2$, $(\boldsymbol{A}^*)^2+\boldsymbol{E}$必有特征值$(\dfrac{|\boldsymbol{A}|}{\lambda})^2+1$, 故应填$(\dfrac{|\boldsymbol{A}|}{\lambda})^2+1$.

例5.16 设向量$\boldsymbol{\alpha}=(a_1,a_2,\dots,a_n)^{\mathrm{T}}$, $\boldsymbol{\beta}=(b_1,b_2,\dots,b_n)^{\mathrm{T}}$都是非零向量, 且满足条件$\boldsymbol{\alpha}^{\mathrm{T}}\boldsymbol{\beta}=0$. 记$n$阶矩阵$\boldsymbol{A}=\boldsymbol{\alpha}\boldsymbol{\beta}^{\mathrm{T}}$, 求:

(1) $\boldsymbol{A}^2$; (2) 矩阵$\boldsymbol{A}$的特征值和特征向量.

解 (1) 因为$\boldsymbol{\alpha}^{\mathrm{T}}\boldsymbol{\beta}=0$, 所以$(\boldsymbol{\alpha}^{\mathrm{T}}\boldsymbol{\beta})^{\mathrm{T}}=\boldsymbol{\beta}^{\mathrm{T}}\boldsymbol{\alpha}=0$, 而

$$\boldsymbol{A}^2=\boldsymbol{A}\boldsymbol{A}=(\boldsymbol{\alpha}\boldsymbol{\beta}^{\mathrm{T}})(\boldsymbol{\alpha}\boldsymbol{\beta}^{\mathrm{T}})=\boldsymbol{\alpha}(\boldsymbol{\beta}^{\mathrm{T}}\boldsymbol{\alpha})\boldsymbol{\beta}^{\mathrm{T}}=\boldsymbol{0},$$

即$\boldsymbol{A}^2$为n阶零矩阵.

(2) 设λ为$\boldsymbol{A}$的任意一个特征值, $\boldsymbol{A}$的属于特征值λ的特征向量为$\boldsymbol{\alpha}$, 则$\boldsymbol{A}\boldsymbol{\alpha}=\lambda\boldsymbol{\alpha}$, 于是

$$\boldsymbol{A}(\boldsymbol{A}\boldsymbol{\alpha})=\boldsymbol{A}(\lambda\boldsymbol{\alpha})=\lambda(\boldsymbol{A}\boldsymbol{\alpha})=\lambda(\lambda\boldsymbol{\alpha})=\lambda^2\boldsymbol{\alpha},$$

即
$$A^2\alpha=\lambda^2\alpha.$$

所以λ^2是A^2的一个特征值. 由(1) 知$A^2=0$故$\lambda^2\alpha=0$, 但$\alpha\neq 0$, 所以$\lambda=0$, 即矩阵A的全部特征值皆为0.

不妨设向量α,β中分量$a_1\neq 0$, $b_1\neq 0$, 对齐次线性方程组 $(0E-A)X=0$ 的系数矩阵施行初等行变换:

$$-A=\begin{bmatrix}-a_1b_1 & -a_1b_2 & \cdots & -a_1b_n\\ -a_2b_1 & -a_2b_2 & \cdots & -a_2b_n\\ \vdots & \vdots & \ddots & \vdots\\ -a_nb_1 & -a_nb_2 & \cdots & -a_nb_n\end{bmatrix}\to\begin{bmatrix}b_1 & b_2 & \cdots & b_n\\ 0 & 0 & \cdots & 0\\ \vdots & \vdots & \ddots & \vdots\\ 0 & 0 & \cdots & 0\end{bmatrix},$$

由此可得该方程组的基础解系为

$$\alpha_1=(-\frac{b_2}{b_1},1,0,\ldots,0)^{\mathrm{T}},\alpha_2=(-\frac{b_3}{b_1},0,1,\ldots,0)^{\mathrm{T}},\ldots,\alpha_{n-1}=(-\frac{b_n}{b_1},0,0,\ldots,1)^{\mathrm{T}}.$$

于是, A的属于特征值$\lambda=0$的全部特征向量为

$$c_1\alpha_1+c_2\alpha_2+\cdots+c_{n-1}\alpha_{n-1},$$

其中, $c_1,c_2,\ldots,c_{n-1}$是不全为零的任意常数.

例5.17 (填空题) 设n阶矩阵A的元素全为1, 则A的n个特征值是________

解析 因为A的特征多项式

$$|\lambda E-A|=\begin{vmatrix}\lambda-1 & -1 & \cdots & -1\\ -1 & \lambda-1 & \cdots & -1\\ \vdots & \vdots & \ddots & \vdots\\ -1 & -1 & \cdots & \lambda-1\end{vmatrix}=(\lambda-n)\begin{vmatrix}1 & -1 & \cdots & -1\\ 1 & \lambda-1 & \cdots & -1\\ \vdots & \vdots & \ddots & \vdots\\ 1 & -1 & \cdots & \lambda-1\end{vmatrix}$$

$$=(\lambda-n)\begin{vmatrix}1 & -1 & \cdots & -1\\ 0 & \lambda & \cdots & 0\\ \vdots & \vdots & \ddots & \vdots\\ 0 & 0 & \cdots & \lambda\end{vmatrix}=(\lambda-n)\lambda^{n-1},$$

故矩阵A的特征值$\lambda_1=n,\lambda_2=\lambda_3=\cdots=\lambda_n=0$. 所以应该填$n,\overbrace{0,0,\ldots,0}^{n-1}$.

例5.18 (选择题) 设A,B为n阶矩阵, 且A与B相似, E为n阶单位矩阵, 则 ( )

(A) $\lambda E-A=\lambda E-B$

(B) A与B有相同的特征值和特征向量

(C) A与B都相似于一个对角矩阵

(D) 对任意常数t, $tE-A$与$tE-B$相似

解析 (A) 选项意味着$\boldsymbol{A}=\boldsymbol{B}$, 故首先应被排除; $\boldsymbol{A}$与$\boldsymbol{B}$相似, 则$\boldsymbol{A}$与$\boldsymbol{B}$有相同的特征值, 但不一定有相同的特征向量, 故(B) 应被排除; $\boldsymbol{A}$与$\boldsymbol{B}$相似不能保证它们能与对角矩阵相似, 故(C) 应被排除. 于是选项(D) 应是正确的. 事实上, 因为$\boldsymbol{A}$与$\boldsymbol{B}$相似, 按定义知存在可逆矩阵$\boldsymbol{P}$使得$\boldsymbol{P}^{-1}\boldsymbol{A}\boldsymbol{P}=\boldsymbol{B}$. 而

$$\boldsymbol{P}^{-1}(t\boldsymbol{E}-\boldsymbol{A})\boldsymbol{P}=t\boldsymbol{E}-\boldsymbol{P}^{-1}\boldsymbol{A}\boldsymbol{P}=t\boldsymbol{E}-\boldsymbol{B},$$

所以$t\boldsymbol{E}-\boldsymbol{A}$与$t\boldsymbol{E}-\boldsymbol{B}$相似, 故选择(D).

例5.19 设矩阵

$$\boldsymbol{A}=\begin{bmatrix} a & -1 & c \\ 5 & b & 3 \\ 1-c & 0 & -a \end{bmatrix},$$

其行列式$|\boldsymbol{A}|=-1$, 又$\boldsymbol{A}$的伴随矩阵$\boldsymbol{A}^*$有一个特征值λ_0, 属于λ_0的一个特征向量为$\boldsymbol{\alpha}=(-1,-1,1)^{\mathrm{T}}$, 求$a,b,c$和$\lambda_0$的值.

解 由假设有$\boldsymbol{A}^*\boldsymbol{\alpha}=\lambda_0\boldsymbol{\alpha}$, 又由$\boldsymbol{A}\boldsymbol{A}^*=|\boldsymbol{A}|\boldsymbol{E}$, 而$|\boldsymbol{A}|=-1$, 所以$\boldsymbol{A}\boldsymbol{A}^*=-\boldsymbol{E}$. 于是

$$\boldsymbol{A}\boldsymbol{A}^*\boldsymbol{\alpha}=\boldsymbol{A}(\lambda_0\boldsymbol{\alpha})=\lambda_0\boldsymbol{A}\boldsymbol{\alpha},$$

又

$$\boldsymbol{A}\boldsymbol{A}^*\boldsymbol{\alpha}=-\boldsymbol{E}\boldsymbol{\alpha}=-\boldsymbol{\alpha},$$

所以

$$\lambda_0\boldsymbol{A}\boldsymbol{\alpha}=-\boldsymbol{\alpha}.$$

即

$$\lambda_0\begin{bmatrix} a & -1 & c \\ 5 & b & 3 \\ 1-c & 0 & -a \end{bmatrix}\begin{bmatrix} -1 \\ -1 \\ 1 \end{bmatrix}=-\begin{bmatrix} -1 \\ -1 \\ 1 \end{bmatrix}.$$

由此可得

$$\lambda_0(-a+1+c)=1, \tag{5.3.2}$$

$$\lambda_0(-5-b+3)=1, \tag{5.3.3}$$

$$\lambda_0(-1+c-a)=-1. \tag{5.3.4}$$

由方程(5.3.2)和(5.3.4)解得$\lambda_0=1$. 将$\lambda_0=1$带入(5.3.2)和(5.3.3), 得$b=-3$, $a=c$. 由$|\boldsymbol{A}|=-1$和$a=c$, 有

$$\begin{vmatrix} a & -1 & a \\ 5 & -3 & 3 \\ 1-c & 0 & -a \end{vmatrix}=a-3=-1$$

故$a=c=2$. 所以$a=2$, $b=-3$, $c=2$, $\lambda_0=1$.

例5.20 设$\boldsymbol{A}$为3阶矩阵, 满足$|\boldsymbol{E}-\boldsymbol{A}|=0$, $|\boldsymbol{E}+\boldsymbol{A}|=0$, $|3\boldsymbol{E}-2\boldsymbol{A}|=0$, 求

(1) $\boldsymbol{A}$的特征值; (2) $\boldsymbol{A}$的行列式$|\boldsymbol{A}|$.

解 (1) 由已知可得

$$|\boldsymbol{E}-\boldsymbol{A}|=0, \quad |-\boldsymbol{E}-\boldsymbol{A}|=0, \quad \left|\frac{3}{2}\boldsymbol{E}-\boldsymbol{A}\right|=0,$$

所以$\boldsymbol{A}$的特征值为$\lambda_1=1, \lambda_2=-1, \lambda_3=\frac{3}{2}$.

(2) $|\boldsymbol{A}|=\lambda_1\lambda_2\lambda_3=-\frac{3}{2}$.

例5.21 设3阶矩阵$\boldsymbol{A}$的特征值互不相同, 且$|\boldsymbol{A}|=\boldsymbol{0}$, 试证$\boldsymbol{A}$的秩$r(\boldsymbol{A})=2$.

证明 因为$|\boldsymbol{A}|=0=\lambda_1\lambda_2\lambda_3$, 且$\boldsymbol{A}$的特征值互不相同, 所以$\boldsymbol{A}$的特征值有且只有一个为零. 又因为$A$的特征值互不相同, 所以$\boldsymbol{A}$相似于对角阵$\Lambda$, 可得

$$\boldsymbol{A} \sim \Lambda = \begin{bmatrix} \lambda_1 & 0 & 0 \\ 0 & \lambda_2 & 0 \\ 0 & 0 & 0 \end{bmatrix}.$$

所以$r(\boldsymbol{A})=r(\Lambda)=2$.

自测题5

1. 求下列矩阵的特征值与特征向量.

$$(1)\ \boldsymbol{A}=\begin{bmatrix}3&4\\5&2\end{bmatrix};\quad (2)\ \boldsymbol{A}=\begin{bmatrix}1&2&2\\2&1&2\\2&2&1\end{bmatrix};\quad (3)\ \boldsymbol{A}=\begin{bmatrix}5&6&-3\\-1&0&1\\1&2&-1\end{bmatrix}.$$

2. 求矩阵

$$\boldsymbol{A}=\begin{bmatrix}2&0&0\\1&2&-1\\1&0&1\end{bmatrix}$$

的特征值与特征向量. 问$\boldsymbol{A}$是否能与对角矩阵相似? 如果相似将其化为相似对角矩阵.

3. 求上题$\boldsymbol{A}$的8次幂.

4. 设λ_0是矩阵$\boldsymbol{A}$的特征值, m是正整数, 试证λ_0^m是$\boldsymbol{A}^m$的特征值.

5. 设λ_0是矩阵$\boldsymbol{A}$的特征值, $f(x)$是x的一个多项式. 证明$f(\lambda_0)$ 是$f(\boldsymbol{A})$ 的特征值.

6. 试证: 同一个向量$\boldsymbol{\alpha}$不可能是矩阵$\boldsymbol{A}$的两个不同特征值的特征向量.

7. 假设$\boldsymbol{\alpha}_1,\boldsymbol{\alpha}_2,\boldsymbol{\alpha}_3$是矩阵$\boldsymbol{A}$分别属于特征值$\lambda_1,\lambda_2,\lambda_3$的特征向量, 而$\lambda_1,\lambda_2,\lambda_3$互不相等, 证明

$$\boldsymbol{\alpha}_1+\boldsymbol{\alpha}_2,\quad \boldsymbol{\alpha}_2+\boldsymbol{\alpha}_3,\quad \boldsymbol{\alpha}_3+\boldsymbol{\alpha}_1,\quad \boldsymbol{\alpha}_1+\boldsymbol{\alpha}_2+\boldsymbol{\alpha}_3$$

都不可能是矩阵$\boldsymbol{A}$的特征向量.

8. 如果矩阵$\boldsymbol{A}$与$\boldsymbol{B}$相似, $\boldsymbol{C}$与$\boldsymbol{D}$相似. 证明分块矩阵$\begin{bmatrix}\boldsymbol{A}&\boldsymbol{0}\\\boldsymbol{0}&\boldsymbol{C}\end{bmatrix}$与$\begin{bmatrix}\boldsymbol{B}&\boldsymbol{0}\\\boldsymbol{0}&\boldsymbol{D}\end{bmatrix}$相似.

9. 当$i\neq j$时, $a_{ii}\neq a_{jj}$, 证明矩阵

$$\boldsymbol{A}=\begin{bmatrix}a_{11}&a_{12}&\cdots&a_{1n}\\0&a_{22}&\cdots&a_{2n}\\\vdots&\vdots&\ddots&\vdots\\0&0&\cdots&a_{nn}\end{bmatrix}$$

可以化为对角矩阵.

10. 若$\boldsymbol{A}$是可逆矩阵, 证明它的每一个特征值λ都不为零, 而且$\dfrac{1}{\lambda}$是$\boldsymbol{A}^{-1}$的一个特征值. 若$\boldsymbol{\alpha}$是$\boldsymbol{A}$的属于λ的一个特征向量, 则$\boldsymbol{\alpha}$也是$\boldsymbol{A}^{-1}$属于$\dfrac{1}{\lambda}$的一个特征向量.

11. 设3阶矩阵$\boldsymbol{A}=(\boldsymbol{\alpha}_1,\boldsymbol{\alpha}_2,\boldsymbol{\alpha}_3)$有3个不同的特征值, 且$\boldsymbol{\alpha}_3=\boldsymbol{\alpha}_1+2\boldsymbol{\alpha}_2$.

(1) 证明$r(\boldsymbol{A})=2$;

(2) 若$\boldsymbol{\beta}=\boldsymbol{\alpha}_1+\boldsymbol{\alpha}_2+\boldsymbol{\alpha}_3$, 求方程组$\boldsymbol{AX}=\boldsymbol{\beta}$的通解.

12. 设矩阵$\boldsymbol{A}=\begin{bmatrix}0 & 2 & -3\\ -1 & 3 & -3\\ 1 & -2 & a\end{bmatrix}$相似于矩阵$\boldsymbol{B}=\begin{bmatrix}1 & -2 & 0\\ 0 & b & 0\\ 0 & 3 & 1\end{bmatrix}$.

(1) 求a,b的值; (2) 求可逆矩阵$\boldsymbol{P}$, 使$\boldsymbol{P}^{-1}\boldsymbol{AP}$为对角矩阵.

第六章　二次型

§6.1　知识点概要

6.1.1　二次型及其矩阵表示

一、二次型及其矩阵表示

二次型　n个变量的实系数二次齐次多项式

$$
\begin{aligned}
f(x_1,x_2,\ldots,x_n)=&a_{11}x_1^2+2a_{12}x_1x_2+\cdots+2a_{1n}x_1x_n\\
&+a_{22}x_2^2+2a_{23}x_2x_3+\cdots+2a_{2n}x_2x_n\\
&+\cdots\\
&+a_{nn}x_n^2,
\end{aligned}
\tag{6.1.1}
$$

称为n元实二次型. 由于只讨论实二次型, 就简称为二次型.

在(6.1.1) 式中的每一个混合乘积项$2a_{ij}x_ix_j$ $(i\neq j)$可写成两项之和, 令$a_{ji}=a_{ij}$, 有

$$2a_{ij}x_ix_j=a_{ij}x_ix_j+a_{ji}x_jx_i.$$

于是二次型可以写成

$$f(x_1,x_2,\ldots,x_n)=\sum_{i=1}^{n}\sum_{j=1}^{n}a_{ij}x_ix_j,$$

令

$$\boldsymbol{A}=\begin{bmatrix}a_{11}&a_{12}&\cdots&a_{1n}\\a_{21}&a_{22}&\cdots&a_{2n}\\\vdots&\vdots&\ddots&\vdots\\a_{n1}&a_{n2}&\cdots&a_{nn}\end{bmatrix},\qquad \boldsymbol{X}=\begin{bmatrix}x_1\\x_2\\\vdots\\x_n\end{bmatrix}.$$

则

$$f(x_1,x_2,\ldots,x_n)=(x_1\ x_2\ \ldots\ x_n)\begin{bmatrix}a_{11}&a_{12}&\cdots&a_{1n}\\a_{21}&a_{22}&\cdots&a_{2n}\\\vdots&\vdots&\ddots&\vdots\\a_{n1}&a_{n2}&\cdots&a_{nn}\end{bmatrix}\begin{bmatrix}x_1\\x_2\\\vdots\\x_n\end{bmatrix}=\boldsymbol{X}^{\mathrm{T}}\boldsymbol{A}\boldsymbol{X},$$

称上式为二次型的矩阵形式, 其中$\boldsymbol{A}$为实对称矩阵, 显然n元二次型与n阶实对称矩阵是一一对应的. 因此, 称$\boldsymbol{A}$为二次型$f=\boldsymbol{X}^{\mathrm{T}}\boldsymbol{A}\boldsymbol{X}$的矩阵, 亦称二次型$f=\boldsymbol{X}^{\mathrm{T}}\boldsymbol{A}\boldsymbol{X}$ 为实对称矩阵$\boldsymbol{A}$所对应的二次型. 称矩阵$\boldsymbol{A}$的秩$r(\boldsymbol{A})$为二次型$f=\boldsymbol{X}^{\mathrm{T}}\boldsymbol{A}\boldsymbol{X}$的秩.

二、二次型的变量替换与合同矩阵

设二次型$f(x_1,x_2,\ldots,x_n)=\sum\limits_{i=1}^{n}\sum\limits_{j=1}^{n}a_{ij}x_ix_j=\boldsymbol{X}^{\mathrm{T}}\boldsymbol{A}\boldsymbol{X}$, 令

$$\begin{bmatrix}x_1\\x_2\\\vdots\\x_n\end{bmatrix}=\begin{bmatrix}c_{11}&c_{12}&\cdots&c_{1n}\\c_{21}&c_{22}&\cdots&c_{2n}\\\vdots&\vdots&\ddots&\vdots\\c_{n1}&c_{n2}&\cdots&c_{nn}\end{bmatrix}\begin{bmatrix}y_1\\y_2\\\vdots\\y_n\end{bmatrix},\qquad \text{记为}\quad \boldsymbol{X}=\boldsymbol{C}\boldsymbol{Y}, \tag{6.1.2}$$

称(6.1.2)为变量$x_1,x_2,\ldots,x_n$到变量$y_1,y_2,\ldots,y_n$的线性替换（线性变换）. 如果$\boldsymbol{C}$为可逆矩阵, 则称(6.1.2)为非退化的线性替换.

由于

$$\boldsymbol{X}^{\mathrm{T}}\boldsymbol{A}\boldsymbol{X}=(\boldsymbol{C}\boldsymbol{Y})^{\mathrm{T}}\boldsymbol{A}(\boldsymbol{C}\boldsymbol{Y})=\boldsymbol{Y}^{\mathrm{T}}(\boldsymbol{C}^{\mathrm{T}}\boldsymbol{A}\boldsymbol{C})\boldsymbol{Y}$$

显然$\boldsymbol{C}^{\mathrm{T}}\boldsymbol{A}\boldsymbol{C}$也是对称矩阵, 可见二次型经非退化线性替换仍是二次型.

矩阵的合同 设$\boldsymbol{A},\boldsymbol{B}$是$n$阶矩阵, 如果存在$n$阶可逆矩阵$\boldsymbol{C}$, 使$\boldsymbol{B}=\boldsymbol{C}^{\mathrm{T}}\boldsymbol{A}\boldsymbol{C}$, 则称矩阵$\boldsymbol{A}$合同于$\boldsymbol{B}$, 记为$\boldsymbol{A}\simeq\boldsymbol{B}$. 此时也称矩阵$\boldsymbol{A}$经合同变换成为矩阵$\boldsymbol{B}$.

合同矩阵的性质 设$\boldsymbol{A},\boldsymbol{B},\boldsymbol{C}$都是$n$阶矩阵, 则

1. $\boldsymbol{A}\simeq\boldsymbol{A}$;
2. 若$\boldsymbol{A}\simeq\boldsymbol{B}$, 则$\boldsymbol{B}\simeq\boldsymbol{A}$;
3. 若$\boldsymbol{A}\simeq\boldsymbol{B},\boldsymbol{B}\simeq\boldsymbol{C}$, 则$\boldsymbol{A}\simeq\boldsymbol{C}$.

6.1.2 二次型的标准形与规范形

标准形 二次型$f(x_1,x_2,\ldots,x_n)$经过非退化线性替换化为平方和形式, 即形为

$$f(x_1,x_2,\ldots,x_n)=d_1y_1^2+d_2y_2^2+\cdots+d_ny_n^2,$$

称此平方和形式为原二次型的标准形.

任意二次型均可以通过非退化线性替换化为标准形. 类似地, 对任意实对称矩阵$\boldsymbol{A}$, 都存在可逆矩阵$\boldsymbol{C}$, 使得$\boldsymbol{C}^{\mathrm{T}}\boldsymbol{A}\boldsymbol{C}$为对角矩阵, 即实对称矩阵$\boldsymbol{A}$都合同于对角矩阵.

化标准型的配方法 化二次型为标准形的配方法将在本章典型例题解析部分, 通过具体例题予以介绍.

正交变换 变量$x_1,x_2,\ldots,x_n$到$y_1,y_2,\ldots,y_n$的线性替换

$$\begin{cases}x_1=c_{11}y_1+c_{12}y_2+\cdots+c_{1n}y_n\\x_2=c_{21}y_1+c_{22}y_2+\cdots+c_{2n}y_n\\\qquad\vdots\\x_n=c_{n1}y_1+c_{n2}y_2+\cdots+c_{nn}y_n\end{cases}$$

如果它的系数矩阵$\boldsymbol{C}=(c_{ij})_{n\times n}$ 是正交矩阵, 则称此线性替换为正交变换.

正交矩阵是可逆矩阵, 因而正交变换是非退化的线性变换.

对于n阶实对称矩阵$\boldsymbol{A}$, 存在正交矩阵$\boldsymbol{C}$使得$\boldsymbol{C}^{\mathrm{T}}\boldsymbol{A}\boldsymbol{C}$是对角阵, 记

$$\boldsymbol{C}^{\mathrm{T}}\boldsymbol{A}\boldsymbol{C}=\begin{bmatrix}\lambda_1 & & & \\ & \lambda_2 & & \\ & & \ddots & \\ & & & \lambda_n\end{bmatrix}=\boldsymbol{\Lambda}.$$

这就是说, 对于二次型$f=\boldsymbol{X}^{\mathrm{T}}\boldsymbol{A}\boldsymbol{X}$, 作变量的正交变换$\boldsymbol{X}=\boldsymbol{C}\boldsymbol{Y}$, 可将原二次型化为标准形, 即

$$f=\boldsymbol{X}^{\mathrm{T}}\boldsymbol{A}\boldsymbol{X}=\boldsymbol{Y}^{\mathrm{T}}\boldsymbol{C}^{\mathrm{T}}\boldsymbol{A}\boldsymbol{C}\boldsymbol{Y}=\boldsymbol{Y}^{\mathrm{T}}\boldsymbol{\Lambda}\boldsymbol{Y}=\lambda_1y_1^2+\lambda_2y_2^2+\cdots+\lambda_ny_n^2.$$

化标准形的正交变换法

将二次型$f(x_1,x_2,\ldots,x_n)=\sum\limits_{i=1}^{n}\sum\limits_{j=1}^{n}a_{ij}x_ix_j$, 用正交变换化为标准形, 其具体步骤如下:

1. 求出二次型$f(x_1,x_2,\ldots,x_n)$的矩阵$\boldsymbol{A}$.

2. 计算$\boldsymbol{A}$的全部特征值$\lambda_1,\lambda_2,\ldots,\lambda_n$（可能有相同的值）.

3. 分别计算属于每一个特征值的特征向量, 这样得到$\boldsymbol{A}$的n个线性无关的特征向量$\boldsymbol{\alpha}_1,\boldsymbol{\alpha}_2,\ldots,\boldsymbol{\alpha}_n$（一定存在）. 再通过施密特正交化方法. 得到$n$个相互正交的单位向量$\boldsymbol{\eta}_1,\boldsymbol{\eta}_2,\ldots,\boldsymbol{\eta}_n$.

4. 作一个正交矩阵$\boldsymbol{C}=(\boldsymbol{\eta}_1,\boldsymbol{\eta}_2,\ldots,\boldsymbol{\eta}_n)$及正交变换$\boldsymbol{X}=\boldsymbol{C}\boldsymbol{Y}$, 则

$$f(x_1,x_2,\ldots,x_n)=\boldsymbol{X}^{\mathrm{T}}\boldsymbol{A}\boldsymbol{X}=\boldsymbol{Y}^{\mathrm{T}}(\boldsymbol{C}^{\mathrm{T}}\boldsymbol{A}\boldsymbol{C})\boldsymbol{Y}=\lambda_1y_1^2+\lambda_2y_2^2+\cdots+\lambda_ny_n^2$$

为$f(x_1,x_2,\ldots,x_n)$的标准形.

规范形 n元二次型$f(x_1,x_2,\ldots,x_n)$经过非退化线性替换可化为

$$f(x_1,x_2,\ldots,x_n)=z_1^2+z_2^2+\cdots+z_p^2-z_{p+1}^2-\cdots-z_r^2,$$

右式称为$f(x_1,x_2,\ldots,x_n)$的规范形. $f(x_1,x_2,\ldots,x_n)$的规范形是唯一的.

上述定理称为二次型的惯性定理, 其中正平方项的个数p称为$f(x_1,x_2,\ldots,x_n)$ 的正惯性指数, 负平方项的个数$r-p=q$ 称为$f(x_1,x_2,\ldots,x_n)$ 的负惯性指数, 它们的差$p-q=p-(r-p)=2p-r$ 称为$f(x_1,x_2,\ldots,x_n)$的符号差.

6.1.3 正定二次型与正定矩阵

一、正定二次型与正定矩阵的概念

设二次型$f(x_1,x_2,\ldots,x_n)=\boldsymbol{X}^{\mathrm{T}}\boldsymbol{A}\boldsymbol{X}$, 如果对任意非零向量$\boldsymbol{X}=(x_1,x_2,\ldots,x_n)^{\mathrm{T}}$, 恒有$f=\boldsymbol{X}^{\mathrm{T}}\boldsymbol{A}\boldsymbol{X}>0$, 则称$f$ 为正定二次型, 同时称它的矩阵$\boldsymbol{A}$ 为正定矩阵.

由此可见, 二次型的正定矩阵与实对称矩阵的正定性是等价的. 所以, 凡是正定二次型的性质, 都可以对应到正定矩阵上去, 反之亦然.

二、正定二次型与正定矩阵的性质

以下关于正定二次型的性质, 对应到正定矩阵亦成立.

1. 只含平方项的二次型

$$f = d_1x_1^2 + d_2x_2^2 + \cdots + d_nx_n^2$$

是正定的充分必要条件为$d_1 > 0, d_2 > 0, \ldots, d_n > 0$.

显然, 将其对应到实对称矩阵有: 对角矩阵

$$\boldsymbol{\Lambda} = \begin{bmatrix} d_1 & & & \\ & d_2 & & \\ & & \ddots & \\ & & & d_n \end{bmatrix}$$

为正定矩阵的充分必要条件$d_1 > 0, d_2 > 0, \ldots, d_n > 0$.

2. 设二次型$f = \boldsymbol{X}^{\mathrm{T}}\boldsymbol{A}\boldsymbol{X}$, $g = \boldsymbol{X}^{\mathrm{T}}\boldsymbol{B}\boldsymbol{X}$, 且$\boldsymbol{A}$与$\boldsymbol{B}$合同, 若$f$与$g$ 之中有一个正定, 则另一个也是正定的.

3. 二次型$f(x_1, x_2, \ldots, x_n) = \boldsymbol{X}^{\mathrm{T}}\boldsymbol{A}\boldsymbol{X}$是正定的充分必要条件是$\boldsymbol{A}$合同于$n$阶单位矩阵$\boldsymbol{E}$.

4. 二次型$f(x_1, x_2, \ldots, x_n) = \boldsymbol{X}^{\mathrm{T}}\boldsymbol{A}\boldsymbol{X}$ 是正定的充分必要条件是f的正惯性指数等于n.

5. 二次型$f(x_1, x_2, \ldots, x_n) = \boldsymbol{X}^{\mathrm{T}}\boldsymbol{A}\boldsymbol{X}$ 是正定的充分必要条件是$\boldsymbol{A}$ 的所有特征值都大于零.

顺序主子式 设$\boldsymbol{A} = (a_{ij})_{n\times n}$是$n$阶对称矩阵, 由$\boldsymbol{A}$的前$k$行前$k$列的元素构成的$k$阶对称矩阵记作$\boldsymbol{A}_k$ $(k = 1, 2, \ldots, n)$, 称k阶行列式$|\boldsymbol{A_k}|$ 为$\boldsymbol{A}$的k阶顺序主子式.

6. 设二次型, $f(x_1, x_2, \ldots, x_n) = \boldsymbol{X}^{\mathrm{T}}\boldsymbol{A}\boldsymbol{X}$, 则$f$正定的充分必要条件是$\boldsymbol{A}$的顺序主子式$|\boldsymbol{A}_1|, |\boldsymbol{A}_2|, \ldots, |\boldsymbol{A}_n|$ 全大于零.

§6.2 基本要求与学习重点

一、基本要求

1. 理解二次型的概念, 掌握二次型的矩阵表示, 理解合同变换和合同矩阵的概念.

2. 理解二次型的秩的概念, 了解二次型的标准形、规范形等概念, 理解二次型的惯性定理的条件和结论.

3. 掌握用正交变换方法和配方法化二次型为标准形.

4. 理解正定二次型、正定矩阵的概念, 掌握正定二次型的性质及其判别法.

二、学习重点

1. 二次型的概念, 二次型的标准形、规范形的概念; 化二次型为标准形、规范形的方法.

2. 正定二次型的概念、性质及判别方法.

§6.3 典型例题解析

例6.1 求二次型

$$f(x_1,x_2,x_3)=x_1^2+4x_1x_2-3x_2^2-18x_2x_3+5x_3^2$$

的矩阵形式及其秩.

解 $f(x_1,x_2,x_3)=x_1^2+4x_1x_2-3x_2^2-18x_2x_3+5x_3^2$

$$=(x_1,x_2,x_3)\begin{bmatrix}1&2&0\\2&-3&-9\\0&-9&5\end{bmatrix}\begin{bmatrix}x_1\\x_2\\x_3\end{bmatrix}=\boldsymbol{X}^{\mathrm{T}}\boldsymbol{A}\boldsymbol{X}.$$

对$\boldsymbol{A}$施行行初等变换, 有

$$\begin{bmatrix}1&2&0\\2&-3&-9\\0&-9&5\end{bmatrix}\to\begin{bmatrix}1&2&0\\0&-7&-9\\0&-9&5\end{bmatrix}\to\begin{bmatrix}1&2&0\\0&-7&-9\\0&0&1\end{bmatrix}.$$

所以, $\boldsymbol{A}$的秩$r(\boldsymbol{A})=3$, 故二次型$f(x_1,x_2,x_3)$的秩等于3.

例6.2 写出二次型

$$f(x_1,x_2,\ldots,x_n)=2\sum_{i=1}^{n-1}x_ix_{i+1}$$

的矩阵形式.

解

$$f(x_1,x_2,\ldots,x_n)=2\sum_{i=1}^{n-1}x_ix_{i+1}=2x_1x_2+2x_2x_3+\cdots+2x_{n-1}x_n$$

$$=(x_1,x_2,\ldots,x_n)\begin{bmatrix}0&1&0&\cdots&0&0\\1&0&1&\cdots&0&0\\0&1&0&\cdots&0&0\\\vdots&\vdots&\vdots&\ddots&\vdots&\vdots\\0&0&0&\cdots&0&1\\0&0&0&\cdots&1&0\end{bmatrix}\begin{bmatrix}x_1\\x_2\\\vdots\\x_n\end{bmatrix}.$$

例6.3 设$\boldsymbol{A}$是n阶对称矩阵, 对任意向量$\boldsymbol{X}$均有$\boldsymbol{X}^{\mathrm{T}}\boldsymbol{A}\boldsymbol{X}=0$, 证明$\boldsymbol{A}$是零矩阵.

证明 设n阶对称矩阵$\boldsymbol{A}=(a_{ij})_{n\times n}$, 因为对任意$n$维向量$\boldsymbol{X}=(x_1,x_2,\ldots,x_n)^{\mathrm{T}}$, 有$\boldsymbol{X}^{\mathrm{T}}\boldsymbol{A}\boldsymbol{X}=0$, 分别取$\boldsymbol{X}$等于$\boldsymbol{\varepsilon}_1=(1,0,\ldots,0)^{\mathrm{T}},\boldsymbol{\varepsilon}_2=(0,1,\ldots,0)^{\mathrm{T}},\ldots,\boldsymbol{\varepsilon}_n=(0,0,\ldots,1)^{\mathrm{T}}$. 代入$\boldsymbol{X}^{\mathrm{T}}\boldsymbol{A}\boldsymbol{X}=0$, 可以得到

$$a_{11}=0,\ a_{22}=0,\ \ldots,\ a_{nn}=0.$$

再分别取$\boldsymbol{X}$为$\boldsymbol{\varepsilon}_i+\boldsymbol{\varepsilon}_j=(0,\ldots,0,1,0,\ldots,1,\ldots,0)^{\mathrm{T}}$. 代入$\boldsymbol{X}^{\mathrm{T}}\boldsymbol{A}\boldsymbol{X}=0$, 可以得到$a_{ij}=0\ (i\neq j;i,j=1,2,\ldots,n)$, 所以$\boldsymbol{A}=\boldsymbol{0}$.

例6.4 用配方法化下列二次型为标准形, 并求所做的线性替换.

(1) $f(x_1,x_2,x_3)=2x_1^2-8x_1x_2+9x_2^2+6x_2x_3$;

(2) $f(x_1,x_2,x_3,x_4)=2x_1x_2+2x_1x_3-2x_1x_4-2x_2x_3+2x_2x_4+2x_3x_4$.

解 (1)

$$\begin{aligned}f(x_1,x_2,x_3)&=2x_1^2-8x_1x_2+9x_2^2+6x_2x_3\\&=2(x_1^2-4x_1x_2+4x_2^2)-8x_2^2+9x_2^2+6x_2x_3\\&=2(x_1-2x_2)^2+x_2^2+6x_2x_3+9x_3^2-9x_3^2\\&=2(x_1-2x_2)^2+(x_2+3x_3)^2-9x_3^2.\end{aligned}$$

令 $\begin{cases}y_1=x_1-2x_2\\y_2=x_2+3x_3\\y_3=x_3\end{cases}$ 得 $\begin{cases}x_1=y_1+2y_2-6y_3\\x_2=y_2-3y_3\\x_3=y_3\end{cases}$ 所以, $f=2y_1^2+y_2^2-9y_3^2$.

(2) 因为$f(x_1,x_2,x_3,x_4)$中不含平方项, 所以需先作一次非退化的线性替换, 将其化为(1) 中的情形, 然后再做线性替换, 即可将f化为标准形. 为此, 令

$$\begin{cases}x_1=y_1+y_2\\x_2=y_1-y_2\\x_3=y_3\\x_4=y_4\end{cases}$$

则有

$$\begin{aligned}f&=2y_1^2-2y_2^2+4y_2y_3-4y_2y_4+2y_3y_4\\&=2y_1^2-2\big(y_2^2-2y_2(y_3-y_4)+(y_3-y_4)^2\big)+2(y_3-y_4)^2+2y_3y_4\\&=2y_1^2-2(y_2-y_3+y_4)^2+2y_3^2+2y_4^2-2y_34y_4\\&=2y_1^2-2(y_2-y_3+y_4)^2+2\big(y_3-\frac{1}{2}y_4\big)^2+\frac{3}{2}y_4^2.\end{aligned}$$

令$\begin{cases} z_1 = y_1, \\ z_2 = y_2 - y_3 + y_4, \\ z_3 = y_3 - \frac{1}{2}y_4, \\ z_4 = y_4, \end{cases}$ 故 $\begin{cases} y_1 = z_1, \\ y_2 = z_2 + z_3 - \frac{1}{2}z_4, \\ y_3 = z_3 + \frac{1}{2}z_4, \\ y_4 = z_4. \end{cases}$

即得非线性替换

$$\begin{cases} x_1 = z_1 + z_2 + z_3 - \frac{1}{2}z_4, \\ x_2 = z_1 - z_2 - z_3 + \frac{1}{2}z_4, \\ x_3 = z_3 + \frac{1}{2}z_4, \\ x_4 = z_4. \end{cases}$$

于是二次型$f(x_1, x_2, x_3, x_4)$的标准形为

$$f = 2z_1^2 - 2z_2^2 + 2z_3^2 + \frac{3}{2}z_4^2.$$

例6.5 将二次型

$$f(x_1, x_2, x_3) = 2x_1^2 + 4x_1x_2 - 4x_1x_3 + 5x_2^2 - 8x_2x_3 + 5x_3^2$$

用正交变换化为标准形, 并求所做的正交变换.

解 首先将二次型$f(x_1, x_2, x_3)$ 写成矩阵形式, 有

$$\begin{aligned} f(x_1, x_2, x_3) &= 2x_1^2 + 4x_1x_2 - 4x_1x_3 + 5x_2^2 - 8x_2x_3 + 5x_3^2 \\ &= (x_1\ x_2\ x_3)\begin{bmatrix} 2 & 2 & -2 \\ 2 & 5 & -4 \\ -2 & -4 & 5 \end{bmatrix}\begin{bmatrix} x_1 \\ x_2 \\ x_3 \end{bmatrix} = \boldsymbol{X}^{\mathrm{T}}\boldsymbol{A}\boldsymbol{X}. \end{aligned}$$

再求矩阵$\boldsymbol{A}$的特征值和对应的特征向量

$$|\lambda\boldsymbol{E} - \boldsymbol{A}| = \begin{vmatrix} \lambda-2 & -2 & 2 \\ -2 & \lambda-5 & 4 \\ 2 & 4 & \lambda-5 \end{vmatrix} = (\lambda-10)(\lambda-1)^2,$$

得$\lambda_1 = 10$, $\lambda_2 = \lambda_3 = 1$.

$\lambda_1 = 10$对应的特征向量为$\boldsymbol{\alpha}_1 = (-1, -2, 2)^{\mathrm{T}}$.

$\lambda_2 = \lambda_3 = 1$对应的线性无关的特征向量为$\boldsymbol{\alpha}_2 = (-2, 1, 0)^{\mathrm{T}}, \boldsymbol{\alpha}_3 = (2, 0, 1)^{\mathrm{T}}$.

将$\boldsymbol{\alpha}_1, \boldsymbol{\alpha}_2, \boldsymbol{\alpha}_3$正交化, 得

$$\boldsymbol{\beta}_1 = (-1, -2, 2)^{\mathrm{T}}, \qquad \boldsymbol{\beta}_2 = (-2, 1, 0)^{\mathrm{T}}, \qquad \boldsymbol{\beta}_3 = (\frac{2}{5}, \frac{4}{5}, 1)^{\mathrm{T}}.$$

再单位化, 得

$$\boldsymbol{\eta}_1=\frac{1}{3}(-1,-2,2)^{\mathrm{T}},\qquad \boldsymbol{\eta}_2=\frac{1}{\sqrt{5}}(-2,1,0)^{\mathrm{T}},\qquad \boldsymbol{\eta}_3=\frac{1}{3\sqrt{5}}(2,4,5)^{\mathrm{T}}.$$

作正交矩阵

$$\boldsymbol{C}=\begin{bmatrix}-\dfrac{1}{3} & -\dfrac{2}{\sqrt{5}} & \dfrac{2}{3\sqrt{5}}\\ -\dfrac{2}{3} & \dfrac{1}{\sqrt{5}} & \dfrac{4}{3\sqrt{5}}\\ \dfrac{2}{3} & 0 & \dfrac{5}{3\sqrt{5}}\end{bmatrix},\quad 故\quad \boldsymbol{C}^{\mathrm{T}}\boldsymbol{AC}=\begin{bmatrix}10 & & \\ & 1 & \\ & & 1\end{bmatrix}.$$

令正交替换$\boldsymbol{X}=\boldsymbol{CY}$, 于是

$$f=\boldsymbol{X}^{\mathrm{T}}\boldsymbol{AX}=\boldsymbol{Y}^{\mathrm{T}}(\boldsymbol{C}^{\mathrm{T}}\boldsymbol{AC})\boldsymbol{Y}=10y_1^2+y_2^2+y_3^2.$$

例6.6 判断下列二次型是否正定:

(1) $f(x_1,x_2,x_3)=x_1^2+2x_2^2+5x_3^2+2x_1x_2-4x_2x_3$;

(2) $f(x_1,x_2,\dots,x_n)=\sum\limits_{i=1}^{n}x_i^2+\sum\limits_{i=1}^{n-1}x_ix_{i+1}$.

解 (1) 因为

$$\begin{aligned}f(x_1,x_2,x_3)&=x_1^2+2x_2^2+5x_3^2+2x_1x_2-4x_2x_3\\&=(x_1,x_2,x_3)\begin{bmatrix}1&1&0\\1&2&-2\\0&-2&5\end{bmatrix}\begin{bmatrix}x_1\\x_2\\x_3\end{bmatrix}=\boldsymbol{X}^{\mathrm{T}}\boldsymbol{AX}.\end{aligned}$$

而$\boldsymbol{A}$的各阶顺序主子式

$$|\boldsymbol{A}_1|=1>0,\quad |\boldsymbol{A}_2|=\begin{vmatrix}1&1\\1&2\end{vmatrix}=1>0,\quad |\boldsymbol{A}_3|=\begin{vmatrix}1&1&0\\1&2&-2\\0&-2&5\end{vmatrix}=1>0.$$

所以, 二次型f是正定的.

(2) 因为

$$f(x_1,x_2,\dots,x_n)=\sum_{i=1}^{n}x_i^2+\sum_{i=1}^{n-1}x_ix_{i+1}$$

$$
= (x_1, x_2, \ldots, x_n) \begin{bmatrix} 1 & \frac{1}{2} & 0 & \cdots & 0 & 0 \\ \frac{1}{2} & 1 & \frac{1}{2} & \cdots & 0 & 0 \\ 0 & \frac{1}{2} & 1 & \cdots & 0 & 0 \\ \vdots & \vdots & \vdots & \ddots & \vdots & \vdots \\ 0 & 0 & 0 & \cdots & 1 & \frac{1}{2} \\ 0 & 0 & 0 & \cdots & \frac{1}{2} & 1 \end{bmatrix} \begin{bmatrix} x_1 \\ x_2 \\ \vdots \\ x_n \end{bmatrix}
$$

$$
= \boldsymbol{X}^{\mathrm{T}} \boldsymbol{A} \boldsymbol{X}.
$$

$\boldsymbol{A}$的k阶主子式

$$
|\boldsymbol{A}_k| = \begin{vmatrix} 1 & \frac{1}{2} & 0 & \cdots & 0 & 0 \\ \frac{1}{2} & 1 & \frac{1}{2} & \cdots & 0 & 0 \\ 0 & \frac{1}{2} & 1 & \cdots & 0 & 0 \\ \vdots & \vdots & \vdots & \ddots & \vdots & \vdots \\ 0 & 0 & 0 & \cdots & 1 & \frac{1}{2} \\ 0 & 0 & 0 & \cdots & \frac{1}{2} & 1 \end{vmatrix} = \frac{1}{2^k} \begin{vmatrix} 2 & 1 & 0 & \cdots & 0 & 0 \\ 1 & 2 & 1 & \cdots & 0 & 0 \\ 0 & 1 & 2 & \cdots & 0 & 0 \\ \vdots & \vdots & \vdots & \ddots & \vdots & \vdots \\ 0 & 0 & 0 & \cdots & 2 & 1 \\ 0 & 0 & 0 & \cdots & 1 & 2 \end{vmatrix}
$$

$$
= \frac{1}{2^k} \begin{vmatrix} 2 & 1 & 0 & 0 & \cdots & 0 & 0 \\ 0 & \frac{3}{2} & 1 & 0 & \cdots & 0 & 0 \\ 0 & 0 & \frac{4}{3} & 1 & \cdots & 0 & 0 \\ \vdots & \vdots & \vdots & \vdots & \ddots & \vdots & \vdots \\ 0 & 0 & 0 & 0 & \cdots & 0 & \frac{k+1}{k} \end{vmatrix} = \frac{1}{2^k}(k+1) > 0, \quad (k = 1, 2, \ldots, n).
$$

所以, f为正定二次型.

例6.7 若二次型$f(x_1, x_2, x_3) = 2x_1^2 + x_2^2 + x_3^2 + 2x_1x_2 + tx_2x_3$是正定的, 求$t$的取值范围.

解 因为二次型

$$
f(x_1, x_2, x_3) = 2x_1^2 + x_2^2 + x_3^2 + 2x_1x_2 + tx_2x_3
$$

$$
= (x_1, x_2, x_3) \begin{bmatrix} 2 & 1 & 0 \\ 1 & 1 & \frac{t}{2} \\ 0 & \frac{t}{2} & 1 \end{bmatrix} \begin{bmatrix} x_1 \\ x_2 \\ x_3 \end{bmatrix} = \boldsymbol{X}^{\mathrm{T}} \boldsymbol{A} \boldsymbol{X}
$$

正定, 所以$\boldsymbol{A}$的各阶顺序主子式均大于零, 即

$$|\boldsymbol{A}_1| = 2 > 0, \quad |\boldsymbol{A}_2| = \begin{vmatrix} 2 & 1 \\ 1 & 1 \end{vmatrix} = 1 > 0, \quad |\boldsymbol{A}_3| = \begin{vmatrix} 2 & 1 & 0 \\ 1 & 1 & \frac{t}{2} \\ 0 & \frac{t}{2} & 1 \end{vmatrix} = 1 - \frac{t^2}{2} > 0.$$

解不等式$1 - \frac{t^2}{2} > 0$, 得$-\sqrt{2} < t < \sqrt{2}$.

例6.8 证明若$\boldsymbol{A}$是正定矩阵, 则$\boldsymbol{A}^{-1}$也是正定矩阵.

证法1 因为$\boldsymbol{A}$是正定矩阵, 所以$\boldsymbol{A}$合同于单位矩阵$\boldsymbol{E}$, 而$\boldsymbol{A} = \boldsymbol{A}\boldsymbol{A}^{-1}\boldsymbol{A} = \boldsymbol{A}^{\mathrm{T}}\boldsymbol{A}^{-1}\boldsymbol{A}$, 故$\boldsymbol{A}$合同于$\boldsymbol{A}^{-1}$, 由于合同关系满足传递性, 所以$\boldsymbol{A}^{-1}$合同于$\boldsymbol{E}$, 故$\boldsymbol{A}^{-1}$正定.

证法2 因为$\boldsymbol{A}$正定, 所以$\boldsymbol{A}$的全部特征值λ均大于零. 设μ为$\boldsymbol{A}^{-1}$的特征值, 则$\mu = \frac{1}{\lambda} > 0$, 所以$\boldsymbol{A}^{-1}$的全部特征值均大于零, 故$\boldsymbol{A}^{-1}$正定.

证法3 因为$\boldsymbol{A}$正定, 所以$\boldsymbol{X}^{\mathrm{T}}\boldsymbol{A}\boldsymbol{X}$是正定二次型, 作非退化的线性替换$\boldsymbol{X} = \boldsymbol{A}^{-1}\boldsymbol{Y}$, 因为$\boldsymbol{A}$是可逆的对称矩阵, 所以$\boldsymbol{A}^{-1}$也是对称矩阵, 故

$$\begin{aligned} \boldsymbol{X}^{\mathrm{T}}\boldsymbol{A}\boldsymbol{X} &= (\boldsymbol{A}^{-1}\boldsymbol{Y})^{\mathrm{T}}\boldsymbol{A}(\boldsymbol{A}^{-1}\boldsymbol{Y}) = \boldsymbol{Y}^{\mathrm{T}}(\boldsymbol{A}^{-1})^{\mathrm{T}}\boldsymbol{A}\boldsymbol{A}^{-1}\boldsymbol{Y} \\ &= \boldsymbol{Y}^{\mathrm{T}}(\boldsymbol{A}^{\mathrm{T}})^{-1}\boldsymbol{A}\boldsymbol{A}^{-1}\boldsymbol{Y} = \boldsymbol{Y}^{\mathrm{T}}\boldsymbol{A}^{-1}\boldsymbol{Y}, \end{aligned}$$

从而$\boldsymbol{Y}^{\mathrm{T}}\boldsymbol{A}^{-1}\boldsymbol{Y}$是正定二次型, 故$\boldsymbol{A}^{-1}$正定.

例6.9 设$\boldsymbol{A}, \boldsymbol{B}$都是$n$阶正定矩阵, 证明$\boldsymbol{A} + \boldsymbol{B}$是正定矩阵.

证明 因为$\boldsymbol{A}, \boldsymbol{B}$是正定矩阵, 所以$\boldsymbol{X}^{\mathrm{T}}\boldsymbol{A}\boldsymbol{X}, \boldsymbol{X}^{\mathrm{T}}\boldsymbol{B}\boldsymbol{X}$是正定二次型, 对任何非零向量$\boldsymbol{X}$, 有

$$\boldsymbol{X}^{\mathrm{T}}(\boldsymbol{A} + \boldsymbol{B})\boldsymbol{X} = \boldsymbol{X}^{\mathrm{T}}\boldsymbol{A}\boldsymbol{X} + \boldsymbol{X}^{\mathrm{T}}\boldsymbol{B}\boldsymbol{X},$$

由定义$\boldsymbol{X}^{\mathrm{T}}\boldsymbol{A}\boldsymbol{X} > 0, \boldsymbol{X}^{\mathrm{T}}\boldsymbol{B}\boldsymbol{X} > 0$, 故

$$\boldsymbol{X}^{\mathrm{T}}(\boldsymbol{A} + \boldsymbol{B})\boldsymbol{X} > 0.$$

所以, 二次型$\boldsymbol{X}^{\mathrm{T}}(\boldsymbol{A} + \boldsymbol{B})\boldsymbol{X}$是正定的, 从而矩阵$\boldsymbol{A} + \boldsymbol{B}$是正定矩阵.

例6.10 设矩阵$\boldsymbol{A} = \begin{bmatrix} 1 & 0 & 1 \\ 0 & 2 & 0 \\ 1 & 0 & 1 \end{bmatrix}$, 矩阵$\boldsymbol{B} = (k\boldsymbol{E} + \boldsymbol{A})^2$, 其中$k$为实数, $\boldsymbol{E}$为单位矩阵. 求对角矩阵$\boldsymbol{\Lambda}$ 使之与$\boldsymbol{B}$相似, 并求k为何值时, $\boldsymbol{B}$为正定矩阵.

解 由

$$|\lambda\boldsymbol{E} - \boldsymbol{A}| = \begin{bmatrix} \lambda - 1 & 0 & -1 \\ 0 & \lambda - 2 & 0 \\ -1 & 0 & \lambda - 1 \end{bmatrix} = \lambda(\lambda - 2)^2,$$

得$\boldsymbol{A}$的特征值$\lambda_1=\lambda_2=2,\ \lambda_3=0$.

记对角矩阵

$$\boldsymbol{D}=\begin{bmatrix}2&0&0\\0&2&0\\0&0&0\end{bmatrix}$$

因为$\boldsymbol{A}$是实对称矩阵, 所以存在正交矩阵$\boldsymbol{Q}$, 使得$\boldsymbol{Q}^{\mathrm{T}}\boldsymbol{A}\boldsymbol{Q}=\boldsymbol{D}$. 于是$\boldsymbol{A}=(\boldsymbol{Q}^{\mathrm{T}})^{-1}\boldsymbol{D}\boldsymbol{Q}^{-1}=\boldsymbol{Q}\boldsymbol{D}\boldsymbol{Q}^{\mathrm{T}}$.

故

$$\begin{aligned}\boldsymbol{B}&=(k\boldsymbol{E}+\boldsymbol{A})^2=(k\boldsymbol{Q}\boldsymbol{Q}^{\mathrm{T}}+\boldsymbol{Q}\boldsymbol{D}\boldsymbol{Q}^{\mathrm{T}})^2\\&=(\boldsymbol{Q}(k\boldsymbol{E}+\boldsymbol{D})\boldsymbol{Q}^{\mathrm{T}})(\boldsymbol{Q}(k\boldsymbol{E}+\boldsymbol{D})\boldsymbol{Q}^{\mathrm{T}})\\&=\boldsymbol{Q}(k\boldsymbol{E}+\boldsymbol{D})^2\boldsymbol{Q}^{\mathrm{T}}=\boldsymbol{Q}\begin{bmatrix}(k+2)^2&&\\&(k+2)^2&\\&&k^2\end{bmatrix}\boldsymbol{Q}^{\mathrm{T}},\end{aligned}$$

由此可知 $$\boldsymbol{\Lambda}=\begin{bmatrix}(k+2)^2&&\\&(k+2)^2&\\&&k^2\end{bmatrix}.$$

由上述结果可得, 当$k\neq-2$且$k\neq0$时, $\boldsymbol{B}$所有的特征值都大于零, 这时$\boldsymbol{B}$为正定矩阵.

例6.11 设$\boldsymbol{A}$为m阶实对称矩阵且正定, $\boldsymbol{B}$为$m\times n$实矩阵. $\boldsymbol{B}^{\mathrm{T}}$为$\boldsymbol{B}$的转置矩阵. 试证: $\boldsymbol{B}^{\mathrm{T}}\boldsymbol{A}\boldsymbol{B}$为正定矩阵的充分必要条件是$r(\boldsymbol{B})=n$.

证明 必要性: 设$\boldsymbol{B}^{\mathrm{T}}\boldsymbol{A}\boldsymbol{B}$为正定矩阵, 则任意非零实$n$维列向量$\boldsymbol{X}=(x_1,x_2,\ldots,x_n)^{\mathrm{T}}$, 有$\boldsymbol{X}^{\mathrm{T}}(\boldsymbol{B}^{\mathrm{T}}\boldsymbol{A}\boldsymbol{B})\boldsymbol{X}>0$, 即$(\boldsymbol{B}\boldsymbol{X})^{\mathrm{T}}\boldsymbol{A}(\boldsymbol{B}\boldsymbol{X})>0$, 于是$\boldsymbol{B}\boldsymbol{X}\neq\boldsymbol{0}$. 因此. $\boldsymbol{B}\boldsymbol{X}=\boldsymbol{0}$只有零解, 所以$r(\boldsymbol{B})=n$.

充分性: 因为$\boldsymbol{A}^{\mathrm{T}}=\boldsymbol{A}$, 故有

$$(\boldsymbol{B}^{\mathrm{T}}\boldsymbol{A}\boldsymbol{B})^{\mathrm{T}}=\boldsymbol{B}^{\mathrm{T}}\boldsymbol{A}^{\mathrm{T}}\boldsymbol{B}=\boldsymbol{B}^{\mathrm{T}}\boldsymbol{A}\boldsymbol{B},$$

所以$\boldsymbol{B}^{\mathrm{T}}\boldsymbol{A}\boldsymbol{B}$为实对称矩阵, 由假设$r(\boldsymbol{B})=n$, 所以齐次方程组$\boldsymbol{B}\boldsymbol{X}=\boldsymbol{0}$只有零解, 从而对任意非零实$n$维列向量$\boldsymbol{X}$, 有$\boldsymbol{B}\boldsymbol{X}\neq\boldsymbol{0}$, 又因为$\boldsymbol{A}$为正定矩阵, 所以对于$\boldsymbol{B}\boldsymbol{X}\neq\boldsymbol{0}$, 有

$$(\boldsymbol{B}\boldsymbol{X})^{\mathrm{T}}\boldsymbol{A}(\boldsymbol{B}\boldsymbol{X})>0,$$

即 $$\boldsymbol{X}^{\mathrm{T}}(\boldsymbol{B}^{\mathrm{T}}\boldsymbol{A}\boldsymbol{B})\boldsymbol{X}>0.$$

于是, 当$\boldsymbol{X}\neq\boldsymbol{0}$ 时$\boldsymbol{X}^{\mathrm{T}}(\boldsymbol{B}^{\mathrm{T}}\boldsymbol{A}\boldsymbol{B})\boldsymbol{X}>0$, 故$\boldsymbol{B}^{\mathrm{T}}\boldsymbol{A}\boldsymbol{B}$是正定矩阵.

例6.12 设有n元实二次型

$$f(x_1,x_2,\ldots,x_n)=(x_1+a_1x_2)^2+(x_2+a_2x_3)^2+\cdots+(x_{n-1}+a_{n-1}x_n)^2+(x_n+a_nx_1)^2,$$

其中$a_i\ (i=1,2,\ldots,n)$ 为实数, 试问: 当$a_1,a_2,\ldots,a_n$ 满足何种条件时, 二次型$f(x_1,x_2,\ldots,x_n)$为正定二次型.

解 由题设知, 对任意的$x_1,x_2,\ldots,x_n$, 有$f(x_1,x_2,\ldots,x_n)\geqslant 0$, 其中等号成立当且仅当

$$\begin{cases} x_1+a_1x_2=0, \\ x_2+a_2x_3=0, \\ \qquad\vdots \\ x_{n-1}+a_{n-1}x_n=0, \\ x_n+a_nx_1=0. \end{cases} \tag{6.3.1}$$

方程组(6.3.1) 仅有零解的充分必要条件是其系数行列式

$$\begin{vmatrix} 1 & a_1 & 0 & \cdots & 0 & 0 \\ 0 & 1 & a_2 & \cdots & 0 & 0 \\ \vdots & \vdots & \vdots & \ddots & \vdots & \vdots \\ 0 & 0 & 0 & \cdots & 1 & a_{n-1} \\ a_n & 0 & 0 & \cdots & 0 & 1 \end{vmatrix} = 1+(-1)^{n+1}a_1a_2\cdots a_n \neq 0.$$

所以, 当$1+(-1)^{n+1}a_1a_2\cdots a_n\neq 0$时, 对任意不全为零的数$x_1,x_2,\ldots,x_n$ 有$f(x_1,x_2,\ldots,x_n)>0$. 即当$a_1a_2\ldots a_n\neq(-1)^n$时, 二次型$f(x_1,x_2,\ldots,x_n)$为正定二次型.

自测题6

1. 用配方法将下列二次型化为标准形, 并写出相应的线性替换.

(1) $x_1^2-3x_2^2-2x_1x_2+2x_1x_3-6x_2x_3$;

(2) $-4x_1x_2+2x_1x_3+2x_2x_3$;

(3) $x_1^2+x_2^2+x_3^2+x_4^2+2x_1x_2+2x_2x_3+2x_3x_4$.

2. 用正交变换将下列二次型化为标准形, 并写出相应的正交变换.

(1) $2x_1^2+x_2^2-4x_1x_2-4x_2x_3$;　　(2) $2x_1x_2+2x_3x_4$.

3. 判定下列二次型是否正定.

(1) $4x_1^2+3x_2^2+5x_3^2-4x_1x_2-4x_1x_3$;

(2) $2x_1^2+x_2^2-3x_3^2+6x_1x_2-2x_1x_3+5x_2x_3$;

(3) $x_1^2+x_2^2+4x_3^2+7x_4^2+6x_1x_3+4x_1x_4-4x_2x_3+2x_2x_4+4x_3x_4$.

4. t取哪些值时, 以下二次型是正定的?

(1) $x_1^2+x_2^2+5x_3^2+tx_1x_2-2x_1x_3$;　　(2) $x_1^2+2x_2^2+4x_3^2+2x_1x_2+2tx_1x_3$.

5. 设$f=x_1^2+x_2^2+5x_3^2+2ax_1x_2-2x_1x_3+4x_2x_3$为正定二次型, 求$a$的取值范围.

6.设$\boldsymbol{A}$是实对称矩阵, 且$\boldsymbol{A}$的任意特征值λ满足条件$|\lambda|<2$, 证明$2\boldsymbol{E}+\boldsymbol{A}$是正定矩阵.

7.设$\boldsymbol{A}$是n阶对称正定矩阵, $\boldsymbol{E}$是n阶单位矩阵.

(1) 证明$|\boldsymbol{A}+\boldsymbol{E}|>0$;

(2) t为何值时, $\boldsymbol{A}+t\boldsymbol{E}$是正定矩阵.

8. 设二次型$f(x_1,x_2,x_3)=2x_1^2-x_2^2+ax_3^2+2x_1x_2-8x_1x_3+2x_2x_3$ 在正交变换$\boldsymbol{X}=\boldsymbol{QY}$下的标准形为$\lambda_1y_1^2+\lambda_2y_2^2$, 求$a$ 的值及一个正交矩阵$\boldsymbol{Q}$.

附录 I：自测题答案与提示

自测题1 答案与提示

1. (1) $ab(a-b)$　(2) 1　(3) 10　(4) $x^3+y^3+z^3-3xyz$　(5) $4abc$

2. (1) (D)　(2) (C)　(3) (A)　(4) (B)　(5) (D)

3. -294×10^5.

4. 提示: 将左边行列式按定义写成和的形式, 再由和函数及函数乘积的微分公式即得右边.

5. 提示: 利用行列式性质将左边行列式“拆项”成八个三阶行列式之和, 即得结果.

6. (1) $\tau(134782695)=10$, 此排列为偶排列.

   (2) $\tau(217986354)=18$, 此排列为偶排列.

   (3) $\tau(987654321)=36$, 此排列为偶排列.

7. (1) $i=8, j=3$;　(2) $i=3, j=6$.

8. (1) $\dfrac{1}{2}n(n-1)$;　(2) $\dfrac{1}{2}n(n+1)$.

9. $\tau(i_n i_{n-1}\dots i_2 i_1)=\dfrac{1}{2}n(n-1)-k$.

10. (1) 正号;　(2) 负号;　(3) 负号.

11. $a_{11}a_{23}a_{32}a_{44}$.

12. 因为非零元素的个数小于$n^2-(n^2-n)=n$, 故行列式的每一项均为零, 所以此行列式为零.

13. (1) $5!=120$;

   (2) $(a_{11}a_{44}-a_{14}a_{41})(a_{22}a_{33}-a_{23}a_{32})=a_{11}a_{22}a_{33}a_{44}-a_{11}a_{23}a_{32}a_{44}-a_{14}a_{22}a_{33}a_{41}+a_{14}a_{23}a_{32}a_{41}$;

   (3) $(-1)^{\frac{n(n-1)}{2}}n!$;

   (4) $(-1)^{\frac{(n-1)(n-2)}{2}}n!$.

14. 提示: 证明行列式的一般项为零即可.

15. (1) -136;　(2) -9;　(3) 48;　(4) 52;　(5) 12;

   (6) $(b-a)(c-a)(d-a)(c-b)(d-b)(d-c)$.

16. 提示: 将第1列乘以100, 第2列乘以10全加到第3列得$\begin{vmatrix} 2 & 0 & 204 \\ 5 & 2 & 527 \\ 2 & 5 & 255 \end{vmatrix}$, 由已知$204, 527, 255$都是17的倍数, 第3列含有因子17, 故此行列式的值是17的倍数.

17. (1) $1+(-1)^{n+1}=\begin{cases}2, & n\text{为奇数}\\ 0, & n\text{为偶数}\end{cases}$;　(2) 1;　(3) $-2\cdot(n-2)!$;

(4) $n!$;　(5) $2n+1$;　(6) $n\prod_{i=1}^{n-1}a_i$.

18. (1) $n=2$时, 行列式等于$(b_2-b_1)(a_2-a_1)$; $n\geqslant 3$时, 行列式为零;

(2) $a^n+(-1)^{n+1}b^n$;　(3) $\frac{1}{2}(n+1)(2a+nh)a^n$.

19. $-a_1a_2\cdots a_n\cdot\sum\limits_{i=1}^{n}\frac{1}{a_i}$.

20. (1) $\prod\limits_{1\leqslant j<i\leqslant n}(\sin\phi_i-\sin\phi_j)=2^{\frac{n(n-1)}{2}}\prod\limits_{1\leqslant j<i\leqslant n}\cos\frac{\phi_i+\phi_j}{2}\sin\frac{\phi_i-\phi_j}{2}$;

(2) $(-1)^{\frac{n(n-1)}{2}}\prod\limits_{1\leqslant j<i\leqslant n}(\cos\phi_i-\cos\phi_j)=2^{\frac{n(n-1)}{2}}\prod\limits_{1\leqslant j<i\leqslant n}\sin\frac{\phi_i+\phi_j}{2}\sin\frac{\phi_i-\phi_j}{2}$.

21. (1) 128;　(2) $(x_2-x_1)^2(x_3-x_1)^2(x_3-x_2)^2$;

(3) $\prod\limits_{1\leqslant j<i\leqslant n+1}(b_ia_j-a_ib_j)$;　(4) $(a^2-b^2)^n$.

22. (1) 提示: 将左边行列式展开可得递推公式, 由此递推公式可得结论;

(2) 提示: 用归纳法证.

23. (1) $x_1=1,x_2=2,x_3=3,x_4=-1$;　(2) $x_1=x_2=x_3=x_4=x_5=0$.

24. $x_1=x_2=\cdots=x_{n-1}=0$, $x_n=2$.

自测题2 答案与提示

3. (1) $\boldsymbol{AB}=\begin{bmatrix}6&2&-2\\6&1&0\\8&-1&2\end{bmatrix}$,　$\boldsymbol{AB}-\boldsymbol{BA}=\begin{bmatrix}2&2&-2\\2&0&0\\4&-4&-2\end{bmatrix}$;

(2) $\boldsymbol{AB}=\begin{bmatrix}a+b+c&a^2+b^2+c^2&2ac+b^2\\a+b+c&2ac+b^2&a^2+b^2+c^2\\3&a+b+c&a+b+c\end{bmatrix}$,

$$\boldsymbol{AB}-\boldsymbol{BA}=\begin{bmatrix}b-ac&a^2+b^2+c^2-b-ab-c&b^2+2ac-a^2-2c\\c-bc&2ac-2b&a^2+b^2+c^2-ab-b-c\\3-c^2-2a&c-bc&b-ac\end{bmatrix}$$

4. (1) $\begin{bmatrix}2&0\\3&2\\1&4\end{bmatrix}$;　(2) $ax^2+2bxy+cy^2+2dx+2ey+f$.

5. 提示: 用数学归纳法可证$\begin{bmatrix}\cos\varphi&\sin\varphi\\-\sin\varphi&\cos\varphi\end{bmatrix}^n=\begin{bmatrix}\cos n\varphi&\sin n\varphi\\-\sin n\varphi&\cos n\varphi\end{bmatrix}$.

当$\varphi=\frac{\pi}{2}$时, $\begin{bmatrix}\cos\varphi & \sin\varphi\\ -\sin\varphi & \cos\varphi\end{bmatrix}=\begin{bmatrix}0 & 1\\ -1 & 0\end{bmatrix}$. 故$\begin{bmatrix}0 & 1\\ -1 & 0\end{bmatrix}^4=\begin{bmatrix}\cos 2\pi & \sin 2\pi\\ -\sin 2\pi & \cos 2\pi\end{bmatrix}=\begin{bmatrix}1 & 0\\ 0 & 1\end{bmatrix}$.

7. 提示: 因为$\boldsymbol{A}$是实对称矩阵, 而且$\boldsymbol{A}^2=\boldsymbol{0}$, 得$\boldsymbol{A}\boldsymbol{A}^{\mathrm{T}}=\boldsymbol{0}$,由此可得$\boldsymbol{A}$的每个元素均为零, 所以$\boldsymbol{A}=\boldsymbol{0}$.

11. (1) $\boldsymbol{X}=\begin{bmatrix}1 & 4 & 2\\ 0 & 3 & 4\\ 0 & -2 & 2\end{bmatrix}$; (2) $\boldsymbol{X}=\begin{bmatrix}0 & 2 & 1\\ 3 & 0 & 0\end{bmatrix}$;

(3) $\boldsymbol{X}=\begin{bmatrix}1 & -28\\ 1 & 13\end{bmatrix}$; (4) $\boldsymbol{X}=\begin{bmatrix}1 & 1 & 1\\ 0 & 1 & 1\\ 0 & 0 & 1\end{bmatrix}$.

12. (1) $\boldsymbol{A}^{-1}=\begin{bmatrix}d & -b\\ -c & a\end{bmatrix}$; (2) $\boldsymbol{A}^{-1}=\begin{bmatrix}-\frac{1}{2} & -\frac{3}{2} & -\frac{5}{2}\\ \frac{1}{2} & \frac{1}{2} & \frac{1}{2}\\ 0 & 1 & 1\end{bmatrix}$;

(3) $\boldsymbol{A}^{-1}=\begin{bmatrix}1 & -3 & 11 & -38\\ 0 & 1 & -2 & 7\\ 0 & 0 & 1 & -2\\ 0 & 0 & 0 & 1\end{bmatrix}$; (4) $\boldsymbol{A}^{-1}=\begin{bmatrix}0 & 0 & 0 & \cdots & 0 & \frac{1}{a_n}\\ \frac{1}{a_1} & 0 & 0 & \cdots & 0 & 0\\ 0 & \frac{1}{a_2} & 0 & \cdots & 0 & 0\\ \vdots & \vdots & \vdots & \ddots & \vdots & \vdots\\ 0 & 0 & 0 & \cdots & \frac{1}{a_{n-1}} & 0\end{bmatrix}$.

13. $(\boldsymbol{AB})^{-1}=\begin{bmatrix}-\frac{7}{2} & \frac{7}{2} & \frac{3}{2}\\ \frac{3}{2} & -\frac{3}{2} & -\frac{1}{2}\\ \frac{1}{6} & \frac{1}{6} & -\frac{1}{6}\end{bmatrix}$.

14. (1) $\boldsymbol{X}=\begin{bmatrix}-1 & -1\\ 2 & 3\end{bmatrix}$; (2) $\boldsymbol{X}=\begin{bmatrix}\frac{3}{2} & \frac{1}{2}\\ \frac{7}{2} & \frac{1}{2}\end{bmatrix}$;

(3) $\boldsymbol{X}=\begin{bmatrix}-3 & -2 & -\frac{5}{2}\\ -16 & -11 & -13\\ -12 & -7 & -\frac{19}{2}\end{bmatrix}$; (4) $\boldsymbol{X}=\begin{bmatrix}1 & -1 & 0 & \cdots & 0 & 0\\ 1 & 1 & -1 & \cdots & 0 & 0\\ 0 & 1 & 1 & \cdots & 0 & 0\\ \vdots & \vdots & \vdots & \ddots & \vdots & \vdots\\ 0 & 0 & 0 & \cdots & 1 & -1\\ 0 & 0 & 0 & \cdots & 1 & 2\end{bmatrix}$.

20. 提示: 由$\boldsymbol{A}^2-2\boldsymbol{A}+5\boldsymbol{E}=\boldsymbol{0}$ 得$\boldsymbol{A}\big(-\dfrac{1}{5}(\boldsymbol{A}-\boldsymbol{2E})\big)=\boldsymbol{E}$.

21. 提示: 由$\boldsymbol{A}^2-2\boldsymbol{A}-4\boldsymbol{E}=\boldsymbol{0}$ 得$(\boldsymbol{A}+\boldsymbol{E})(\boldsymbol{A}-\boldsymbol{3E})=\boldsymbol{E}$.

22. (1) $\begin{bmatrix} 5 & -1 & 3 \\ 0 & 8 & 1 \\ 1 & 2 & 6 \end{bmatrix}$; (2) $\begin{bmatrix} -\frac{1}{3} & & \\ & -\frac{1}{3} & \\ & & -\frac{1}{3} \end{bmatrix}$; (3) -8.

23. (1) (C) (2) (B) (3) (D) (4) (A) (5) (C)

24. 提示: 对等式$(2\boldsymbol{E}-\boldsymbol{A}^{-1}\boldsymbol{B})\boldsymbol{C}^{\mathrm{T}}=\boldsymbol{A}^{-1}$ 两边同时左乘$\boldsymbol{A}$, 得$(2\boldsymbol{A}-\boldsymbol{B})\boldsymbol{C}^{\mathrm{T}}=\boldsymbol{E}$. 由于$|2\boldsymbol{A}-\boldsymbol{B}|\neq 0$, 所以, $2\boldsymbol{A}-\boldsymbol{B}$可逆, 于是$\boldsymbol{C}^{\mathrm{T}}=(2\boldsymbol{A}-\boldsymbol{B})^{-1}$,

$$\boldsymbol{C}=\left((2\boldsymbol{A}-\boldsymbol{B})^{-1}\right)^{\mathrm{T}}=\begin{bmatrix} 1 & 0 & 0 \\ -2 & 1 & 0 \\ 10 & -2 & 1 \end{bmatrix}.$$

25. (1) $r(\boldsymbol{A})=2$; (2) $r(\boldsymbol{A})=2$; (3) $r(\boldsymbol{A})=3$; (4) $r(\boldsymbol{A})=2$.

26. (1) $\begin{bmatrix} 1 & 0 & 0 & 0 & 0 \\ 0 & 1 & 0 & 0 & 0 \\ 0 & 0 & 1 & 0 & 0 \\ 0 & 0 & 0 & 0 & 0 \end{bmatrix}$; (2) $\begin{bmatrix} 1 & 0 & 0 & 0 & 0 \\ 0 & 1 & 0 & 0 & 0 \\ 0 & 0 & 1 & 0 & 0 \\ 0 & 0 & 0 & 1 & 0 \\ 0 & 0 & 0 & 0 & 1 \end{bmatrix}$.

28. 提示: 可用反证法.

29. (1) (D) (2) (C) (3) (B)

30. $\boldsymbol{A}^{-1}=\begin{bmatrix} -\frac{1}{3} & \frac{2}{3} & 0 & 0 & 0 & 0 \\ \frac{2}{3} & -\frac{1}{3} & 0 & 0 & 0 & 0 \\ 0 & 0 & \frac{3}{5} & -\frac{1}{5} & 0 & 0 \\ 0 & 0 & -\frac{1}{5} & \frac{2}{5} & 0 & 0 \\ 0 & 0 & 0 & 0 & -1 & 2 \\ 0 & 0 & 0 & 0 & 2 & -3 \end{bmatrix}$, $\boldsymbol{AB}=\begin{bmatrix} 5 \\ 4 \\ 5 \\ 10 \\ 8 \\ 5 \end{bmatrix}$.

31. (1) $\boldsymbol{A}^{-1}=\begin{bmatrix} 0 & 0 & \frac{3}{5} & -\frac{1}{5} \\ 0 & 0 & -\frac{1}{5} & \frac{2}{5} \\ -\frac{1}{3} & \frac{2}{3} & 0 & 0 \\ \frac{2}{3} & -\frac{1}{3} & 0 & 0 \end{bmatrix}$; (2) $\boldsymbol{A}^{-1}=\begin{bmatrix} 2 & 1 & 0 & 0 \\ 3 & 2 & 0 & 0 \\ 1 & 1 & 3 & 4 \\ 2 & -1 & 2 & 3 \end{bmatrix}$;

(3) $\boldsymbol{A}^{-1}=\begin{bmatrix} 0 & 0 & 0 & \cdots & 0 & a_n^{-1} \\ a_1^{-1} & 0 & 0 & \cdots & 0 & 0 \\ 0 & a_2^{-1} & 0 & \cdots & 0 & 0 \\ \vdots & \vdots & \vdots & \ddots & \vdots & \vdots \\ 0 & 0 & 0 & \cdots & a_{n-1}^{-1} & 0 \end{bmatrix}$.

32. 提示: 由拉普拉斯展开定理, 得$|\boldsymbol{A}|$、$|\boldsymbol{B}|\cdot|\boldsymbol{C}|\neq 0$, 故$\boldsymbol{A}$是可逆矩阵. 由逆矩阵定义, 得$\boldsymbol{A}=\begin{bmatrix} \boldsymbol{B}^{-1} & 0 \\ 0 & \boldsymbol{C}^{-1} \end{bmatrix}$.

33. 提示: 用分块矩阵$\begin{bmatrix} \boldsymbol{A}^{-1} & \boldsymbol{0} \\ -\boldsymbol{C}\boldsymbol{A}^{-1} & \boldsymbol{E} \end{bmatrix}$左乘$\begin{bmatrix} \boldsymbol{A} & \boldsymbol{B} \\ \boldsymbol{C} & \boldsymbol{D} \end{bmatrix}$, 得

$$\begin{bmatrix} \boldsymbol{A}^{-1} & \boldsymbol{0} \\ -\boldsymbol{C}\boldsymbol{A}^{-1} & \boldsymbol{E} \end{bmatrix}\begin{bmatrix} \boldsymbol{A} & \boldsymbol{B} \\ \boldsymbol{C} & \boldsymbol{D} \end{bmatrix} = \begin{bmatrix} \boldsymbol{E} & \boldsymbol{A}^{-1}\boldsymbol{B} \\ \boldsymbol{0} & \boldsymbol{D}-\boldsymbol{C}\boldsymbol{A}^{-1}\boldsymbol{B} \end{bmatrix}.$$

两端取行列式.

34. 提示: 用矩阵乘积定义、上三角矩阵的定义证.

35. 提示: 用逆矩阵的定义证.

36. 提示: 由$\boldsymbol{A}^2 = \boldsymbol{A}$分别对$|\boldsymbol{A}| \neq 0$和$|\boldsymbol{A}| = 0$两种情况讨论. 当$|\boldsymbol{A}| \neq 0$时, $\boldsymbol{A}$可逆, 于是得$\boldsymbol{A} = \boldsymbol{E}$.

自测题3 答案与提示

1. $\boldsymbol{\beta} = -14\boldsymbol{\alpha}_1 + 9\boldsymbol{\alpha}_2$.

2. $\boldsymbol{\alpha} = \dfrac{5}{4}\boldsymbol{\alpha}_1 + \dfrac{1}{4}\boldsymbol{\alpha}_2 - \dfrac{1}{4}\boldsymbol{\alpha}_3 - \dfrac{1}{4}\boldsymbol{\alpha}_4$.

3. (1) 线性相关; (2) 线性无关; (3) 线性无关; (4) 线性相关; (5) 线性无关.

4. 由$(\boldsymbol{\beta}_1\ \boldsymbol{\beta}_2\ \boldsymbol{\beta}_3) = (\boldsymbol{\alpha}_1\ \boldsymbol{\alpha}_2\ \boldsymbol{\alpha}_3)\begin{bmatrix} 1 & 1 & -1 \\ -1 & 1 & 1 \\ 1 & -1 & 1 \end{bmatrix}$, 可得

$$(\boldsymbol{\alpha}_1\ \boldsymbol{\alpha}_2\ \boldsymbol{\alpha}_3) = (\boldsymbol{\beta}_1\ \boldsymbol{\beta}_2\ \boldsymbol{\beta}_3)\begin{bmatrix} \frac{1}{2} & 0 & \frac{1}{2} \\ \frac{1}{2} & \frac{1}{2} & 0 \\ 0 & \frac{1}{2} & \frac{1}{2} \end{bmatrix},$$

即$\boldsymbol{\alpha}_1 = \frac{1}{2}(\boldsymbol{\beta}_1 + \boldsymbol{\beta}_2)$, $\boldsymbol{\alpha}_2 = \frac{1}{2}(\boldsymbol{\beta}_2 + \boldsymbol{\beta}_3)$, $\boldsymbol{\alpha}_3 = \frac{1}{2}(\boldsymbol{\beta}_1 + \boldsymbol{\beta}_3)$.

6. (1) 否; (2) 否; (3) 否; (4) 否.

12. 提示: $\boldsymbol{\alpha}_1, \boldsymbol{\alpha}_2, \ldots, \boldsymbol{\alpha}_n$ 与$\boldsymbol{\varepsilon}_1, \boldsymbol{\varepsilon}_2, \ldots, \boldsymbol{\varepsilon}_n$有相同的秩$n$.

14. (1) 向量$\boldsymbol{\alpha}_1, \boldsymbol{\alpha}_2, \boldsymbol{\alpha}_3$是极大无关组;

 (2) 向量$\boldsymbol{\alpha}_1, \boldsymbol{\alpha}_2$是极大无关组.

15. (1) 秩为2; (2) 秩为2; (3) 秩为3.

17. 解不唯一, 例如取第三、第四个行向量$\boldsymbol{\alpha}_3 = (0, 0, -1, 1, 0), \boldsymbol{\alpha}_4 = (-1, 0, 0, 1, 0)$.

23. 所求坐标为$(3, -3, 2)^{\mathrm{T}}$.

24. 所求坐标为$\left(\dfrac{5}{4}, \dfrac{1}{4}, -\dfrac{1}{4}, -\dfrac{1}{4}\right)$.

25. 过渡矩阵为$\begin{bmatrix} 2 & 3 & 4 \\ 0 & -1 & 0 \\ -1 & 0 & -1 \end{bmatrix}$.

26. $\boldsymbol{\eta}_1 = \left(\frac{1}{\sqrt{3}}, 0, -\frac{1}{\sqrt{3}}, \frac{1}{\sqrt{3}}\right)$, $\boldsymbol{\eta}_2 = \left(\frac{1}{\sqrt{15}}, -\frac{3}{\sqrt{15}}, \frac{2}{\sqrt{15}}, \frac{1}{\sqrt{15}}\right)$,

$\boldsymbol{\eta}_3 = \left(-\frac{1}{\sqrt{35}}, \frac{3}{\sqrt{35}}, \frac{3}{\sqrt{35}}, \frac{4}{\sqrt{35}}\right)$.

27. $\pm\frac{1}{\sqrt{26}}(4, 0, 1, -3)^{\mathrm{T}}$.

28. $k = -\frac{1}{3}$.

30. 提示: 利用$\boldsymbol{A}^{\mathrm{T}} = \boldsymbol{A}^{-1}$以及$\boldsymbol{A}^{-1} = \frac{\boldsymbol{A}^*}{|\boldsymbol{A}|}$.

自测题4 答案与提示

1. (1) $x_1 = 1,\ x_2 = 3,\ x_3 = 2$;

(2) $x_1 = -1,\ x_2 = -1,\ x_3 = 0,\ x_4 = 1$;

(3) $x_1 = -\frac{k}{2},\ x_2 = -1 - \frac{k}{2},\ x_3 = 0,\ x_4 = -1 - \frac{k}{2},\ x_5 = k$, k为任意常数;

(4) 无解;

(5) 无解;

(6) $x_1 = \frac{59}{45} + \frac{4}{15}k,\ x_2 = \frac{3}{5} + \frac{4}{5}k,\ x_3 = \frac{19}{18} + \frac{1}{3}k,\ x_4 = k,\ x_5 = \frac{1}{6}$, k为任意常数;

(7) $x_1 = -\frac{2}{10}k,\ x_2 = -\frac{3}{10}k,\ x_3 = k$, k为任意常数;

(8) $x_1 = \frac{7}{6}k_2 - k_1,\ x_2 = \frac{5}{6}k_2 + k_1,\ x_3 = k_1,\ x_4 = \frac{1}{3}k_2,\ x_5 = k_2$, k_1, k_2为任意常数.

2. 当$\lambda \neq 1$且$\lambda \neq -2$时, 方程组有唯一解:

$$x_1 = -\frac{\lambda+1}{\lambda+2}, \quad x_2 = \frac{1}{\lambda+2}, \quad x_3 = \frac{(\lambda+1)^2}{\lambda+2}.$$

当$\lambda = 1$时, 方程组有无穷多解: $x_1 = 1 - k_1 - k_2,\ x_2 = k_1,\ x_3 = k_2$, 其中$k_1, k_2$为任意常数. 当$\lambda = -2$时, 方程组无解.

3. 当$\lambda \neq 1$时, 方程组无解;

当$\lambda = 1$时, 方程组有无穷多解;

$$x_1 = \frac{2}{5} + \frac{3}{5}k_1, \quad x_2 = -\frac{1}{5} + \frac{1}{5}k_1 + k_2, \quad x_3 = k_1, \quad x_4 = k_2,$$

其中k_1, k_2为任意常数.

4. 当$a \neq -1$或$b \neq 1$或$c \neq 5$时, 方程组无解; 当$a = -1,\ b = 1,\ c = 5$时, 方程组有解, 其解为$x_1 = k_1 - k_3 + 1,\ x_2 = -k_2 + k_3 + 2,\ x_3 = k_1,\ x_4 = k_2,\ x_5 = k_3$, 其中$k_1, k_2, k_3$为任意常数.

5. $\lambda \neq -2$或1时, 方程组有非零解.

6. $\lambda = 1$或$-\frac{9}{4}$时, 方程组有非零解.

8. (1) $\boldsymbol{\alpha} = (7, -1, -2)^{\mathrm{T}}$;

(2) 只有零解;

(3) $\boldsymbol{\alpha_1} = (3, 3, 2, 0)^{\mathrm{T}}$, $\boldsymbol{\alpha_2} = (-3, 7, 0, 4)^{\mathrm{T}}$;

(4) $\boldsymbol{\alpha} = (0, 0, 0, 1, 1)^{\mathrm{T}}$;

(5) $\boldsymbol{\alpha_1} = (-1, -1, 1, 2, 0)^{\mathrm{T}}$, $\boldsymbol{\alpha}_2 = (\frac{1}{4}, 0, 0, \frac{5}{4}, 1)^{\mathrm{T}}$.

9. (1) $\boldsymbol{\eta} = \boldsymbol{\eta}_0 + k\boldsymbol{\alpha} = (-8, 3, 6, 0)^{\mathrm{T}} + k(0, 1, 2, 1)^{\mathrm{T}}$;

(2) $\boldsymbol{\eta} = \boldsymbol{\eta}_0 + k\boldsymbol{\alpha} = (1, 0, 0, 0, -2)^{\mathrm{T}} + k(-1, 1, 2, 3, 0)^{\mathrm{T}}$;

(3) 方程组无解.

10. 当$\lambda \neq 1$时, 方程组有唯一解:

$$x_1 = \frac{\mu - 1}{\lambda - 1}, \qquad x_2 = x_3 = 0, \quad x_4 = \frac{\mu - \lambda}{\lambda - 1}.$$

当$\lambda = 1$且$\mu = \lambda$时, 方程组有无穷多解, 其解为

$$\boldsymbol{\eta} = (1, 0, 0, 0)^{\mathrm{T}} + k_1(-1, 1, 0, 0)^{\mathrm{T}} + k_2(-1, 0, 1, 0)^{\mathrm{T}} + k_3(-1, 0, 0, 1)^{\mathrm{T}},$$

其中k_1, k_2, k_3为任意常数.

11. 当$a \neq \pm 1$时, 方程组有唯一解:

$$x_1 = \frac{4a + 1}{a^2 - 1}, \quad x_2 = \frac{a(2a - 7)}{a^2 - 1}, \quad x_3 = \frac{-3a}{a^2 - 1}.$$

当$a = 1$时, 方程组有无穷多解, 其解为$x_1 = 1 - k$, $x_2 = k$, $x_3 = -1$, 其中k为任意常数; 当$a = -1$时, 方程组无解.

自测题5 答案与提示

1. (1) 特征值$\lambda_1 = 7, \lambda_2 = -2$; 属于特征值$\lambda_1$的特征向量$k_1\boldsymbol{\xi}_1 = k_1(1, 1)^{\mathrm{T}}$, 属于特征值$\lambda_2$的特征向量$k_2\boldsymbol{\xi}_2 = k_2(4, -5)^{\mathrm{T}}$, 其中$k_1, k_2 \neq 0$;

(2) 特征值λ_1=5, $\lambda_2 = \lambda_3 = -1$; 属于特征值5的特征向量$k_1\boldsymbol{\xi}_1$=$k_1(1, 1, 1)^{\mathrm{T}}$, $k_1 \neq 0$; 属于特征值-1的特征向量为$k_2\boldsymbol{\xi}_2 + k_3\boldsymbol{\xi}_3$, 其中$k_2, k_3$不全为零，且

$$\boldsymbol{\xi}_2 = (-1, 1, 0)^{\mathrm{T}}, \qquad \boldsymbol{\xi}_3 = (-1, 0, 1)^{\mathrm{T}};$$

(3) 特征值$\lambda_1 = 2, \lambda_2 = 1 + \sqrt{3}, \lambda_3 = 1 - \sqrt{3}$; 属于$\lambda_1$的特征向量为$k_1\boldsymbol{\xi}_1 = k_1(2, -1, 0)^{\mathrm{T}}$, $k_1 \neq 0$; 属于λ_2的特征向量为$k_2\boldsymbol{\xi}_2 = k_2(3, -2, 2 - \sqrt{3})^{\mathrm{T}}$, $k_2 \neq 0$; 属于λ_3特征向量为$k_3\boldsymbol{\xi}_3 = k_3(3, -1, 2 + \sqrt{3})^{\mathrm{T}}$, $k_3 \neq 0$.

2. 矩阵$\boldsymbol{A}$的特征值为$\lambda_1=1,\lambda_2=\lambda_3=2$. 属于特征值的1的特征向量为$k_1\boldsymbol{\xi}_1=k_1(0,-1,-1)^{\mathrm{T}}$, $k_1\neq 0$; 属于特征值2的特征向量$\boldsymbol{\xi}_2=(-1,1,-1)^{\mathrm{T}}$, $\boldsymbol{\xi}_3$=$(1,0,1)^{\mathrm{T}}$. 由于$\boldsymbol{A}$有三个线性无关的特征向量, 所以$\boldsymbol{A}$与对角矩阵相似. 令

$$\boldsymbol{P}=\begin{bmatrix}0&-1&1\\-1&1&0\\-1&-1&1\end{bmatrix},\qquad \text{那么}\qquad \boldsymbol{P}^{-1}=\begin{bmatrix}1&0&-1\\1&1&-1\\2&1&-1\end{bmatrix}.$$

于是
$$\boldsymbol{P}^{-1}\boldsymbol{A}\boldsymbol{P}=\begin{bmatrix}1&0&0\\0&2&0\\0&0&2\end{bmatrix}.$$

3. 由2题知, $\boldsymbol{A}=\boldsymbol{P}\begin{bmatrix}1&0&0\\0&2&0\\0&0&2\end{bmatrix}\boldsymbol{P}^{-1}$, 故

$$\boldsymbol{A}^8=\boldsymbol{P}\begin{bmatrix}1&0&0\\0&2&0\\0&0&2\end{bmatrix}^8\boldsymbol{P}^{-1}=\boldsymbol{P}\begin{bmatrix}1&0&0\\0&2^8&0\\0&0&2^8\end{bmatrix}\boldsymbol{P}^{-1}=\begin{bmatrix}256&0&0\\255&256&-255\\255&0&1\end{bmatrix}.$$

4. 提示: 使用数学归纳法.

5. 提示: 利用4题的结果.

9. 提示: 该矩阵有n个互不相同的特征值, 所以它可以相似于对角矩阵.

10. 证明: 由于矩阵$\boldsymbol{A}$的所有特征值之积等于$\boldsymbol{A}$的行列式$|\boldsymbol{A}|$, 故可逆矩阵的所有特征值均不为零. 因为$\boldsymbol{\alpha}$是$\boldsymbol{A}$的属于特征值λ的特征向量, 那么$\boldsymbol{A}\boldsymbol{\alpha}=\lambda\boldsymbol{\alpha}$, 因为$\boldsymbol{A}$可逆, 用$\boldsymbol{A}^{-1}$左乘等式两端: $\boldsymbol{A}^{-1}\boldsymbol{A}\boldsymbol{\alpha}$=$\boldsymbol{A}^{-1}(\lambda\boldsymbol{\alpha})$, 即$\boldsymbol{\alpha}=\lambda(\boldsymbol{A}^{-1}\boldsymbol{\alpha})$. 由于$\lambda\neq 0$, 故$\boldsymbol{A}^{-1}\boldsymbol{\alpha}=\dfrac{1}{\lambda}\boldsymbol{\alpha}$. 所以, $\dfrac{1}{\lambda}$是矩阵$\boldsymbol{A}^{-1}$的特征值, 而且$\boldsymbol{\alpha}$也是$\boldsymbol{A}^{-1}$的属于特征值$\dfrac{1}{\lambda}$的特征向量.

11. (1) 提示: 由题意可知$\boldsymbol{\alpha}_1,\boldsymbol{\alpha}_2,\boldsymbol{\alpha}_3$线性相关, 故$|\boldsymbol{A}|=0$; 又因为$\boldsymbol{A}$的特征值各不相同, 故$r(\boldsymbol{A})=2$, 且$\boldsymbol{\alpha}_1,\boldsymbol{\alpha}_2$线性无关.

(2) 通解为$\begin{bmatrix}1\\1\\1\end{bmatrix}+k\begin{bmatrix}1\\2\\-1\end{bmatrix}$, 其中$k$为任意实数.

12. (1) $a=4,b=5$; (2) $\boldsymbol{P}^{-1}\boldsymbol{A}\boldsymbol{P}=\begin{bmatrix}1&&\\&1&\\&&5\end{bmatrix}$, 其中$\boldsymbol{P}=\begin{bmatrix}2&-3&-1\\1&0&-1\\0&1&1\end{bmatrix}$.

自测题6 答案与提示

1. (1) 原式=$(x_1-x_2+x_3)^2-(2x_2+x_3)^2=y_1^2-y_2^2$.

相应的线性变换为

$$\begin{cases} x_1 = y_1 + \frac{1}{2}y_2 - \frac{3}{2}y_3 \\ x_2 = \frac{1}{2}y_2 - \frac{1}{2}y_3 \\ x_3 = y_3 \end{cases}$$

(2) 原式$=-z_1^2 + 4z_2^2 + z_3^2$.

相应的线性变换为

$$\begin{cases} x_1 = \frac{1}{2}z_1 + z_2 + \frac{1}{2}z_3 \\ x_2 = \frac{1}{2}z_1 - z_2 + \frac{1}{2}z_3 \\ x_3 = z_3 \end{cases}$$

(3) 原式$=y_1^2 + y_2^2 + y_3^2 - y_4^2$.

相应的线性变换为

$$\begin{cases} x_1 = y_1 \\ x_2 = y_2 - y_4 \\ x_3 = -y_1 + y_4 \\ x_4 = y_1 + y_3 - y_4 \end{cases}$$

2. (1) 正交变换为

$$\begin{cases} x_1 = -\frac{2}{3}y_1 + \frac{2}{3}y_2 + \frac{1}{3}y_3 \\ x_2 = -\frac{1}{3}y_1 - \frac{2}{3}y_2 + \frac{2}{3}y_3 \\ x_3 = \frac{2}{3}y_1 + \frac{1}{3}y_2 + \frac{2}{3}y_3 \end{cases}$$

标准形为$y_2^2 + 4y_2^2 - 2y_3^2$.

(2) 正交变换为

$$\begin{cases} x_1 = \frac{1}{\sqrt{2}}y_1 + \frac{1}{\sqrt{2}}y_3 \\ x_2 = \frac{1}{\sqrt{2}}y_1 - \frac{1}{\sqrt{2}}y_3 \\ x_3 = \frac{1}{\sqrt{2}}y_2 + \frac{1}{\sqrt{2}}y_4 \\ x_4 = \frac{1}{\sqrt{2}}y_2 - \frac{1}{\sqrt{2}}y_4 \end{cases}$$

标准形为$y_1^2 + y_2^2 - y_3^2 - y_4^2$.

3. (1) 正定; (2) 非正定; (3) 非正定.

4. (1) 当$-\frac{4}{\sqrt{5}} < t < \frac{4}{\sqrt{5}}$时, 二次型正定.

(2) 当$-\sqrt{2} < t < \sqrt{2}$时, 二次型正定.

5. $-\dfrac{4}{5} < a < 0$.

6. 提示: 若λ是$\boldsymbol{A}$的特征值, 则$\lambda+2$是$2\boldsymbol{E}+\boldsymbol{A}$的特征值, 于是可导出$2\boldsymbol{E}+\boldsymbol{A}$的全部特征值均大于零.

7. 提示: (1) 利用矩阵的行列式等于其特征值的乘积.

(2) 利用定理, 正定矩阵$\Leftrightarrow$全部特征值大于零.

8. $a=2$; $\boldsymbol{Q}=\begin{bmatrix} \frac{1}{\sqrt{3}} & -\frac{1}{\sqrt{2}} & \frac{1}{\sqrt{6}} \\ -\frac{1}{\sqrt{3}} & 0 & \frac{2}{\sqrt{6}} \\ \frac{1}{\sqrt{3}} & \frac{1}{\sqrt{2}} & \frac{1}{\sqrt{6}} \end{bmatrix}$, 且$f$在$\boldsymbol{X}=\boldsymbol{QY}$ 变化下得$-3y_1^2+6y_2^2$.

附录Ⅱ：期末考试试题与参考答案

期末试题1

一、填空题

1. 行列式$\begin{vmatrix} a_1+b_1 & a_1+b_2 & a_1+b_3 \\ a_2+b_1 & a_2+b_2 & a_2+b_3 \\ a_3+b_1 & a_3+b_2 & a_3+b_3 \end{vmatrix}=$__________

2. 设$\boldsymbol{A}$为3阶方阵，且$|\boldsymbol{A}|=3$，则$|2\boldsymbol{A}^{-1}-\boldsymbol{A}^*|=$__________

3. 设3阶方阵$\boldsymbol{A}=\begin{bmatrix} 1 & 2 & -2 \\ 2 & 1 & 2 \\ 3 & 0 & 4 \end{bmatrix}$, 3维列向量$\boldsymbol{\alpha}=(x,1,1)^{\mathrm{T}}$,且$\boldsymbol{A\alpha}$与$\boldsymbol{\alpha}$线性相关，则$x=$__________

4. 设$\lambda=0$是3阶方阵$\boldsymbol{A}=\begin{bmatrix} 1 & 0 & 1 \\ 0 & 2 & 0 \\ 1 & 0 & a \end{bmatrix}$的特征值，则$a=$__________

5. 二次型$f(x_1,x_2,x_3)=x_1^2+2x_1x_2+4x_1x_3+6x_2^2+8x_2x_3+10x_3^2$的矩阵$\boldsymbol{A}=$__________

二、单项选择题

6. 设矩阵$\boldsymbol{A}=\begin{bmatrix} 1 & 1 & -2 & 3 \\ 2 & 2 & -4 & 6 \\ 3 & 3 & -6 & x \end{bmatrix}$有最小秩，则$x=$ (　　)

(A) 0　　(B) 3　　(C) 6　　(D) 9

7. 设矩阵$\boldsymbol{A}=\begin{bmatrix} 1 & 2 \\ 3 & 4 \\ 5 & 6 \end{bmatrix}$, $\boldsymbol{B}=\begin{bmatrix} 1 & 2 \\ 5 & 6 \\ 3 & 4 \end{bmatrix}$, 且存在矩阵$\boldsymbol{P}$使得$\boldsymbol{PA}=\boldsymbol{B}$，则矩阵$\boldsymbol{P}=$ (　　)

(A) $\begin{bmatrix} 1 & 0 & 0 \\ 0 & 0 & 1 \\ 0 & 1 & 0 \end{bmatrix}$　　(B) $\begin{bmatrix} 1 & 0 & 0 \\ 0 & 1 & 0 \\ 0 & -1 & 1 \end{bmatrix}$　　(C) $\begin{bmatrix} 1 & 0 & 0 \\ 0 & 1 & 1 \\ 0 & 1 & 0 \end{bmatrix}$　　(D) $\begin{bmatrix} 0 & 0 & 1 \\ 0 & 1 & 0 \\ 1 & 0 & 0 \end{bmatrix}$

8. 向量组(Ⅰ): $\boldsymbol{\alpha}_1,\boldsymbol{\alpha}_2,\ldots,\boldsymbol{\alpha}_m\ (m\geqslant 3)$ 线性无关的充要条件是 (　　)

(A) 存在一组不全为零的数$k_1,k_2,\ldots,k_m$, 使得$k_1\boldsymbol{\alpha}_1+k_2\boldsymbol{\alpha}_2+\cdots+k_m\boldsymbol{\alpha}_m\neq 0$

(B) 向量组(Ⅰ)中任意两个向量都线性无关

(C) 向量组(Ⅰ)中存在一个向量不能被其余向量线性表示

(D) 向量组(Ⅰ)中任意一个向量都不能被其余向量线性表示

9. 设$\boldsymbol{\beta}_1$, $\boldsymbol{\beta}_2$是非齐次线性方程组$\boldsymbol{AX}=\boldsymbol{b}$的两个不同解，$\boldsymbol{\alpha}_1$, $\boldsymbol{\alpha}_2$为对应齐次线性方程组$\boldsymbol{AX}=\boldsymbol{0}$的一个基础解系，$k_1,k_2$为任意常数，则$\boldsymbol{AX}=\boldsymbol{b}$的通解可表示为 (　　)

(A) $k_1\boldsymbol{\alpha}_1+k_2(\boldsymbol{\alpha}_1+\boldsymbol{\alpha}_2)+\frac{1}{2}(\boldsymbol{\beta}_1-\boldsymbol{\beta}_2)$　　(B) $k_1\boldsymbol{\alpha}_1+k_2(\boldsymbol{\alpha}_1-\boldsymbol{\alpha}_2)+\frac{1}{2}(\boldsymbol{\beta}_1+\boldsymbol{\beta}_2)$

(C) $k_1\boldsymbol{\alpha}_1+k_2(\boldsymbol{\beta}_1+\boldsymbol{\beta}_2)+\frac{1}{2}(\boldsymbol{\beta}_1-\boldsymbol{\beta}_2)$　　(D) $k_1\boldsymbol{\alpha}_1+k_2(\boldsymbol{\beta}_1-\boldsymbol{\beta}_2)+\frac{1}{2}(\boldsymbol{\beta}_1+\boldsymbol{\beta}_2)$

10. 设矩阵$\boldsymbol{A},\boldsymbol{B}$为$n$阶矩阵，且$\boldsymbol{A}\sim\boldsymbol{B}$，则下列结论不正确的是 (　　)

(A) $|\boldsymbol{A}|=|\boldsymbol{B}|$　　(B) $r(\boldsymbol{A})=r(\boldsymbol{B})$

(C) $\boldsymbol{A}^2\sim\boldsymbol{B}^2$　　(D) $\boldsymbol{A},\boldsymbol{B}$必相似于对角矩阵

三、解答题

11. 计算下列行列式

(1) $D_4=\begin{vmatrix}2&1&0&1\\3&1&5&0\\1&0&5&6\\2&1&3&4\end{vmatrix}$;　　(2) 设$n$阶方阵$\boldsymbol{A}=\begin{vmatrix}0&1&1&\cdots&1&1\\1&0&1&\cdots&1&1\\\vdots&\vdots&\vdots&\ddots&\vdots&\vdots\\1&1&1&\cdots&0&1\\1&1&1&\cdots&1&0\end{vmatrix}$, 求$|\boldsymbol{A}|$.

12. 设矩阵$\boldsymbol{A}=\begin{bmatrix}1&0&1\\0&2&0\\1&0&1\end{bmatrix}$, $\boldsymbol{E}$为3阶单位矩阵，且$\boldsymbol{AB}+\boldsymbol{E}=\boldsymbol{A}^2+\boldsymbol{B}$，求矩阵$\boldsymbol{B}$.

13. 求向量组$\boldsymbol{\alpha}_1=(1,2,3,-1)^{\mathrm{T}},\boldsymbol{\alpha}_2=(3,-1,2,0)^{\mathrm{T}},\boldsymbol{\alpha}_3=(1,-1,0,1)^{\mathrm{T}},\boldsymbol{\alpha}_4=(2,1,3,0)^{\mathrm{T}}$的秩及一个极大无关组, 并用该极大无关组表示其余向量.

14. 求非齐次线性方程组$\begin{cases}x_1+2x_2+4x_3-3x_4=0\\3x_1+5x_2+6x_3-4x_4=1\\4x_1+5x_2-2x_3+3x_4=3\end{cases}$的通解, 并用其导出组的基础解系表示.

15. 设矩阵$\boldsymbol{A}=\begin{bmatrix}0&2&-3\\-1&3&-3\\1&-2&a\end{bmatrix}$相似于矩阵$\boldsymbol{B}=\begin{bmatrix}1&-2&0\\0&b&0\\0&3&1\end{bmatrix}$.

(1) 求a,b的值;　(2) 求可逆矩阵$\boldsymbol{P}$, 使$\boldsymbol{P}^{-1}\boldsymbol{AP}$为对角矩阵.

四、证明题

16. 设$\boldsymbol{A}$为$m\times n$矩阵，$\boldsymbol{B}$为n阶方阵, 且$r(\boldsymbol{A})=n$.

证明：(1) 若$\boldsymbol{AB}=\boldsymbol{0}$, 则$\boldsymbol{B}=\boldsymbol{0}$;　　(2) 若$\boldsymbol{AB}=\boldsymbol{A}$, 则$\boldsymbol{B}=\boldsymbol{E}$.

17. 设3阶矩阵$\boldsymbol{A}$的行列式为$|\boldsymbol{A}|=-1$, 3维列向量$\boldsymbol{\alpha}_1,\boldsymbol{\alpha}_2$是齐次线性方程组$(\boldsymbol{E}-\boldsymbol{A})\boldsymbol{X}=\boldsymbol{0}$的一个基础解系。

(1) 证明：$\boldsymbol{A}$能对角化; (2) 求$\boldsymbol{A}$的相似对角矩阵。

期末试题2

一、填空题

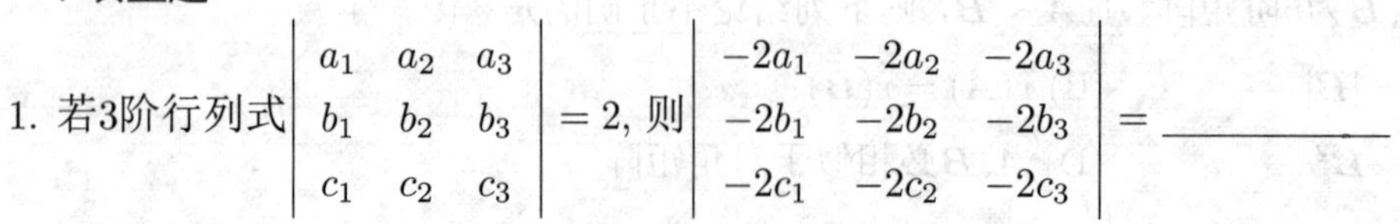

1. 若3阶行列式$\begin{vmatrix} a_1 & a_2 & a_3 \\ b_1 & b_2 & b_3 \\ c_1 & c_2 & c_3 \end{vmatrix}=2$, 则$\begin{vmatrix} -2a_1 & -2a_2 & -2a_3 \\ -2b_1 & -2b_2 & -2b_3 \\ -2c_1 & -2c_2 & -2c_3 \end{vmatrix}=$__________

2. 设$\boldsymbol{A}$为2阶矩阵，$|\boldsymbol{A}|=3$, $\boldsymbol{A}^*$为$\boldsymbol{A}$的伴随矩阵，若交换$\boldsymbol{A}$的第一行与第二行得到矩阵$\boldsymbol{B}$，则$|\boldsymbol{B}\boldsymbol{A}^*|=$__________

3. 设$\boldsymbol{A}$为n阶方阵，且$\boldsymbol{A}^3=\boldsymbol{0}$，则$(\boldsymbol{E}-\boldsymbol{A})^{-1}=$__________

4. 设$\boldsymbol{\eta}_1,\boldsymbol{\eta}_2,\ldots,\boldsymbol{\eta}_s$是非齐次线性方程组$\boldsymbol{AX}=\boldsymbol{b}$的一组解向量，若$c_1\boldsymbol{\eta}_1+c_2\boldsymbol{\eta}_2+\cdots+c_s\boldsymbol{\eta}_s$也是该线性方程组的一个解向量，则$c_1+c_2+\cdots+c_s=$__________

5. 设二次型$f(x_1,x_2,x_3)=x_1^2-x_2^2+2ax_1x_3+4x_2x_3$的负惯性指数为1, 则$a$的取值范围是__________

二、单项选择题

6. 设$\boldsymbol{A}$, $\boldsymbol{B}$均为n阶可逆方阵，则下列等式成立的是 (　　)

(A) $|(\boldsymbol{AB})^{-1}|=\dfrac{1}{|\boldsymbol{A}^{-1}|}\dfrac{1}{|\boldsymbol{B}^{-1}|}$　　(B) $|(\boldsymbol{AB})^{-1}|=|\boldsymbol{A}|^{-1}|\boldsymbol{B}|^{-1}$

(C) $|(\boldsymbol{AB})^{-1}|=|\boldsymbol{A}||\boldsymbol{B}|$　　(D) $|(\boldsymbol{AB})^{-1}|=(-1)^n|\boldsymbol{AB}|$

7. 设方阵$\boldsymbol{A}=\begin{bmatrix} 1 & 0 & 2 \\ 0 & 2 & 0 \\ -1 & 0 & 3 \end{bmatrix}$, $\boldsymbol{B}$为3×4矩阵且$\boldsymbol{B}$的秩$r(\boldsymbol{B})=2$, 则$r(\boldsymbol{AB})=$ (　　)

(A) 0　　(B) 1　　(C) 2　　(D) 3

8. n元齐次线性方程组$\boldsymbol{AX}=\boldsymbol{0}$存在非零解的充要条件是 (　　)

(A) $\boldsymbol{A}$的行向量组一定线性无关　　(B)$\boldsymbol{A}$的行向量组一定线性相关

(C) $\boldsymbol{A}$的列向量组一定线性无关　　(D)$\boldsymbol{A}$的列向量组一定线性相关

9. 设非齐次线性方程组$\boldsymbol{AX}=\boldsymbol{b}$的导出组$\boldsymbol{AX}=\boldsymbol{0}$, 则下列结论正确的是 (　　)

(A) 若$\boldsymbol{AX}=\boldsymbol{0}$只有零解，则$\boldsymbol{AX}=\boldsymbol{b}$有唯一解

(B) 若$\boldsymbol{AX}=\boldsymbol{0}$有非零解，则$\boldsymbol{AX}=\boldsymbol{b}$有无穷多解

(C) 若$\boldsymbol{AX}=\boldsymbol{b}$有无穷多解，则$\boldsymbol{AX}=\boldsymbol{0}$有非零解

(D) 若$\boldsymbol{AX}=\boldsymbol{b}$有无穷多解，则$\boldsymbol{AX}=\boldsymbol{0}$只有零解

10. 设$\boldsymbol{A}$为3阶实对称矩阵，$\boldsymbol{A}^2+\boldsymbol{A}=\boldsymbol{0}$, 若$\boldsymbol{A}$的秩为2，则$\boldsymbol{A}$相似与矩阵 (　　)

(A) $\begin{bmatrix} -1 & & \\ & -1 & \\ & & 0 \end{bmatrix}$　(B) $\begin{bmatrix} -1 & & \\ & 1 & \\ & & 0 \end{bmatrix}$　(C) $\begin{bmatrix} 1 & & \\ & 1 & \\ & & 0 \end{bmatrix}$　(D) $\begin{bmatrix} -1 & & \\ & 0 & \\ & & 0 \end{bmatrix}$

三、解答题

11. 计算下列行列式

(1) $D_4 = \begin{vmatrix} 0 & 4 & 3 & 2 \\ 2 & 3 & -1 & 4 \\ 1 & -2 & 2 & 1 \\ 4 & 3 & 2 & 2 \end{vmatrix}$; (2) $D_n = \begin{vmatrix} x & y & 0 & \cdots & 0 & 0 \\ 0 & x & y & \cdots & 0 & 0 \\ 0 & 0 & x & \cdots & 0 & 0 \\ \vdots & \vdots & \vdots & & \vdots & \vdots \\ 0 & 0 & 0 & \cdots & x & y \\ y & 0 & 0 & \cdots & 0 & x \end{vmatrix}$.

12. 设矩阵$\boldsymbol{A} = \begin{bmatrix} 0 & 3 & 3 \\ 1 & 1 & 0 \\ -1 & 2 & 3 \end{bmatrix}$, 且$\boldsymbol{AX} = \boldsymbol{A} + 2\boldsymbol{X}$, 求矩阵$\boldsymbol{X}$.

13. 求向量组$\boldsymbol{\alpha}_1 = (1,-1,2,4)^{\mathrm{T}}$, $\boldsymbol{\alpha}_2 = (0,3,1,2)^{\mathrm{T}}$, $\boldsymbol{\alpha}_3 = (2,-5,3,6)^{\mathrm{T}}$, $\boldsymbol{\alpha}_4 = (1,5,4,8)^{\mathrm{T}}$, $\boldsymbol{\alpha}_5 = (1,-2,2,0)^{\mathrm{T}}$的一个极大无关组, 并用该极大无关组表示其余向量.

14. 求非齐次线性方程组$\begin{cases} x_1 + x_2 + 2x_3 + 3x_4 = 1 \\ x_1 + 3x_2 + 6x_3 + x_4 = 3 \\ x_1 - 5x_2 - 10x_3 + 9x_4 = -5 \end{cases}$ 的通解, 并用其导出组的基础解系表示.

15. 已知矩阵$\boldsymbol{A} = \begin{bmatrix} 0 & -1 & 1 \\ 2 & -3 & 0 \\ 0 & 0 & 0 \end{bmatrix}$.

(1) 求$\boldsymbol{A}^{99}$.

(2) 设3阶矩阵$\boldsymbol{B} = (\alpha_1,\alpha_2,\alpha_3)$满足$\boldsymbol{B}^2 = \boldsymbol{BA}$, 记$\boldsymbol{B}^{100} = (\beta_1,\beta_2,\beta_3)$将$\beta_1,\beta_2,\beta_3$分别表示为$\alpha_1,\alpha_2,\alpha_3$的线性组合.

四、证明题

16. 设线性方程组$\begin{cases} x_1 + a_1x_2 + a_1^2x_3 = a_1^3 \\ x_1 + a_2x_2 + a_2^2x_3 = a_2^3 \\ x_1 + a_3x_2 + a_3^2x_3 = a_3^3 \\ x_1 + a_4x_2 + a_4^2x_3 = a_4^3 \end{cases}$ 证明: a_1,a_2,a_3,a_4两两不相等时, 方程组无解.

17. 设n阶方阵$\boldsymbol{A}$满足$\boldsymbol{AA}^{\mathrm{T}} = \boldsymbol{A}^{\mathrm{T}}\boldsymbol{A} = \boldsymbol{E}$, 证明: 若$|\boldsymbol{A}| = -1$, 则$\boldsymbol{A}$必有特征值$-1$.

期末试题3

一、填空题

1. 行列式$D_4=\begin{vmatrix} 2 & 1 & 1 & 1 \\ 1 & 2 & 1 & 1 \\ 1 & 1 & 2 & 1 \\ 1 & 1 & 1 & 2 \end{vmatrix}=$__________

2. 设3阶矩阵$\boldsymbol{A}$的特征值为$2,-2,1$，$\boldsymbol{B}=\boldsymbol{A}^2-\boldsymbol{A}+\boldsymbol{E}$，其中$\boldsymbol{E}$为3阶单位矩阵，则行列式$|\boldsymbol{B}|=$__________

3. 设矩阵$\boldsymbol{A}=\begin{bmatrix} 1 & 0 & 1 \\ 1 & 1 & 2 \\ 0 & 1 & 1 \end{bmatrix}$，$\boldsymbol{\alpha}_1,\boldsymbol{\alpha}_2,\boldsymbol{\alpha}_3$为线性无关的3维列向量组，则向量组$\boldsymbol{A\alpha}_1,\boldsymbol{A\alpha}_2,\boldsymbol{A\alpha}_3$的秩为__________

4. 设3阶方阵$\boldsymbol{A}$的特征值互不相等，且$|\boldsymbol{A}|=0$，则矩阵$\boldsymbol{A}$的秩$r(\boldsymbol{A})=$__________

5. 设二次型$f(x_1,x_2,x_3)$在正交变换为$\boldsymbol{X}=\boldsymbol{PY}$下的标准形为$2y_1^2+y_2^2-y_3^2$，其中$\boldsymbol{P}=(\boldsymbol{e}_1,\boldsymbol{e}_2,\boldsymbol{e}_3)$，若$\boldsymbol{Q}=(\boldsymbol{e}_1,-\boldsymbol{e}_3,\boldsymbol{e}_2)$，则$f(x_1,x_2,x_3)$在正交变换$\boldsymbol{X}=\boldsymbol{QY}$下的标准形为__________

二、单项选择题

6. 设$\boldsymbol{A},\boldsymbol{B}$为任意$n$阶方阵，$k$为任意常数，则下列各式中正确的是 (　　)

(A) $|\boldsymbol{AB}|=|\boldsymbol{BA}|$　　(B) $|\boldsymbol{A}+\boldsymbol{B}|=|\boldsymbol{A}|+|\boldsymbol{B}|$

(C) $|k\boldsymbol{A}|=k|\boldsymbol{A}|$　　(D) $(\boldsymbol{AB})^{\mathrm{T}}=\boldsymbol{A}^{\mathrm{T}}\boldsymbol{B}^{\mathrm{T}}$

7. 设矩阵$\boldsymbol{A},\boldsymbol{B},\boldsymbol{C}$均为$n$阶矩阵，若$\boldsymbol{AB}=\boldsymbol{C}$，且$\boldsymbol{B}$可逆，则 (　　)

(A) $\boldsymbol{C}$的行向量组与$\boldsymbol{A}$的行向量组等价　　(B) $\boldsymbol{C}$的列向量组与$\boldsymbol{A}$的列向量组等价

(C) $\boldsymbol{C}$的行向量组与$\boldsymbol{B}$的行向量组等价　　(D) $\boldsymbol{C}$的列向量组与$\boldsymbol{B}$的列向量组等价

8. 已知$\boldsymbol{\eta}_1,\boldsymbol{\eta}_2,\boldsymbol{\eta}_3$是齐次线性方程组$\boldsymbol{AX}=\boldsymbol{0}$的一个基础解系, 则此方程组的基础解系还可取为 (　　)

(A) $\boldsymbol{\eta}_1+\boldsymbol{\eta}_2,\boldsymbol{\eta}_2+\boldsymbol{\eta}_3,\boldsymbol{\eta}_1+2\boldsymbol{\eta}_2+\boldsymbol{\eta}_3$　　(B) $\boldsymbol{\eta}_1+\boldsymbol{\eta}_2,\boldsymbol{\eta}_2+\boldsymbol{\eta}_3,\boldsymbol{\eta}_3-\boldsymbol{\eta}_1$

(C)与$\boldsymbol{\eta}_1,\boldsymbol{\eta}_2,\boldsymbol{\eta}_3$等价的向量组$\boldsymbol{\alpha}_1,\boldsymbol{\alpha}_2,\boldsymbol{\alpha}_3$　　(D)与$\boldsymbol{\eta}_1,\boldsymbol{\eta}_2,\boldsymbol{\eta}_3$等秩的向量组$\boldsymbol{\alpha}_1,\boldsymbol{\alpha}_2,\boldsymbol{\alpha}_3$

9. 设$\boldsymbol{A},\boldsymbol{B}$是可逆矩阵，且$\boldsymbol{A}$与$\boldsymbol{B}$相似, 则下列结论错误的是 (　　)

(A) $\boldsymbol{A}^{\mathrm{T}}$与$\boldsymbol{B}^{\mathrm{T}}$相似　　(B) $\boldsymbol{A}^{-1}$与$\boldsymbol{B}^{-1}$相似

(C) $\boldsymbol{A}+\boldsymbol{A}^{\mathrm{T}}$与$\boldsymbol{B}+\boldsymbol{B}^{\mathrm{T}}$相似　　(D) $\boldsymbol{A}+\boldsymbol{A}^{-1}$与$\boldsymbol{B}+\boldsymbol{B}^{-1}$相似

10. 设$\boldsymbol{\alpha}_1,\boldsymbol{\alpha}_2,\boldsymbol{\alpha}_3,\boldsymbol{\alpha}_4$是一组$n$维向量，其中$\boldsymbol{\alpha}_1,\boldsymbol{\alpha}_2,\boldsymbol{\alpha}_3$线性相关，下列说法正确的是 (　)

(A) $\boldsymbol{\alpha}_1,\boldsymbol{\alpha}_2,\boldsymbol{\alpha}_3$中有零向量　　(B) $\boldsymbol{\alpha}_1,\boldsymbol{\alpha}_2$线性相关

(C) $\boldsymbol{\alpha}_2,\boldsymbol{\alpha}_3$线性无关　　(D) $\boldsymbol{\alpha}_1,\boldsymbol{\alpha}_2,\boldsymbol{\alpha}_3,\boldsymbol{\alpha}_4$线性相关

三、解答题

11. 计算下列行列式

(1) $D_4=\begin{vmatrix}1&-1&0&2\\2&0&1&6\\1&1&2&3\\1&-1&0&3\end{vmatrix}$; (2) $D_n=\begin{vmatrix}a-1&-1&-1&\cdots&-1&-1\\-1&a-1&-1&\cdots&-1&-1\\\vdots&\vdots&\vdots&\vdots&\vdots&\vdots\\-1&-1&-1&\cdots&a-1&-1\\-1&-1&-1&\cdots&-1&a-1\end{vmatrix}$.

12. 设矩阵$\boldsymbol{A}=\begin{bmatrix}0&1&0\\-1&1&1\\-1&0&-1\end{bmatrix}$, $\boldsymbol{B}=\begin{bmatrix}1&-1\\2&0\\5&-3\end{bmatrix}$，且$\boldsymbol{X}=\boldsymbol{AX}+\boldsymbol{B}$, 求矩阵$\boldsymbol{X}$.

13. 求向量组$\boldsymbol{\alpha}_1=(1,3,6,2)^{\mathrm{T}}$, $\boldsymbol{\alpha}_2=(2,1,2,-1)^{\mathrm{T}}$, $\boldsymbol{\alpha}_3=(3,5,10,2)^{\mathrm{T}}$, $\boldsymbol{\alpha}_4=(-2,1,2,3)^{\mathrm{T}}$的一个极大无关组, 并用该极大无关组表示其余向量.

14. 设$\boldsymbol{A}=\begin{bmatrix}1&a&0&0\\0&1&a&0\\0&0&1&a\\a&0&0&1\end{bmatrix}$, $\boldsymbol{\beta}=\begin{bmatrix}1\\-1\\0\\0\end{bmatrix}$.

(1) 求$|\boldsymbol{A}|$.

(2) 已知线性方程组$\boldsymbol{AX}=\boldsymbol{\beta}$有无穷多解, 求常数$a$, 并求$\boldsymbol{AX}=\boldsymbol{\beta}$的通解.

15. 三阶矩阵$\boldsymbol{A}=\begin{bmatrix}1&0&1\\0&1&1\\-1&0&a\end{bmatrix}$，已知$r(\boldsymbol{A}^{\mathrm{T}}\boldsymbol{A})=2$, 且二次型$f=\boldsymbol{X}^{\mathrm{T}}\boldsymbol{A}^{\mathrm{T}}\boldsymbol{AX}$.

(1) 求常数a.

(2) 求二次型对应的二次型矩阵，并将二次型转化为标准形, 写出正交变换过程.

四、证明题

16. 已知$\boldsymbol{A}$为n阶方阵，$\boldsymbol{E}$为n阶单位矩阵, 证明：若$\boldsymbol{A}^2-3\boldsymbol{A}+4\boldsymbol{E}=\boldsymbol{O}$，则$\boldsymbol{A}-\boldsymbol{E}$可逆, 并求$(\boldsymbol{A}-\boldsymbol{E})^{-1}$.

17. (1) 设$\boldsymbol{A}$为$m\times n$矩阵，且$m<n$, 证明: $|\boldsymbol{A}^{\mathrm{T}}\boldsymbol{A}|=0$.

(2) 设$\boldsymbol{A}$为n阶方阵, 且$\boldsymbol{A}^2=\boldsymbol{E}$, 证明：$r(\boldsymbol{E}+\boldsymbol{A})+r(\boldsymbol{E}-\boldsymbol{A})=n$.

期末试题1参考答案

1\. 0　　2. $-\dfrac{1}{3}$　　3. -1　　4. 1　　5. $\begin{bmatrix} 1 & 1 & 2 \\ 1 & 6 & 4 \\ 2 & 4 & 10 \end{bmatrix}$

6\. (D)　7. (A)　8. (D)　9. (B)　10. (D)

11\. **解**　(1) $D_4 = \begin{vmatrix} 2 & 1 & 0 & 1 \\ 3 & 1 & 5 & 0 \\ 1 & 0 & 5 & 6 \\ 2 & 1 & 3 & 4 \end{vmatrix} = \begin{vmatrix} 1 & 0 & 5 & 6 \\ 2 & 1 & 0 & 1 \\ 3 & 1 & 5 & 0 \\ 2 & 1 & 3 & 4 \end{vmatrix} = \begin{vmatrix} 1 & 0 & 5 & 6 \\ 0 & 1 & -10 & -11 \\ 0 & 1 & -10 & -18 \\ 0 & 1 & -7 & -8 \end{vmatrix}$

$$= -\begin{vmatrix} 1 & 0 & 5 & 6 \\ 0 & 1 & -10 & -11 \\ 0 & 0 & 3 & 3 \\ 0 & 0 & 0 & -7 \end{vmatrix} = 21.$$

$$(2)\ D_n = \begin{vmatrix} 0 & 1 & 1 & \cdots & 1 & 1 \\ 1 & 0 & 1 & \cdots & 1 & 1 \\ \vdots & \vdots & \vdots & & \vdots & \vdots \\ 1 & 1 & 1 & \cdots & 0 & 1 \\ 1 & 1 & 1 & \cdots & 1 & 0 \end{vmatrix} = \begin{vmatrix} n-1 & n-1 & n-1 & \cdots & n-1 & n-1 \\ 1 & 0 & 1 & \cdots & 1 & 1 \\ \vdots & \vdots & \vdots & & \vdots & \vdots \\ 1 & 1 & 1 & \cdots & 0 & 1 \\ 1 & 1 & 1 & \cdots & 1 & 0 \end{vmatrix}$$

$$= (n-1)\begin{vmatrix} 1 & 1 & 1 & \cdots & 1 & 1 \\ 1 & 0 & 1 & \cdots & 1 & 1 \\ \vdots & \vdots & \vdots & & \vdots & \vdots \\ 1 & 1 & 1 & \cdots & 0 & 1 \\ 1 & 1 & 1 & \cdots & 1 & 0 \end{vmatrix} = (n-1)\begin{vmatrix} 1 & 1 & 1 & \cdots & 1 & 1 \\ 0 & -1 & 0 & \cdots & 0 & 0 \\ \vdots & \vdots & \vdots & & \vdots & \vdots \\ 0 & 0 & 0 & \cdots & -1 & 0 \\ 0 & 0 & 0 & \cdots & 0 & -1 \end{vmatrix} =$$

$(-1)^{n-1}(n-1)$.

12\. **解**　由原矩阵方程可得，$\boldsymbol{AB}-\boldsymbol{B}=\boldsymbol{A}^2-\boldsymbol{E}$, 所以$(\boldsymbol{A}-\boldsymbol{E})\boldsymbol{B}=(\boldsymbol{A}-\boldsymbol{E})(\boldsymbol{A}+\boldsymbol{E})$,

$$故\boldsymbol{B}=\boldsymbol{A}+\boldsymbol{E}=\begin{bmatrix} 2 & 0 & 1 \\ 0 & 3 & 0 \\ 1 & 0 & 2 \end{bmatrix}.$$

13\. **解**　对由$\boldsymbol{\alpha}_1,\boldsymbol{\alpha}_2,\boldsymbol{\alpha}_3,\boldsymbol{\alpha}_4$作为列向量构成的矩阵做初等行变换可得,

$$(\boldsymbol{\alpha}_1\ \boldsymbol{\alpha}_2\ \boldsymbol{\alpha}_3\ \boldsymbol{\alpha}_4) = \begin{bmatrix} 1 & 3 & 1 & 2 \\ 2 & -1 & -1 & 1 \\ 3 & 2 & 0 & 3 \\ -1 & 0 & 1 & 0 \end{bmatrix} \to \begin{bmatrix} 1 & 3 & 1 & 2 \\ 0 & -7 & -3 & -3 \\ 0 & -7 & -3 & -3 \\ 0 & 3 & 2 & 2 \end{bmatrix} \to \begin{bmatrix} 1 & 3 & 1 & 2 \\ 0 & 3 & 2 & 2 \\ 0 & -21 & -9 & -9 \\ 0 & 0 & 0 & 0 \end{bmatrix}$$

$$\rightarrow\begin{bmatrix}1&3&1&2\\0&3&2&2\\0&0&5&5\\0&0&0&0\end{bmatrix}\rightarrow\begin{bmatrix}1&0&0&1\\0&1&0&0\\0&0&1&1\\0&0&0&0\end{bmatrix},$$

所以$\boldsymbol{\alpha}_1,\boldsymbol{\alpha}_2,\boldsymbol{\alpha}_3$为向量组的一个极大无关组, 且有$\boldsymbol{\alpha}_4=\boldsymbol{\alpha}_1+\boldsymbol{\alpha}_3$.

14. **解** 利用初等行变换, 原线性方程组对应的增广矩阵

$$\begin{bmatrix}1&2&4&-3&0\\3&5&6&-4&1\\4&5&-2&3&3\end{bmatrix}\rightarrow\begin{bmatrix}1&2&4&-3&0\\0&-1&-6&5&1\\0&-3&-18&15&3\end{bmatrix}$$
$$\rightarrow\begin{bmatrix}1&2&4&-3&0\\0&-1&-6&5&1\\0&0&0&0&0\end{bmatrix}\rightarrow\begin{bmatrix}1&0&-8&7&2\\0&1&6&-5&-1\\0&0&0&0&0\end{bmatrix},$$

令$x_3=x_4=0$，得$x_1=2,x_2=-1$，故特解为$\boldsymbol{\eta}_0=(2,-1,0,0)^{\mathrm{T}}$. 考虑其导出组$\boldsymbol{AX}=\boldsymbol{0}$, 分别取$\begin{bmatrix}x_3\\x_4\end{bmatrix}=\begin{bmatrix}1\\0\end{bmatrix},\begin{bmatrix}0\\1\end{bmatrix}$, 得到导出组的一个基础解系为$\boldsymbol{\eta}_1=(8,-6,1,0)^{\mathrm{T}}$, $\boldsymbol{\eta}_2=(-6,5,0,1)^{\mathrm{T}}$. 所以原线性方程组的通解为$\boldsymbol{\eta}=\boldsymbol{\eta}_0+k_1\boldsymbol{\eta}_1+k_2\boldsymbol{\eta}_2$, 其中$k_1,k_2$为任意常数.

15. **解** (1) $a=4,b=5$; (2) $\boldsymbol{P}^{-1}\boldsymbol{AP}=\begin{bmatrix}1&&\\&1&\\&&5\end{bmatrix}$，其中$\boldsymbol{P}=\begin{bmatrix}2&-3&-1\\1&0&-1\\0&1&1\end{bmatrix}$.

16. **证明** (1) 由题意知$r(\boldsymbol{A})=n$, 所以$\boldsymbol{AX}=\boldsymbol{0}$只有零解。因为$\boldsymbol{AB}=\boldsymbol{0}$, 所以$\boldsymbol{B}$的任意列向量都是$\boldsymbol{AX}=\boldsymbol{0}$ 的解向量，即$\boldsymbol{B}$的列向量都是零向量, 所以$\boldsymbol{B}=\boldsymbol{0}$.

(2) 因为$\boldsymbol{AB}=\boldsymbol{A}$, 所以$\boldsymbol{A}(\boldsymbol{B}-\boldsymbol{E})=\boldsymbol{0}$, 由(1)的结论可知，$\boldsymbol{B}-\boldsymbol{E}=\boldsymbol{0}$, 所以$\boldsymbol{B}=\boldsymbol{E}$.

17. **证明** (1) 设$\lambda_1,\lambda_2,\lambda_3$是3阶方阵$\boldsymbol{A}$的特征值，由题意可知1是$\boldsymbol{A}$的二重特征值，设为$\lambda_1=\lambda_2=1$。又因为$|\boldsymbol{A}|=-1$, 所以$\lambda_1\lambda_2\lambda_3=-1$, 可得$\lambda_3=-1$. 令$\alpha_3$为$\boldsymbol{A}$的属于特征值$-1$的特征向量, 则有$\alpha_1,\alpha_2,\alpha_3$线性无关，所以$\boldsymbol{A}$能对角化。

(2) 由(1)的分析可知，$\boldsymbol{A}$相似于$\begin{bmatrix}1&0&0\\0&1&0\\0&0&-1\end{bmatrix}$.

期末试题2参考答案

1. -16　　2. -8　　3. $\boldsymbol{E}+\boldsymbol{A}+\boldsymbol{A}^2$　　4. 1　　5. $-2\leqslant a\leqslant 2$

6. (B)　7. (C)　8. (D)　9. (C)　10. (A)

11. **解** (1) $D_4=\begin{vmatrix}0&4&3&2\\2&3&-1&4\\1&-2&2&1\\4&3&2&2\end{vmatrix}=\begin{vmatrix}0&4&3&2\\2&7&-5&2\\1&0&0&0\\4&11&-6&-2\end{vmatrix}=\begin{vmatrix}4&3&2\\7&-5&2\\11&-6&-2\end{vmatrix}$

$$=\begin{vmatrix}4&3&2\\3&-8&0\\15&-3&0\end{vmatrix}=2\begin{vmatrix}3&-8\\15&-3\end{vmatrix}=222.$$

(2) 按照第一列展开，有

$$D_n=\begin{vmatrix}x&y&0&\cdots&0&0\\0&x&y&\cdots&0&0\\0&0&x&\cdots&0&0\\\vdots&\vdots&\vdots&&\vdots&\vdots\\0&0&0&\cdots&x&y\\y&0&0&\cdots&0&x\end{vmatrix}=x\begin{vmatrix}x&y&\cdots&0&0\\0&x&\cdots&0&0\\\vdots&\vdots&&\vdots&\vdots\\0&0&\cdots&x&y\\0&0&\cdots&0&x\end{vmatrix}-y\begin{vmatrix}0&y&\cdots&0&0\\0&x&\cdots&0&0\\\vdots&\vdots&&\vdots&\vdots\\0&0&\cdots&x&y\\y&0&\cdots&0&x\end{vmatrix}_{n-1}$$

$=x^n-(-1)^ny^n.$

12. **解** 由原矩阵方程可得，$(\boldsymbol{A}-2\boldsymbol{E})\boldsymbol{X}=\boldsymbol{A}$, 所以$\boldsymbol{X}=(\boldsymbol{A}-2\boldsymbol{E})^{-1}\boldsymbol{A}$. 计算可得

$$(\boldsymbol{A}-2\boldsymbol{E})^{-1}=\begin{bmatrix}-\frac{1}{2}&\frac{3}{2}&\frac{3}{2}\\-\frac{1}{2}&\frac{1}{2}&\frac{3}{2}\\\frac{1}{2}&\frac{1}{2}&-\frac{1}{2}\end{bmatrix}, \text{故}\boldsymbol{X}=(\boldsymbol{A}-2\boldsymbol{E})^{-1}\boldsymbol{A}=\begin{bmatrix}0&3&3\\-1&2&3\\1&1&0\end{bmatrix}.$$

13. **解** 对由$\boldsymbol{\alpha}_1,\boldsymbol{\alpha}_2,\boldsymbol{\alpha}_3,\boldsymbol{\alpha}_4,\boldsymbol{\alpha}_5$作为列向量构成的矩阵做初等行变换可得,

$$(\boldsymbol{\alpha}_1\ \boldsymbol{\alpha}_2\ \boldsymbol{\alpha}_3\ \boldsymbol{\alpha}_4\ \boldsymbol{\alpha}_5)=\begin{bmatrix}1&0&2&1&1\\-1&3&-5&5&-2\\2&1&3&4&2\\4&2&6&8&0\end{bmatrix}\to\begin{bmatrix}1&0&2&1&1\\0&3&-3&6&-1\\0&1&-1&2&0\\0&2&-2&4&-4\end{bmatrix}$$

$$\to\begin{bmatrix}1&0&2&1&1\\0&1&-1&2&0\\0&0&0&0&-1\\0&0&0&0&0\end{bmatrix}\to\begin{bmatrix}1&0&2&1&0\\0&1&-1&2&0\\0&0&0&0&1\\0&0&0&0&0\end{bmatrix}$$

所以$\boldsymbol{\alpha}_1,\boldsymbol{\alpha}_2,\boldsymbol{\alpha}_5$为向量组的一个极大无关组, 且有$\boldsymbol{\alpha}_3=2\boldsymbol{\alpha}_1-\boldsymbol{\alpha}_2$, $\boldsymbol{\alpha}_4=\boldsymbol{\alpha}_1+2\boldsymbol{\alpha}_2$.

14. **解** 利用初等行变换, 原线性方程组对应的增广矩阵

$$\overline{\boldsymbol{A}}=\begin{bmatrix}1&1&2&3&1\\1&3&6&1&3\\1&-5&-10&9&-5\end{bmatrix}\to\begin{bmatrix}1&1&2&3&1\\0&2&4&-2&2\\0&0&0&0&0\end{bmatrix}\to\begin{bmatrix}1&0&0&4&0\\0&1&2&-1&1\\0&0&0&0&0\end{bmatrix},$$

令$x_3 = x_4 = 0$, 得$x_1 = 0, x_2 = 1$, 故特解为$\boldsymbol{\eta}_0 = (0,1,0,0)^{\mathrm{T}}$. 考虑其导出组$\boldsymbol{AX} = \boldsymbol{0}$, 分别取$\begin{bmatrix} x_3 \\ x_4 \end{bmatrix} = \begin{bmatrix} 1 \\ 0 \end{bmatrix}, \begin{bmatrix} 0 \\ 1 \end{bmatrix}$, 得到导出组的一个基础解系为$\boldsymbol{\eta}_1 = (0,-2,1,0)^{\mathrm{T}}$, $\boldsymbol{\eta}_2 = (-4,1,0,1)^{\mathrm{T}}$. 所以原线性方程组的通解为$\boldsymbol{\eta} = \boldsymbol{\eta}_0 + k_1\boldsymbol{\eta}_1 + k_2\boldsymbol{\eta}_2$, 其中$k_1, k_2$为任意常数.

15. **解** (1) $\boldsymbol{A} = \begin{bmatrix} -2+2^{99} & 1-2^{99} & 2-2^{98} \\ -2+2^{100} & 1-2^{100} & 2-2^{99} \\ 0 & 0 & 0 \end{bmatrix}$.

(2)

$$\boldsymbol{\beta}_1 = (-2+2^{99})\boldsymbol{\alpha}_1 + (-2+2^{100})\boldsymbol{\alpha}_2,$$

$$\boldsymbol{\beta}_2 = (1-2^{99})\boldsymbol{\alpha}_1 + (1-2^{100})\boldsymbol{\alpha}_2,$$

$$\boldsymbol{\beta}_3 = (2-2^{98})\boldsymbol{\alpha}_1 + (2-2^{99})\boldsymbol{\alpha}_2.$$

16. **证明** 原线性方程组的增广矩阵化为阶梯形为

$$\overline{\boldsymbol{A}} = \begin{bmatrix} 1 & a_1 & a_1^2 & a_1^3 \\ 1 & a_2 & a_2^2 & a_2^3 \\ 1 & a_3 & a_3^2 & a_3^3 \\ 1 & a_4 & a_4^2 & a_4^3 \end{bmatrix} \to \begin{bmatrix} 1 & a_1 & a_1^2 & a_1^3 \\ 0 & 1 & a_2+a_1 & a_2^2+a_1a_2+a_1^2 \\ 0 & 0 & 1 & a_1+a_2+a_3 \\ 0 & 0 & 0 & a_4-a_3 \end{bmatrix},$$

因为a_1, a_2, a_3, a_4互不相同, 可见$r(\boldsymbol{A}) \neq r(\overline{\boldsymbol{A}})$, 故原线性方程组无解.

17. **证明** 因为$\boldsymbol{AA}^{\mathrm{T}} = \boldsymbol{A}^{\mathrm{T}}\boldsymbol{A} = \boldsymbol{E}$, 且$|\boldsymbol{A}| = -1$, 所以有

$$\begin{aligned} |-\boldsymbol{E}-\boldsymbol{A}| &= |-\boldsymbol{AA}^{\mathrm{T}}-\boldsymbol{A}| = (-1)^n|\boldsymbol{AA}^{\mathrm{T}}+\boldsymbol{A}| = (-1)^n|\boldsymbol{A}(\boldsymbol{A}^{\mathrm{T}}+\boldsymbol{E})| \\ &= (-1)^n|\boldsymbol{A}||\boldsymbol{A}^{\mathrm{T}}+\boldsymbol{E}| = -(-1)^n|\boldsymbol{E}+\boldsymbol{A}| = -|-\boldsymbol{E}-\boldsymbol{A}|, \end{aligned}$$

所以$|-\boldsymbol{E}-\boldsymbol{A}| = 0$, 所以$-1$是$\boldsymbol{A}$的特征值.

期末试题3参考答案

1. 5　　2. 21　　3. 2　　4. 2　　5. $2y_1^2 - y_2^2 + y_3^2$

6. (A)　7. (B)　8. (C)　9. (C)　10. (D)

11. **解** (1) $D_4 = \begin{vmatrix} 1 & -1 & 0 & 2 \\ 2 & 0 & 1 & 6 \\ 1 & 1 & 2 & 3 \\ 1 & -1 & 0 & 3 \end{vmatrix} = \begin{vmatrix} 1 & -1 & 0 & 2 \\ 0 & 2 & 1 & 2 \\ 0 & 0 & 1 & -1 \\ 0 & 0 & 0 & 1 \end{vmatrix} = 2.$

$$(2)\ D_n = \begin{vmatrix} a-1 & -1 & -1 & \cdots & -1 & -1 \\ -1 & a-1 & -1 & \cdots & -1 & -1 \\ \vdots & \vdots & \vdots & \vdots & \vdots & \vdots \\ -1 & -1 & -1 & \cdots & a-1 & -1 \\ -1 & -1 & -1 & \cdots & -1 & a-1 \end{vmatrix}$$

$$= (a-n)\begin{vmatrix} 1 & 1 & 1 & \cdots & 1 \\ -1 & a-1 & -1 & \cdots & -1 \\ \vdots & \vdots & \vdots & \vdots & \vdots \\ -1 & -1 & -1 & \cdots & a-1 \end{vmatrix} = (a-n)\begin{vmatrix} 1 & 1 & 1 & \cdots & 1 \\ 0 & a & 0 & \cdots & 0 \\ \vdots & \vdots & \vdots & \vdots & \vdots \\ 0 & 0 & 0 & \cdots & a \end{vmatrix} = (a-n)a^{n-1}.$$

12. **解** 由原矩阵方程可得，$(\boldsymbol{E}-\boldsymbol{A})\boldsymbol{X}=\boldsymbol{B}$, 所以$\boldsymbol{X}=(\boldsymbol{E}-\boldsymbol{A})^{-1}\boldsymbol{B}$. 计算可得

$$(\boldsymbol{E}-\boldsymbol{A})^{-1} = \begin{bmatrix} 0 & \frac{2}{3} & \frac{1}{3} \\ -1 & \frac{2}{3} & \frac{1}{3} \\ 0 & -\frac{1}{3} & \frac{1}{3} \end{bmatrix}, \text{故}\boldsymbol{X}=(\boldsymbol{E}-\boldsymbol{A})^{-1}\boldsymbol{B} = \begin{bmatrix} 3 & -1 \\ 2 & 0 \\ 1 & -1 \end{bmatrix}.$$

13. **解** 对由$\boldsymbol{\alpha}_1,\boldsymbol{\alpha}_2,\boldsymbol{\alpha}_3,\boldsymbol{\alpha}_4$作为列向量构成的矩阵做初等行变换可得,

$$(\boldsymbol{\alpha}_1\ \boldsymbol{\alpha}_2\ \boldsymbol{\alpha}_3\ \boldsymbol{\alpha}_4) = \begin{bmatrix} 1 & 2 & 3 & -2 \\ 3 & 1 & 5 & 1 \\ 6 & 2 & 10 & 2 \\ 2 & -1 & 2 & 3 \end{bmatrix} \to \begin{bmatrix} 1 & 2 & 3 & -2 \\ 0 & -5 & -4 & 7 \\ 0 & 0 & 0 & 0 \\ 0 & 0 & 0 & 0 \end{bmatrix}$$

$$\to \begin{bmatrix} 1 & 2 & 3 & -2 \\ 0 & 1 & \frac{4}{5} & -\frac{7}{5} \\ 0 & 0 & 0 & 0 \\ 0 & 0 & 0 & 0 \end{bmatrix} \to \begin{bmatrix} 1 & 0 & \frac{7}{5} & \frac{4}{5} \\ 0 & 1 & \frac{4}{5} & -\frac{7}{5} \\ 0 & 0 & 0 & 0 \\ 0 & 0 & 0 & 0 \end{bmatrix}$$

所以$\boldsymbol{\alpha}_1,\boldsymbol{\alpha}_2$为向量组的一个极大无关组, 且有$\boldsymbol{\alpha}_3=\dfrac{7}{5}\boldsymbol{\alpha}_1+\dfrac{4}{5}\boldsymbol{\alpha}_2$, $\boldsymbol{\alpha}_4=\dfrac{4}{5}\boldsymbol{\alpha}_1-\dfrac{7}{5}\boldsymbol{\alpha}_2$.

14. **解** (1) $|\boldsymbol{A}|=1-a^4$.

(2) $a=-1$, 通解为$k\begin{bmatrix} 1 \\ 1 \\ 1 \\ 1 \end{bmatrix}+\begin{bmatrix} 0 \\ -1 \\ 0 \\ 0 \end{bmatrix}$, 其中$k$为任意常数.

15. **解** (1) $a=-1$.

(2) 二次型矩阵为$\boldsymbol{B}=\begin{bmatrix} 2 & 0 & 2 \\ 0 & 2 & 2 \\ 2 & 2 & 4 \end{bmatrix}$, 正交变换对应的矩阵为$\boldsymbol{Q}=\begin{bmatrix} \frac{1}{\sqrt{3}} & \frac{1}{\sqrt{2}} & \frac{1}{\sqrt{6}} \\ \frac{1}{\sqrt{3}} & -\frac{1}{\sqrt{2}} & \frac{1}{\sqrt{6}} \\ -\frac{1}{\sqrt{3}} & 0 & \frac{2}{\sqrt{6}} \end{bmatrix}$,

且有

$$Q^{-1}BQ=\begin{bmatrix}0&0&0\\0&2&0\\0&0&6\end{bmatrix}.$$

16. **证明** 由题意可知，$(\boldsymbol{A}-\boldsymbol{E})(\boldsymbol{A}-2\boldsymbol{E})=\boldsymbol{A}^2-3\boldsymbol{A}+2\boldsymbol{E}=-2\boldsymbol{E}$, 所以$|\boldsymbol{A}-\boldsymbol{E}||\boldsymbol{A}-2\boldsymbol{E}|=(-2)^n$, 故$|\boldsymbol{A}-\boldsymbol{E}|\neq 0$, 所以$\boldsymbol{A}-\boldsymbol{E}$可逆，而且$(\boldsymbol{A}-\boldsymbol{E})^{-1}=-\dfrac{1}{2}(\boldsymbol{A}-2\boldsymbol{E})=\boldsymbol{E}-\dfrac{1}{2}\boldsymbol{A}$.

17. **证明** (1) 由题意可知$\boldsymbol{A}^{\mathrm{T}}\boldsymbol{A}$为$n$阶方阵, 又因为$r(\boldsymbol{A}^{\mathrm{T}})=r(\boldsymbol{A})\leqslant\min\{m,n\}<n$. 所以$r(\boldsymbol{A}^{\mathrm{T}}\boldsymbol{A})\leqslant\min\{r(\boldsymbol{A}),r(\boldsymbol{A}^{\mathrm{T}})\}<n$, 所以$|\boldsymbol{A}^{\mathrm{T}}\boldsymbol{A}|=0$.

(2) 因为$(\boldsymbol{E}+\boldsymbol{A})+(\boldsymbol{E}-\boldsymbol{A})=2\boldsymbol{E}$, 所以$r(2\boldsymbol{E})\leqslant r(\boldsymbol{E}+\boldsymbol{A})+r(\boldsymbol{E}-\boldsymbol{A})$, 所以$r(\boldsymbol{E}+\boldsymbol{A})+r(\boldsymbol{E}-\boldsymbol{A})\geqslant n$.

又由已知条件可得$(\boldsymbol{E}-\boldsymbol{A})(\boldsymbol{E}+\boldsymbol{A})=\boldsymbol{0}$, 所以$r(\boldsymbol{E}+\boldsymbol{A})+r(\boldsymbol{E}-\boldsymbol{A})\leqslant n$. 综上可得$r(\boldsymbol{E}+\boldsymbol{A})+r(\boldsymbol{E}-\boldsymbol{A})=n$.

参考书目

1. 肖马成. 线性代数(理工类). 第三版. 北京: 高等教育出版社, 2018.

2. 肖马成. 线性代数学习指导与提高(经济类). 北京: 北京航空航天大学出版社, 2002.

3. 肖马成, 周概容. 线性代数、概率论与数理统计证明题500例解析. 北京: 高等教育出版社, 2008.

4. 徐兵, 肖马成, 周概容. 考研数学焦点概念与性质. 北京: 高等教育出版社, 2006.

5. 杨奇, 孟道骥. 线性代数教程. 天津: 南开大学出版社, 2004.

6. 北京大学数学系前代数小组. 高等代数. 第四版. 北京: 高等教育出版社, 2013.

7. 同济大学数学系. 工程数学 线性代数. 第六版. 北京: 高等教育出版社, 2014.

8. 胡显佑. 线性代数. 北京: 中国商业出版社, 2006.

9. 张乃一, 曲文萍, 刘九兰. 线性代数. 天津: 天津大学出版社, 2000.